网站开发案例课堂

HTML 5+CSS 3 网页设计与制作案例课堂(第 2 版)

刘春茂　编著

U0252542

清华大学出版社
北　京

内 容 简 介

本书以零基础讲解为宗旨,用实例引导读者深入学习,采取"HTML 5 网页设计→CSS 3 美化网页→高级提升技能→综合案例实战"的讲解模式,深入浅出地讲解 HTML 5+CSS 3 的各项技术及实战技能。

本书第 I 篇"HTML 5 网页设计"主要内容包括新一代 Web 前端技术,HTML 5 网页的文档结构,HTML 5 网页中的文本、超链接和图像,使用 HTML 5 创建表格,使用 HTML 5 创建表单,HTML 5 中的音频和视频,使用 HTML 5 绘制图形等;第 II 篇"CSS 3 美化网页"主要内容包括 CSS 3 概述与基本语法,使用 CSS 3 美化网页字体与段落,使用 CSS 3 美化网页图片,使用 CSS 3 美化网页背景与边框,使用 CSS 3 美化超级链接和鼠标,使用 CSS 3 美化表格和表单的样式,使用 CSS 3 美化网页菜单,使用滤镜美化网页元素等;第 III 篇"高级提升技能"主要内容包括 CSS 3 中的动画效果,HTML 5 中的文件与拖放,定位地理位置技术,Web 存储和通信技术,处理线程和服务器发送事件,CSS 3 定位与 DIV 布局核心技术等;第 IV 篇"综合案例实战"主要内容包括网页布局剖析与制作,设计企业门户类网页,设计在线购物类网页。

本书适合任何想学习前台网页设计与布局的人员,无论您是否从事计算机相关行业,无论您是否接触过 HTML 5 和 CSS 3,通过学习本书均可快速掌握网页的设计方法和技巧。

图书在版编目(CIP)数据

HTML 5+CSS 3 网页设计与制作案例课堂/刘春茂编著. —2 版. —北京:清华大学出版社,2018(2020.12重印) (网站开发案例课堂)
ISBN 978-7-302-48912-2

Ⅰ. ①H… Ⅱ. ①刘… Ⅲ. ①超文本标记语言—程序设计 ②网页制作工具 Ⅳ. ①TP312.8 ②TP393.092.2

中国版本图书馆 CIP 数据核字(2017)第 308833 号

责任编辑:张彦青
装帧设计:杨玉兰
责任校对:李玉茹
责任印制:杨 艳
出版发行:清华大学出版社
　　　　　网　　址:http://www.tup.com.cn, http://www.wqbook.com
　　　　　地　　址:北京清华大学学研大厦 A 座　　　　邮　　编:100084
　　　　　社 总 机:010-62770175　　　　　　　　　　邮　　购:010-62786544
　　　　　投稿与读者服务:010-62776969, c-service@tup.tsinghua.edu.cn
　　　　　质量反馈:010-62772015, zhiliang@tup.tsinghua.edu.cn
印 装 者:大厂回族自治县彩虹印刷有限公司
经　　销:全国新华书店
开　　本:190mm×260mm　　　　印　　张:30.25　　　字　　数:732 千字
版　　次:2016 年 1 月第 1 版　 2018 年 1 月第 2 版　　印　　次:2020 年 12 月第 5 次印刷
定　　价:79.00 元

产品编号:076549-01

前　言

"网站开发案例课堂"系列图书是专门为提高办公技能和网页设计初学者量身定制的一套学习用书，涵盖高效办公、网站开发、数据库设计等方面。整套书具有以下特点。

- 前沿科技

无论是网站建设、数据库设计，还是 HTML 5、CSS 3，我们都精选较为前沿或者用户群较大的领域进行介绍，帮助读者认识和了解最新动态。

- 权威的作者团队

组织国家重点实验室和资深应用专家联手编著该套图书，融合丰富的教学经验与优秀的管理理念。

- 学习型案例设计

以技术的实际应用过程为主线，全程采用图解和同步多媒体结合的教学方式，生动、直观、全面地剖析使用过程中的各种应用技能，降低难度，提升学习效率。

为什么要写这样一本书

随着用户对页面体验要求的提高，页面前端技术日趋重要。HTML 5 技术成熟，在各大浏览器厂商的支持下将会更加盛行，因此本书致力于帮助读者完全掌握 HTML 5+ CSS 3 技术。本书可以让读者掌握目前流行的最新前端技术，使前端从外观上变得更炫、技术上更简易。通过本书的案例实训，读者可以很快地上手流行的工具，提高职业技能，从而帮助解决公司与求职者的双重需求问题。

本书特色

- 零基础、入门级的讲解

无论您是否从事计算机相关行业，无论您是否接触过网页制作和设计，都能从本书中找到最佳起点。

- 超多、实用、专业的范例和项目

本书在编排上紧密结合深入学习网页制作技术的先后过程，从 HTML 5 的基本概念开始，逐步带领大家深入地学习各种应用技巧，侧重实战技能，使用简单易懂的实际案例进行分析和操作指导，让读者读起来简明轻松，操作起来有章可循。

- 随时检测自己的学习成果

大部分章后都设置了"跟我学上机"板块，均根据本章内容精选而成，读者可以随时检测自己的学习成果和实战能力，做到融会贯通。

■ 细致入微、贴心提示

本书在讲解过程中，使用了"注意""提示""技巧"等小贴士，使读者在学习过程中更清楚地了解相关操作、理解相关概念，并轻松掌握各种操作技巧。

■ 专业创作团队和技术支持

您在学习过程中遇到任何问题，均可加入 QQ 群(案例课堂 VIP)451102631 进行提问，专家人员会在线答疑。

超值资源大放送

■ 全程同步教学录像

涵盖本书所有知识点，详细讲解每个实例及项目的过程和技术关键点。可以使读者比看书更轻松地掌握书中所有的网页制作和设计知识，而且扩展的讲解部分能使读者获得比书中讲解更多的收获。

■ 超多容量王牌资源

赠送大量王牌资源，包括实例源代码、教学幻灯片、本书精品教学视频、88 个实用类网页模板、12 部网页开发必备参考手册、HTML 5 标记速查手册、精选的 JavaScript 实例、CSS 3 属性速查表、JavaScript 函数速查手册、CSS+DIV 布局赏析案例、精彩网站配色方案赏析、网页样式与布局案例赏析、Web 前端工程师常见面试题等。读者可以通过 QQ 群(案例课堂 VIP)451102631 获取赠送资源，也可以扫描二维码，下载本书资源。

读者对象

- 没有任何网页设计基础的初学者。
- 有一定的 HTML 5 和 CSS 3 基础，想精通网页制作和设计的人员。
- 有一定的 HTML 5 和 CSS 3 基础，没有项目经验的人员。
- 正在进行毕业设计的学生。
- 大专院校及培训学校的老师和学生。

创作团队

本书由刘春茂编著，参加编写的人员还有刘玉萍、张金伟、蒲娟、周佳、付红、李园、郭广新、侯永岗、王攀登、刘海松、孙若淞、王月娇、包慧利、陈伟光、胡同夫、王伟、展娜娜、李琪、梁云梁和周浩浩。在编写过程中，我们竭尽所能地将最好的讲解呈现给读者，但也难免有疏漏和不妥之处，敬请不吝指正。若您在学习中遇到困难或疑问，或有任何建议，可写信至信箱 357975357@qq.com。

编　者

目 录

第 I 篇 HTML 5 网页设计

第 II 篇 CSS 3 美化网页

第 III 篇　高级提升技能

第 IV 篇 综合案例实战

第1篇

HTML 5 网页设计

第 1 章

新一代 Web 前端技术

目前，网络已经成为人们娱乐、工作中不可或缺的一部分，网页设计也成为学习计算机知识的重要内容之一。制作网页可采用可视化编辑软件。但是无论采用哪一种网页编辑软件，最后都是将所设计的网页转化为 HTML 文件。

HTML 是网页设计的基础语言，本章就来介绍 HTML 的基本概念和编写方法，以及浏览 HTML 文件的方法，使读者初步了解 HTML，为后面的学习打下基础。

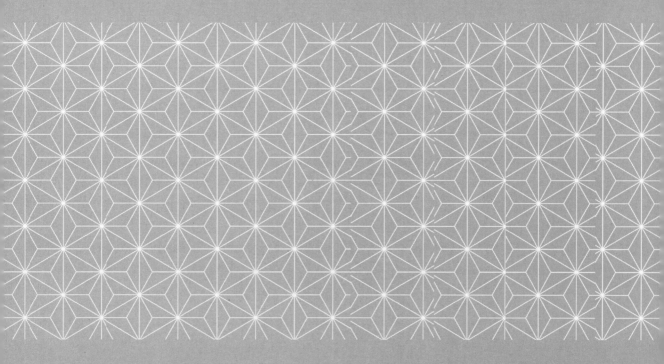

1.1 HTML 的基本概念

因特网上的信息是以网页的形式展示给用户的，网页是传递网络信息的载体。网页文件是用标记语言书写的，这种语言称为超文本标记语言(Hyper Text Markup Language，HTML)。

1.1.1 HTML 的发展历程

HTML 是一种描述语言，而不是一种编程语言，主要用于描述超文本中内容的显示方式。标记语言从诞生至今，已有 20 多年，发展过程也非常曲折，经历的版本及发布日期如表 1-1 所示。

表 1-1 超文本标记语言的发展过程

版　本	发布日期	说　明
超文本标记语言(第 1 版)	1993 年 6 月	作为互联网工程工作小组(IETF)工作草案发布(并非标准)
HTML 2.0	1995 年 11 月	作为 RFC 1866 发布，在 RFC 2854 于 2000 年 6 月发布之后被宣布已经过时
HTML 3.2	1996 年 1 月 14 日	W3C 推荐标准
HTML 4.0	1997 年 12 月 18 日	W3C 推荐标准
HTML 4.01	1999 年 12 月 24 日	微小改进，W3C 推荐标准
ISO HTML	2000 年 5 月 15 日	基于严格的 HTML 4.01 语法，是国际标准化组织和国际电工委员会的标准
XHTML 1.0	2000 年 1 月 26 日	W3C 推荐标准(修订后于 2002 年 8 月 1 日重新发布)
XHTML 1.1	2001 年 5 月 31 日	较 1.0 有微小改进
XHTML 2.0 草案	没有发布	2009 年，W3C 停止了 XHTML 2.0 工作组的工作
HTML 5	2014 年 10 月	HTML 5 标准规范最终制定完成

1.1.2 什么是 HTML

HTML 5 作为一种描述性的标记语言，用于描述超文本中的内容和结构。HTML 最基本的语法是<标记符></标记符>。标记符通常都是成对使用，有一个开头标记和一个结束标记。结束标记只是在开头标记的前面加一个斜杠"/"。当浏览器接收到 HTML 文件后，就会解释里面的标记符，然后把标记符相对应的功能表达出来。

例如，在 HTML 中用<p></p>标记符定义一个换行符。当浏览器遇到<p></p>标记符时，会把该标记中的内容自动形成一个段落。当遇到
标记符时，会自动换行，并且该标记符后的内容会从一个新行开始。
标记符是单标记，没有结束标记，标记后的"/"符号可以省略，但为了使代码规范，一般建议加上。

1.1.3 HTML 5 文件的基本结构

完整的 HTML 文件包括标题、段落、列表、表格、绘制的图形及各种嵌入对象，这些对象统称为 HTML 元素。HTML 5 文件的基本结构如下：

```
<!DOCTYPE html>
<html>                        文件开始的标记
<head>                        文件头部开始的标记
...                           文件头部的内容
</head>                       文件头部结束的标记
<body>                        文件主体开始的标记
...                           文件主体的内容
</body>                       文件主体结束的标记
</html>                       文件结束的标记
```

从上述代码中可以看出，在 HTML 文件中，所有的标记都是成对的，开头标记为< >，结束标记为</>，在这两个标记中间添加内容。这些基本标记的使用方法及详细解释见第 2 章的内容。

1.2 HTML 5 的优势

从 HTML 4.0、XHTML 到 HTML 5，从某种意义上讲，这是 HTML 描述性标记语言的一种更加规范的过程。因此，HTML 5 并没有给开发者带来多大的冲击。但 HTML 5 也增加了很多非常实用的新功能，下面就来介绍 HTML 5 的一些优势。

1.2.1 解决了跨浏览器的问题

浏览器是网页的运行环境，因此浏览器的类型也是在网页设计时会遇到的一个问题。由于各个软件厂商对 HTML 标准的支持有所不同，导致同样的网页在不同的浏览器下会有不同的表现。并且 HTML 5 新增的功能在各个浏览器中的支持程度也不一致，浏览器的因素变得比以往传统的网页设计更加重要。

为了保证设计的网页在不同的浏览器上呈现的效果一致，HTML 5 会让问题简单化，具备友好的跨浏览器性能。针对不支持新标签的老式 IE 浏览器，用户只要简单地添加 JavaScript 代码，就可以让他们使用新的 HTML 5 元素。

1.2.2 增加了多个新特性

HTML 语言从 1.0 至 5.0 经历了巨大变化，从单一的文本显示功能到图文并茂的多媒体显示功能，许多特性经过多年的完善，已经成为一种非常重要的标记语言。尤其是 HTML 5，对多媒体的支持功能更强，它具备如下功能。

(1) 新增了语义化标签，使文档结构明确。

(2) 新的文档对象模型(DOM)。

(3) 实现了 2D 绘图的 Canvas 对象。

(4) 可控媒体播放。

(5) 离线存储。

(6) 文档编辑。

(7) 拖放。

(8) 跨文档消息。

(9) 浏览器历史管理。

(10) MIME 类型和协议注册。

对于这些新功能，支持 HTML 5 的浏览器在处理 HTML 5 代码错误时必须更灵活，而那些不支持 HTML 5 的浏览器将忽略 HTML 5 代码。

1.2.3 用户优先的原则

HTML 5 标准的制定是以用户优先为原则的，一旦遇到无法解决的冲突时，规范会把用户放在第一位，其次是网页的作者，再次是浏览器，接着是规范制定者(W3C/WHATWG)，最后才考虑理论的纯粹性。因此，总体来看，HTML 5 的绝大部分特性还是实用的，只是有些情况下还不够完美。

举例说明一下，下述三行代码虽然有所不同，但在 HTML 5 中都能被正确识别：

```
id="html5"
id=html5
ID="html5"
```

在以上示例中，除了第一个之外，另外两个语法都不是很严格，这种不严格的语法被广泛使用，受到一些技术人员的反对。但是无论语法严格与否，对网页查看者来说没有任何影响，他们只需要看到想要的网页效果就可以了。

为了增强 HTML 5 的使用体验，还加强了以下两个方面的设计。

1. 安全机制的设计

为确保 HTML 5 的安全，在设计 HTML 5 时做了很多针对安全的设计。HTML 5 引入了一种新的基于来源的安全模型，该模型不仅易用，而且对各种不同的 API 都通用。使用这个安全模型，可以做一些以前做不到的事情，不需要借助任何所谓聪明、有创意却不安全的 hack 就能跨域进行安全对话。

2. 表现和内容分离

表现和内容分离是 HTML 5 设计中的另一个重要内容，HTML 5 在所有可能的地方都努力进行了分离，也包括 CSS。实际上，表现和内容的分离早在 HTML 4 中就有设计，但是分离得并不彻底。为了避免可访问性差、代码复杂度高、文件过大等问题，HTML 5 规范中更细致、清晰地分离了表现和内容。但是考虑 HTML 5 的兼容性问题，一些老的表现和内容的代码还是可以兼容使用的。

1.2.4　化繁为简的优势

作为当下流行的通用标记语言，HTML 5 越简单越好。所以在设计 HTML 5 时，严格遵循了"简单至上"的原则，主要体现在以下几个方面。

- 新的简化的字符集声明。
- 新的简化的 DOCTYPE。
- 简单而强大的 HTML 5 API。
- 以浏览器原生能力替代复杂的 JavaScript 代码。

为了实现以上这些简化操作，HTML 5 规范需要比以前更加细致、精确，比以往任何版本的 HTML 规范都要精确。

在 HTML 5 规范细化的过程中，为了避免造成误解，几乎对所有内容都给出了彻底、完全的定义，特别是针对 Web 应用。

基于多种改进过的、强大的错误处理方案，HTML 5 具备了良好的错误处理机制。具体来讲，HTML 5 提倡重大错误的平缓恢复，再次把最终用户的利益放在了第一位。举例说，如果页面中有错误，在以前可能会影响整个页面的显示，而在 HTML 5 中不会出现这种情况，取而代之的是以标准方式显示 broken 标记，这要归功于 HTML 5 中精确定义的错误恢复机制。

1.3　HTML 5 网页的开发环境

有两种方式可以产生 HTML 文件：一种是自己写 HTML 文件，事实上这并不是很困难，也不需要特别的技巧；另一种是使用 HTML 编辑器，它可以辅助使用者做编写工作。

1.3.1　使用记事本手工编写 HTML 5

前面介绍过，HTML 5 是一种标记语言，标记语言代码是以文本形式存在的。因此，所有的记事本工具都可以作为它的开发环境。

HTML 文件的扩展名为.html 或.htm，将 HTML 源代码输入到记事本并保存之后，可以在浏览器中打开文档以查看其效果。

使用记事本编写 HTML 文件的具体操作步骤如下。

step 01　单击 Windows 桌面上的"开始"按钮，选择"所有程序"→"附件"→"记事本"命令，打开一个记事本，在记事本中输入 HTML 代码，如图 1-1 所示。

step 02　编辑完 HTML 文件后，选择"文件"→"保存"命令或按 Ctrl+S 组合键，在弹出的"另存为"对话框中，选择"保存类型"为

图 1-1　编辑 HTML 代码

"所有文件",然后将文件扩展名设为.html 或.htm,如图 1-2 所示。

图 1-2 "另存为"对话框

step 03 单击"保存"按钮,即可保存文件。打开网页文档,在浏览器中预览,如图 1-3 所示。

图 1-3 网页的浏览效果

1.3.2 使用 Dreamweaver CC 编写 HTML 文件

"工欲善其事,必先利其器"。虽然使用记事本可以编写 HTML 文件,但是编写效率太低,对于语法错误及格式都没有提示。很多专门编写 HTML 网页的工具弥补了这种缺陷。Adobe 公司的 Dreamweaver CC 用户界面非常友好,是一款非常优秀的网页开发工具,深受广大用户的喜爱。Dreamweaver CC 的主界面如图 1-4 所示。

1. 文档窗口

文档窗口位于界面的中部,是用来编排网页的区域,其中内容与在浏览器中的显示结果相似。在文档窗口中,可以用三种视图模式显示文档。

(1) 代码视图。使用代码视图,可以在文档窗口中显示当前文档的源代码,也可以在该窗口中直接输入 HTML 代码。

图 1-4 Dreamweaver CC 的主界面

(2) 设计视图。在设计视图中无须编辑任何代码，可以直接使用可视化的操作编辑网页。

(3) 拆分视图。在拆分视图中，左半部分显示代码视图，右半部分显示设计视图。在这种视图模式下，可以通过输入 HTML 代码直接观看效果，还可以通过设计视图插入对象，直接查看源文件。

在各种视图间进行切换时，只需要在文档工具栏中单击相应的视图按钮即可。文档工具栏如图 1-5 所示。

图 1-5 文档工具栏

2. "插入"面板

"插入"面板是在设计视图中使用频度很高的面板之一。"插入"面板默认打开的是"常用"页，它包括最常用的一些对象。例如，在文档中的光标位置插入一段文本、图像或表格等。用户可以根据需要切换到其他页，如图 1-6 所示。

3. "属性"面板

"属性"面板中主要包含当前选择对象的相关属性设置。可以通过菜单栏中的"窗口"→"属性"命令或 Ctrl+F3 组合键打开或关闭"属性"面板。

"属性"面板是常用的一个面板，因为无论要编辑哪个对象的属性，都要用到它。其内容也会随着选择对象的不同而改变。

图 1-6 "插入"面板

例如，当光标定位在文档主体文字内容部分时，"属性"面板显示文字的相关属性，如图 1-7 所示。

图 1-7 "属性"面板

Dreamweaver CC 中还有很多面板，在以后使用时，再做详细讲解。打开的面板越多，编辑文档的区域就会越小，为了便于编辑文档，可以通过 F4 功能键快速隐藏和显示所有面板。

使用 Dreamweaver CC 编写 HTML 文件的具体操作步骤如下。

step 01 启动 Dreamweaver CC，如图 1-8 所示，在欢迎屏幕的"新建"栏中选择 HTML 选项。或者选择菜单栏中的"文件"→"新建"命令(快捷键为 Ctrl+N)。

图 1-8 包含欢迎屏幕的主界面

step 02 弹出"新建文档"对话框，如图 1-9 所示，在"页面类型"列表框中选择 "HTML 模板"选项。

图 1-9 "新建文档"对话框

step 03 单击"创建"按钮，创建 HTML 文件，如图 1-10 所示。

图 1-10 在设计视图下显示创建的文档

step 04 在文档工具栏中，单击"代码"按钮，切换到代码视图，如图 1-11 所示。

图 1-11 在代码视图下显示创建的文档

step 05 将代码中<title>标记中的网页标题修改成"第一个网页"，然后在<body>标记中输入"今天我使用 Dreamweaver CC 编写了第一个简单网页，感觉非常高兴。"。
完整的 HTML 代码如下所示：

```
<!doctype html >
<html>
<head>
<meta charset="utf-8" />
<title>第一个网页</title>
</head>
<body>
今天我使用 Dreamweaver CC 编写了第一个简单网页，感觉非常高兴。
</body>
</html>
```

step 06 保存文件。从菜单栏中选择"文件"→"保存"命令或按 Ctrl+S 组合键，弹出"另存为"对话框。在该对话框中选择保存位置，并输入文件名，单击"保存"按钮，如图 1-12 所示。

图 1-12　保存文件

step 07 单击文档工具栏中的 图标，选择查看网页的浏览器，或按 F12 键，使用默认
浏览器查看网页，预览效果如图 1-13 所示。

图 1-13　浏览器预览效果

1.4　使用浏览器查看 HTML 5 文件

开发者经常需要查看 HTML 源代码及其效果。使用浏览器可以查看网页的显示效果，也
可以在浏览器中直接查看 HTML 源代码。

1.4.1　查看页面效果

前面已经介绍过，为了测试网页的兼容性，可以在不同的浏览器中打开网页。在非默认
浏览器中打开网页的方法有很多种，在此介绍两种常用的方法。

方法一：选择浏览器中的"文件"→"打开"命令(有些浏览器的菜单命令为"打开文

件"），如图 1-14 所示，选择要打开的网页。

方法二：在 HTML 文件上右击，从弹出的快捷菜单中选择"打开方式"命令，然后选择需要的浏览器，如图 1-15 所示。如果浏览器没有出现在菜单中，可以选择"选择其他应用(C)"命令，在计算机中查找浏览器程序。

图 1-14　选择"打开"命令

图 1-15　选择不同的浏览器来打开网页

1.4.2　查看源文件

查看网页源代码的常见方法有以下两种。

方法一：在页面空白处右击，从弹出的快捷菜单中选择"查看源"命令，如图 1-16 所示。

图 1-16　选择"查看源"命令

方法二：在浏览器的菜单栏中选择"查看"→"源"命令，如图 1-17 所示。

由于浏览器的规定各不相同，有些浏览器将"查看→源"命名为"查看→源代码"，但是，操作方法完全相同。

图 1-17　选择"源"命令

1.5　疑 难 解 惑

疑问 1：为何使用记事本编辑的 HTML 文件无法在浏览器中预览，而是直接在记事本中打开？

答：很多初学者，在保存文件时，没有用 HTML 文件的扩展名.html 或.htm 作为文件的后缀，导致文件还是以.txt 为扩展名，因此无法在浏览器中查看。如果读者是通过鼠标右击创建记事本文件的，在为文件重命名时，一定要以.html 或.htm 作为文件的后缀。特别要注意的是，当 Windows 系统的扩展名隐藏时，更容易出现这样的错误。读者可以在"文件夹选项"对话框中查看是否显示扩展名。

疑问 2：如何显示或隐藏 Dreamweaver CC 的欢迎屏幕？

答：Dreamweaver CC 的欢迎屏幕可以帮助使用者快速进行打开文件、新建文件和获取相关帮助的操作。如果读者不希望显示该界面，可以按 Ctrl+U 组合键，在弹出的窗口中选择左侧的"常规"项，取消右侧"文档选项"部分的"显示欢迎屏幕"选项。

第 2 章

HTML 5 网页的
文档结构

　　一个完整的 HTML 5 网页文档包括标题、段落、列表、表格、绘制的图形以及各种嵌入对象，这些对象统称为 HTML 5 元素。本章详细介绍 HTML 5 网页文档的基本结构。

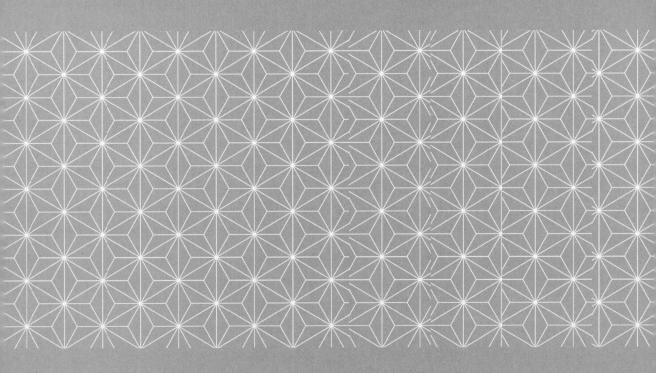

2.1 HTML 5 文件的基本结构

在一个 HTML 5 文档中，必须包含<HTML></HTML>标记，并且放在一个 HTML 5 文档中的开始和结束位置。即每个文档以<HTML>开始，以</HTML>结束。<HTML></HTML>之间通常包含两个部分，分别为<HEAD></HEAD>和<BODY></BODY>，HEAD 标记包含 HTML 头部信息，如文档标题、样式定义等。BODY 包含文档主体部分，即网页内容。需要注意的是，HTML 标记不区分大小写。

2.1.1 HTML 5 页面的整体结构

为了便于读者从整体上把握 HTML 5 的文档结构，下面通过一个实例来介绍 HTML 5 页面的整体结构，示例代码如下：

```
<!DOCTYPE HTML>
<HTML>
<HEAD>
    <TITLE>网页标题</TITLE>
</HEAD>
<BODY>
    网页内容
</BODY>
</HTML>
```

从上面的代码中可以看出，一个基本的 HTML 5 网页由以下几个部分构成。

(1) <!DOCTYPE HTML>声明。该声明必须位于 HTML 5 文档中的第一行，也就是位于<html>标记之前。该标记告知浏览器文档所使用的 HTML 规范。<!DOCTYPE HTML>声明不属于 HTML 标记，它是一条指令，告诉浏览器编写页面所用的标记的版本。由于 HTML 5 版本还没有得到浏览器的完全认可，所以后面介绍时还采用以前的通用标准。

(2) <HTML></HTML>标记。说明本页面是用 HTML 语言编写的，使浏览器软件能够准确无误地解释和显示。

(3) <HEAD></HEAD>标记。HTML 的头部标记，头部信息不显示在网页中，此标记内可以包含一些其他标记，用于说明文件标题和整个文件的一些公用属性。可以通过<style>标记定义 CSS 样式表，通过<script>标记定义 JavaScript 脚本文件。

(4) <TITLE></TITLE>标记。TITLE 是 HEAD 中的重要组成部分，它包含的内容显示在浏览器的窗口标题栏中。如果没有 TITLE，浏览器标题栏将显示本页的文件名。

(5) <BODY></BODY>标记。BODY 包含 HTML 页面的实际内容，显示在浏览器窗口中。例如，在页面中，文字、图像、动画、超链接以及其他 HTML 相关的内容都在 BODY 标记中。

2.1.2 HTML 5 新增的结构标记

HTML 5 新增的结构标记有<footer></footer>和<header></header>，但是，这两个标记还

没有获得大多数浏览器的支持，这里只做简单介绍。

<header>标记定义文档的页眉(介绍信息)。使用示例如下：

```
<header>
<h1>欢迎访问主页</h1>
</header>
```

<footer>标记定义 section 或 document 的页脚。在典型情况下，该元素包含创作者的姓名、文档的创作日期或者联系信息。使用示例如下：

```
<footer>作者：元澈   联系方式：13012345678</footer>
```

2.2   HTML 5 基本标记详解

HTML 文档最基本的结构主要包括文档类型说明、HTML 标记、头标记、主体标记和页面注释标记。

2.2.1   文档类型说明

基于 HTML 5 设计准则中的"化繁为简"原则，Web 页面的文档类型说明(DOCTYPE)被极大地简化了。

细心的读者会发现，在使用 Dreamweaver CC 创建 HTML 5 文档时，文档头部的类型说明代码如下：

```
<!DOCTYPE html PUBLIC "-//W3C//DTD XHTML 1.0 Transitional//EN"
 "http://www.w3.org/TR/xhtml1/DTD/xhtml1-transitional.dtd">
```

上面为 XHTML 文档类型说明，可以看到，这段代码既麻烦又难记，HTML 5 对文档类型进行了简化，简单到 15 个字符就可以了，代码如下：

```
<!DOCTYPE html>
```

DOCTYPE 声明需要出现在 HTML 5 文件的第一行。

2.2.2   HTML 标记

HTML 标记代表文档的开始。由于 HTML 5 语言语法的松散特性，该标记可以省略，但是为了使之符合 Web 标准和体现文档的完整性，养成良好的编写习惯，这里建议不要省略该标记。

HTML 标记以<html>开头，以</html>结尾，文档的所有内容书写在这对标记之间。其语法格式如下：

```
<html>
...
</html>
```

2.2.3 头标记

头标记(head)用于说明文档头部的相关信息，一般包括标题信息、元信息、定义 CSS 样式、脚本代码等。HTML 的头部信息以<head>开始，以</head>结束，其语法格式如下：

```
<head>
...
</head>
```

 说明

<head>元素的作用范围是整篇文档，定义在 HTML 语言头部的内容往往不会在网页上直接显示。

在头标记<head>与</head>之间还可以插入标题标记 title 和元信息标记 meta 等。

1. 标题标记

HTML 页面的标题一般是用来说明页面用途的，它显示在浏览器的标题栏中。在 HTML 文档中，标题信息位于<head>与</head>之间。标题标记以<title>开始，以</title>结束，其语法格式如下：

```
<title>
...
</title>
```

在标记中间的"…"就是标题的内容，它可以帮助用户更好地识别页面。预览网页时，设置的标题在浏览器的左上方标题栏中显示，如图 2-1 所示。此外，在 Windows 任务栏中显示的也是这个标题。页面的标题只有一个，位于 HTML 文档的头部。

图 2-1　标题栏在浏览器中的显示效果

2. 元信息标记

<meta>元素可提供有关页面的元信息(meta-information)，比如针对搜索引擎和更新频度的描述和关键词。<meta>标记位于文档的头部，不包含任何内容。<meta>标记的属性定义了与文档相关联的名称/值对，<meta>标记提供的属性及取值如表 2-1 所示。

表 2-1　<meta>标记提供的属性及取值

属　性	值	描　述
charset	character encoding	定义文档的字符编码
content	some_text	定义与 http-equiv 或 name 属性相关的元信息
http-equiv	content-type expires refresh set-cookie	把 content 属性关联到 HTTP 头部
name	author description keywords generator revised others	把 content 属性关联到一个名称

1)　字符集 charset 属性

在 HTML 5 中，有一个新的 charset 属性，它使字符集的定义更加容易。例如，下面的代码告诉浏览器，网页使用 ISO-8859-1 字符集显示：

```
<meta charset="ISO-8859-1">
```

2)　搜索引擎的关键词

在早期，meta keywords 关键词对搜索引擎的排名算法起着一定的作用，也是很多人进行网页优化的基础。关键词在浏览时是看不到的，使用格式如下：

```
<meta name="keywords" content="关键词,keywords" />
```

(1) 不同的关键词之间应使用半角逗号隔开(英文输入状态下)，不要使用"空格"或"|"间隔。

(2) 是 keywords，不是 keyword。

(3) 关键词标签中的内容应该是一个个短语，而不是一段话。

例如，定义针对搜索引擎的关键词，代码如下：

```
<meta name="keywords" content="HTML, CSS, XML, XHTML, JavaScript" />
```

关键词标签 keywords，曾经是搜索引擎排名中很重要的因素，但现在已经被很多搜索引擎完全忽略。如果我们加上这个标签，对网页的综合表现没有坏处。不过，如果使用不恰当，对网页非但没有好处，还有欺诈的嫌疑。在使用关键词标签 keywords 时，要注意以下几点。

(1) 关键词标签中的内容要与网页核心内容相关，应当确信使用的关键词会出现在网页文本中。

(2) 应当使用用户易于通过搜索引擎检索的关键词，过于生僻的词汇不太适合作为 meta

标签中的关键词。

(3) 不要重复使用关键词，否则可能会被搜索引擎惩罚。

(4) 一个网页的关键词标签里最多包含 3～5 个最重要的关键词，不要超过 5 个。

(5) 每个网页的关键词应该不一样。

由于设计者或 SEO 优化者以前对 meta keywords 关键词的滥用，导致目前它在搜索引擎排名中的作用很小。

3) 页面描述

meta description 元标签(描述元标签)是一种 HTML 元标签，用来简略描述网页的主要内容，是通常被搜索引擎用在搜索结果页上展示给最终用户看的一段文字。页面描述在网页中并不显示出来，页面描述的使用格式如下：

```
<meta name="description" content="网页的介绍" />
```

例如，定义对页面的描述，代码如下：

```
<meta name="description" content="免费的 Web 技术教程。" />
```

4) 页面定时跳转

使用<meta>标记可以使网页在经过一定时间后自动刷新，这可通过将 http-equiv 属性值设置为 refresh 来实现。content 属性值可以设置为更新时间。

在浏览网页时经常会看到一些欢迎信息的页面，在经过一段时间后，这些页面会自动转到其他页面，这就是网页的跳转。页面定时刷新跳转的语法格式如下：

```
<meta http-equiv="refresh" content="秒;[url=网址]" />
```

上面的[url=网址]部分是可选项。如果有这部分，页面定时刷新并跳转；如果省略该部分，页面只定时刷新，不进行跳转。

例如，要实现每 5 秒刷新一次页面，将下述代码放入 head 标记中即可：

```
<meta http-equiv="refresh" content="5" />
```

2.2.4 网页的主体标记

网页所要显示的内容都放在网页的主体标记内，它是 HTML 文件的重点所在。后面章节所介绍的 HTML 标记都将放在这个标记内。然而，它并不仅仅是一个形式上的标记，它本身也可以控制网页的背景颜色或背景图像，这将在后面进行介绍。主体标记是以<body>开始、以</body>结束的，其语法格式如下：

```
<body>
...
</body>
```

在构建 HTML 结构时，标记不允许交错出现，否则会造成错误。

在下列代码中，<body>开始标记出现在<head>标记内，这是错误的：

```
<html>
<head>
<title>标记测试</title>
<body>
</head>
</body>
</html>
```

2.2.5 页面注释标记

注释是在 HTML 代码中插入的描述性文本，用来解释该代码或提示其他信息。注释只出现在代码中，浏览器对注释代码不进行解释，并且在浏览器的页面中不显示。在 HTML 源代码中适当地插入注释语句是一种非常好的习惯，对于设计者日后的代码修改、维护工作很有好处；另外，如果将代码交给其他设计者，别人也能很快读懂前者所撰写的内容。

语法：

```
<!--注释的内容-->
```

注释语句元素由前后两半部分组成，前半部分一个左尖括号、一个半角感叹号和两个连字符，后半部分由两个连字符和一个右尖括号组成：

```
<html>
<head>
    <title>标记测试</title>
</head>
<body>
    <!--这里是标题-->
    <h1>HTML 5 网页设计</h1>
</body>
</html>
```

页面注释不但可以对 HTML 中的一行或多行代码进行解释说明，而且可以注释掉这些代码。如果希望某些 HTML 代码在浏览器中不显示，可以将这部分内容放在<!--和-->之间。例如，修改上述代码，具体如下：

```
<html>
<head>
    <title>标记测试</title>
</head>
<body>
    <!--
    <h1>HTML 5 网页</h1>
    -->
</body>
</html>
```

修改后的代码将<h1>标记作为注释内容处理，在浏览器中不会显示这部分内容。

2.3　HTML 5 语法的变化

为了兼容不统一的页面代码，HTML 5 在语法方面做出了以下改变。

2.3.1　标签不再区分大小写

标签不再区分大小写是 HTML 5 语法变化的重要体现，例如以下例子的代码：

```
<!DOCTYPE html>
<html>
<head>
<title>大小写标签</title>
</head>
<body>
<P>这里的标签大小写不一样</p>
</body>
</html>
```

在 IE 11.0 浏览器中预览，效果如图 2-2 所示。

图 2-2　网页预览效果

虽然"<P>这里的标签大小写不一样</p>"中的开始标记和结束标记不匹配，但是这完全符合 HTML 5 的规范。用户可以通过 W3C 提供的在线验证页面来测试上面的网页，验证网址为 http://validator.w3.org/。

2.3.2　允许属性值不使用引号

在 HTML 5 中，属性值不放在引号中也是正确的。例如以下代码片段：

```
<input checked="a" type="checkbox"/>
<input readonly type="text"/>
<input disabled="a" type="text"/>
```

上述代码片段与下面的代码片段效果是一样的：

```
<input checked=a type=checkbox/>
<input readonly type=text/>
<input disabled=a type=text/>
```

尽管 HTML 5 允许属性值可以不使用引号，但是仍然建议读者加上引号。因为如果某个属性的属性值中包含空格等容易引起混淆的属性值，有可能会引起浏览器的误解。例如以下代码：

```
<img src=mm ch02/01.jpg />
```

此时浏览器就会误以为 src 属性的值就是 mm，这样就无法解析路径中的 01.jpg 图片。如果想正确解析到图片的位置，只有添加上引号。

2.3.3 允许部分属性的属性值省略

在 HTML 5 中，部分标志性属性的属性值可以省略。例如，以下代码是完全符合 HTML 5 规则的：

```
<input checked type="checkbox"/>
<input readonly type="text"/>
```

其中 checked="checked"省略为 checked，而 readonly="readonly"省略为 readonly。

在 HTML 5 中，可以省略属性值的属性如表 2-2 所示。

表 2-2　可以省略属性值的属性

属　　性	省略属性值
checked	省略属性值后，等价于 checked="checked"
readonly	省略属性值后，等价于 readonly="readonly"
defer	省略属性值后，等价于 defer="defer"
ismap	省略属性值后，等价于 ismap="ismap"
nohref	省略属性值后，等价于 nohref="nohref"
noshade	省略属性值后，等价于 noshade="noshade"
nowrap	省略属性值后，等价于 nowrap="nowrap"
selected	省略属性值后，等价于 selected="selected"
disabled	省略属性值后，等价于 disabled="disabled"
multiple	省略属性值后，等价于 multiple="multiple"
noresize	省略属性值后，等价于 noresize="noresize"

2.4　综合案例——符合 W3C 标准的 HTML 5 网页

通过本章的学习，读者了解到 HTML 5 较以前版本有了很大改变，本章就标记语法部分进行了详细的阐述。

下面将制作一个符合 W3C 标准的 HTML 5 网页，具体操作步骤如下。

step 01 启动 Dreamweaver CC，新建 HTML 文档，并单击文档工具栏中的"代码"视图按钮，切换至代码状态，如图 2-3 所示。

图 2-3 使用 Dreamweaver CC 新建 HTML 文档

step 02 图 2-3 中的代码是 XHTML 1.0 格式的，尽管与 HTML 5 完全兼容，但是为了简
化代码，可以将其按 HTML 5 规范修改。修改文档说明部分、<html>标记部分和
<meta>元信息部分后，HTML 5 结构的代码如下：

```
<!DOCTYPE html>
<html>
<head>
<meta charset="utf-8" />
<title>HTML5 网页设计</title>
</head>

<body>
</body>
</html>
```

step 03 在网页主体中添加内容。例如，在 body 部分增加如下代码：

```
<!--白居易诗-->
<h1>续座右铭</h1>
<P>
千里始足下,<br>
高山起微尘。<br>
吾道亦如此,<br>
行之贵日新。<br>
</P>
```

step 04 保存网页，在 IE 11.0 中预览，效果如图 2-4 所示。

图 2-4 网页的预览效果

2.5 跟我学上机——简单的 HTML 5 网页

下面制作一个简单的 HTML 5 网页，具体操作步骤如下。

step 01 打开记事本文件，在其中输入下述代码：

```
<!DOCTYPE html>
<html>
<head>
<title>简单的 HTML5 网页</title>
</head>
<body>
  <h1>清明</h1>
  <P>
  清明时节雨纷纷,<br>
  路上行人欲断魂。<br>
  借问酒家何处有,<br>
  牧童遥指杏花村。<br>
  </P>
<img src="qingming.jpg">
</body>
</html>
```

step 02 保存网页，在 IE 11.0 中预览，效果如图 2-5 所示。

图 2-5 网页的预览效果

2.6 疑难解惑

疑问 1：在网页中，语言的编码方式有哪些？

答：在 HTML 5 网页中，<meta>标记的 charset 属性用于设置网页的内码语系，也就是字符集的类型。对于国内，经常要显示汉字，通常设置为 gb2312(简体中文)和 UTF-8 两种。英文是 ISO-8859-1 字符集，此外还有其他字符集，这里不再介绍。

疑问 2：网页中的基本标签是否必须成对出现？

答：在 HTML 5 网页中，大部分标签都是成对出现的。不过也有部分标签可以单独出现，如<p/>、
、<img/>、<hr/>等。

第 3 章
HTML 5 网页中的
文本、超链接
和图像

　　文字和图像是网页中最主要、最常用的元素。在互联网高速发展的今天，网站已经成为一个展示与宣传的通信工具，公司或个人可以通过网站介绍公司的服务与产品或介绍自己。这些都离不开网站中的网页，而网页的内容主要是通过文字、超链接和图像来体现的。本章就来介绍 HTML 5 网页中的文本、超链接和图像的使用方法及技巧。

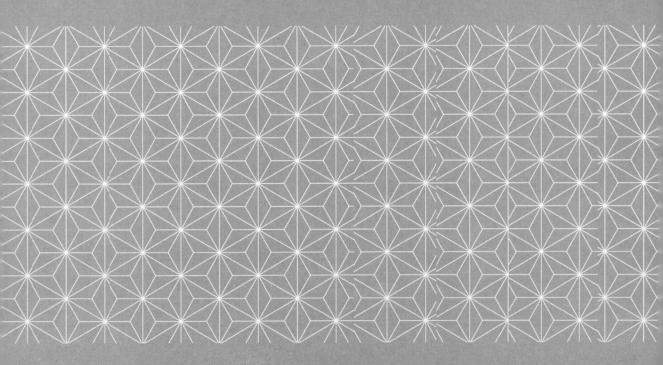

3.1 在网页中添加文本

在网页中添加文本的方法有多种，按照文字的类型，可以分为普通文本的添加和特殊字符文本的添加两种。

3.1.1 普通文本的添加

普通文本是指汉字或者在键盘上可以直接输入的字符。可以在 Dreamweaver CC 代码视图的 body 标签部分直接输入；或者在设计视图下直接输入。如图 3-1 所示为 Dreamweaver CC 的"设计"视图窗口，用户可以在其中直接输入汉字或英文字符。

如果有现成的文本，可以使用复制、粘贴的方法，把需要的文本从其他窗口中复制过来。在粘贴文本的时候，如果希望只把文字粘贴过来，而不需要粘贴文档中的其他格式，可以使用 Dreamweaver CC 中的"选择性粘贴"功能。

"选择性粘贴"功能只在 Dreamweaver CC 的设计视图中起作用，因为在代码视图中，粘贴的仅有文本，没有格式。例如，将 Word 文档表格中的文字复制到网页中，而不需要表格结构，操作方法如下：从菜单栏中选择"编辑"→"选择性粘贴"命令，或按 Ctrl+Shift+V 组合键，弹出"选择性粘贴"对话框，在对话框中选中"仅文本"单选按钮，如图 3-2 所示。

图 3-1 "设计"视图窗口　　　　　　　图 3-2 "选择性粘贴"对话框

3.1.2 特殊字符文本的添加

在 HTML 中，特殊符号以&开头。例如，大括号和小括号被用于声明标记，因此如果要在 HTML 代码中输入"<"和">"字符，就不能直接输入了，需要当作特殊字符进行处理。在 HTML 中，用"<"代表符号"<"，用">"代表符号">"。例如，输入公式 a>b，在 HTML 中需要这样表示：a>b。

常用的特殊字符如表 3-1 所示。

表 3-1 特殊字符

显　　示	说　　明	HTML 编码
	半角大的空白	
	全角大的空白	

续表

显 示	说 明	HTML 编码
	不断行的空白格	
<	小于号	&lt;
>	大于号	&gt;
&	&符号	&amp;
"	双引号	&quot;
©	版权	&copy;
®	已注册商标	&reg;
™	商标(美国)	&trade;
×	乘号	&times;
÷	除号	&divide;

在编辑化学公式或物理公式时，使用特殊字符的频率非常高。如果每次输入时都去查询或者要记忆这些特殊符号的编码，工作量是相当大的。在此为读者提供一些技巧。

(1) 在 Dreamweaver CC 的设计视图下输入字符，如输入 a>b 这样的表达式，可以直接输入。对于部分键盘上没有的字符，可以借助"中文输入法"的软键盘。在中文输入法的软键盘上单击鼠标右键，弹出特殊符号分类，如图 3-3 所示。选择所需的类型，如选择"数学符号"，弹出数学相关的符号，如图3-4 所示。单击自己需要的符号，即可输入。

图 3-3　特殊符号分类　　　　　　图 3-4　数学符号

(2) 文字与文字之间的空格，如果超过一个，那么从第 2 个空格开始，都会被忽略。快捷地输入空格的方法如下：将输入法切换成"中文输入法"，并置于"全角"(Shift+空格)状态，直接按键盘上的空格键即可。

(3) 对于上述两种方法都无法实现的字符，可以使用 Dreamweaver CC 的"插入"菜单来实现。选择"插入"→HTML→"特殊字符"命令，在所需要的字符中选择，如果没有所需要的字符，可选择"其他字符"选项，在打开的"插入其他字符"对话框中选择，如图 3-5 所示。

注意　尽量不要使用多个" "来表示多个空格，因为多数浏览器对空格的距离的实现是不一样的。

图 3-5   "插入其他字符"对话框

3.1.3　使用 HTML 5 标记添加特殊文本

在文档中经常会出现重要文本(加粗显示)、斜体文本、上标和下标文本等。

1. 重要文本

重要文本通常以粗体显示、强调方式显示或加强调方式显示。HTML 中的<b>标记、<em>标记和<strong>标记分别实现了这 3 种显示方式。

【例 3.1】重要文本的显示(示例文件 ch03\3.1.html)。

```
<!DOCTYPE html>
<html>
<head>
<title>无标题文档</title>
</head>
<body>
<p><b>粗体文字的显示效果</b></p>
<p><em>强调文字的显示效果</em></p>
<p><strong>加强调文字的显示效果</strong></p>
</body>
</html>
```

在 IE 11.0 中预览，效果如图 3-6 所示。

图 3-6　重要文本的显示效果

2. 斜体文本

HTML 中的<i>标记实现了文本的倾斜显示。放在<i></i>之间的文本将以斜体显示。

【例 3.2】设置斜体文本(示例文件 ch03\3.2.html)。

```
<!DOCTYPE html>
<html>
<head>
<title>无标题文档</title>
</head>
<body>
<i>查看斜体文字的显示效果</i>
<i>迟日江山丽</i>
<i>春风花草香</i>
<i>泥融飞燕子</i>
<i>沙暖睡鸳鸯。</i>
</body>
</html>
```

在 IE 11.0 中预览，效果如图 3-7 所示。

HTML 中的重要文本和倾斜文本标记已经过时，是需要读者忘记的标记，这些标记都应该用 CSS 样式来实现，而不应该继续用 HTML 来实现。随着后面学习的深入，读者会逐渐发现，即使 HTML 和 CSS 能实现相同的效果，但是 CSS 所能实现的控制远远比 HTML 要细致、精确得多。

图 3-7 斜体文本

3. 上标文本和下标文本

在 HTML 中用<sup>标记实现上标文本，用<sub>标记实现下标文本。<sup>和<sub>都是双标记，放在开始标记和结束标记之间的文本分别以上标或下标的形式出现。

【例 3.3】设置上标和下标(示例文件 ch03\3.3.html)。

```
<!DOCTYPE html>
<html>
<head>
<title>无标题文档</title>
</head>
<body>
 <!--上标显示-->
 <p>c=a<sup>2</sup>+b<sup>2</sup></p>
 <!--下标显示-->
 <p>H<sub>2</sub>+0→H<sub>2</sub>0</p>
</body>
</html>
```

图 3-8 上标和下标的显示效果

在 IE 11.0 中预览，效果如图 3-8 所示。

3.2 文 本 排 版

在网页中，对文字段落进行排版时，并不像文本编辑软件 Word 那样可以定义许多模式来安排文字的位置。在网页中，要将某一段文字放在特定的地方，是通过 HTML 标记来完成的。其中，换行使用
标记，换段使用<p>标记。

3.2.1 换行标记

换行标记
是一个单标记，它没有结束标记，是英文单词 break 的缩写，作用是将文字在一个段内强制换行。一个
标记代表一个换行，连续的多个
标记可以实现多次换行。例如，下面的代码实现了对文本的强制换行。

【例 3.4】换行标记的使用(示例文件 ch03\3.4.html)。

```
<!DOCTYPE html>
<html>
<head>
<title>文本段换行</title>
</head>
<body>
你见，或者不见我<br/>
我就在那里<br/>
不悲不喜<br/>
你念，或者不念我<br/>
情就在那里<br/>
不来不去
</body>
</html>
```

在 HTML 源代码中，虽然主体部分的内容在排版上没有换行，但是增加
标记后，在 IE 11.0 中的预览效果如图 3-9 所示。

3.2.2 段落标记

段落标记是双标记，即<p></p>，在<p>开始标记和</p>结束标记之间的内容形成一个段落。如果省略结束标记，从<p>标记开始，直到遇见下一个段落标记之前的文本，都属于一个段落。

图 3-9　换行标记的使用

【例 3.5】段落标记的使用(示例文件 ch03\3.5.html)。

```
<!DOCTYPE html>
<html>
<head>
<title>段落标记的使用</title>
</head>
<body>
```

```
<p>《春》 作者：朱自清</p>
<p>盼望着，盼望着，东风来了，春天的脚步近了。</p>
<p>
一切都像刚睡醒的样子，欣欣然张开了眼。山朗润起来了，水涨起来了，太阳的脸红起来了。
</p>
<p>
小草偷偷地从土里钻出来，嫩嫩的，绿绿的。园子里，田野里，瞧去，一大片一大片满是的。坐着，躺着，打两个滚，踢几脚球，赛几趟跑，捉几回迷藏。风轻悄悄的，草软绵绵的。
</p>
<p>
桃树、杏树、梨树，你不让我，我不让你，都开满了花赶趟儿。红的像火，粉的像霞，白的像雪。花里带着甜味儿，闭了眼，树上仿佛已经满是桃儿、杏儿、梨儿。花下成千成百的蜜蜂嗡嗡地闹着，大小的蝴蝶飞来飞去。野花遍地是：杂样儿，有名字的，没名字的，散在花丛里，像眼睛，像星星，还眨呀眨的……
</p>
</body>
</html>
```

在 IE 11.0 中预览，效果如图 3-10 所示，<p>标记将文本分成了 4 个段落。

图 3-10　段落标记的使用

3.2.3　标题标记

在 HTML 文档中，文本的结构除了以行和段出现之外，还可以作为标题存在。各种级别的标题由<h1>到<h6>元素来定义，<h1>至<h6>标题标记中的字母 h 是英文 headline(标题行)的简称。其中<h1>代表 1 级标题，级别最高，文字也最大，其他标题元素依次递减，<h6>的级别最低。

【例 3.6】标题标记的使用(示例文件 ch03\3.6.html)。

```
<!DOCTYPE html>
<html>
<head>
<title>标题标记的使用</title>
</head>
<body>
<h1>卜算子·我住长江头</h1>
<h2>我住长江头，君住长江尾。</h2>
<h3>日日思君不见君，共饮长江水。</h3>
```

```
<h4>此水几时休，此恨何时已。</h4>
<h5>只愿君心似我心，定不负相思意。</h5>
<h6>作者：宋代 李之仪</h6>
</body>
</html>
```

在 IE 11.0 中预览，效果如图 3-11 所示。

图 3-11　标题标记的使用

 作为标题，它们的重要性是有区别的，其中<h1>标题的重要性最高，<h6>的重要性最低。

3.3　文字列表

文字列表可以有序地编排一些信息资源，使其结构化和条理化，并以列表的样式显示出来，以便浏览者能更加快捷地获得相应的信息。HTML 中的文字列表如同文字编辑软件 Word 中的项目符号和自动编号。

3.3.1　建立无序列表

无序列表相当于 Word 中的项目符号，无序列表的项目排列没有顺序，只以符号作为分项标识。

无序列表使用<ul></ul>标记，其中每一个列表项使用一对<li></li>标记，语法结构如下：

```
<ul>
  <li>无序列表项</li>
  <li>无序列表项</li>
  <li>无序列表项</li>
  <li>无序列表项</li>
</ul>
```

在无序列表结构中，使用<ul></ul>标记表示无序列表的开始和结束，<li>则表示一个列表项的开始。

在一个无序列表中可以包含多个列表项，并且<li>可以省略结束标记。

下面的例子使用无序列表来实现文本的排列显示。

【例 3.7】使用无序列表(示例文件 ch03\3.7.html)。

```html
<!DOCTYPE html>
<html>
<head>
<title>嵌套无序列表的使用</title>
</head>
<body>
<h1>网站建设流程</h1>
<ul>
    <li>项目需求</li>
    <li>系统分析
      <ul>
        <li>网站的定位</li>
        <li>内容收集</li>
        <li>栏目规划</li>
        <li>网站内容设计</li>
      </ul>
    </li>
    <li>网页草图
      <ul>
        <li>制作网页草图</li>
        <li>将草图转换为网页</li>
      </ul>
    </li>
    <li>站点建设</li>
    <li>网页布局</li>
    <li>网站测试</li>
    <li>站点的发布与站点管理</li>
</ul>
</body>
</html>
```

在 IE 11.0 中预览，效果如图 3-12 所示。读者会发现，在无序列表项中，可以嵌套一个列表。例如，代码中的"系统分析"列表项和"网页草图"列表项中都有下级列表，因此在这对<li></li>标记间，又增加了一对<ul></ul>标记。

图 3-12　使用无序列表

3.3.2　建立有序列表

有序列表类似于 Word 中的自动编号功能，有序列表的使用方法与无序列表的使用方法基本相同。有序列表使用<ol></ol>标记，列表项使用<li></li>标记。有序列表中的每个项目都有前后顺序之分，多数用数字表示，其语法结构如下：

```
<ol>
  <li>第 1 项</li>
  <li>第 2 项</li>
  <li>第 3 项</li>
</ol>
```

下面的例子使用有序列表实现文本的排列显示。

【例 3.8】使用有序列表(示例文件 ch03\3.8.html)。

```
<!DOCTYPE html>
<html>
<head>
<title>有序列表的使用</title>
</head>
<body>
<h1>本节内容列表</h1>
<ol>
  <li>认识网页</li>
  <li>网页与 HTML 差异</li>
  <li>认识 Web 标准</li>
  <li>网页设计与开发的流程</li>
  <li>与设计相关的技术因素</li>
</ol>
</body>
</html>
```

在 IE 11.0 中预览，效果如图 3-13 所示。

图 3-13　有序列表的显示效果

3.3.3　建立不同类型的无序列表

通过使用多个<ul>标签，可以建立不同类型的无序列表。

【例 3.9】建立不同类型的无序列表(示例文件 ch03\3.9.html)。

```
<!DOCTYPE html>
<html>
<body>
<h4>Disc 项目符号列表：</h4>
<ul type="disc">
 <li>苹果</li> <li>香蕉</li> <li>柠檬</li> <li>桔子</li>
</ul>
<h4>Circle 项目符号列表：</h4>
<ul type="circle">
 <li>苹果</li> <li>香蕉</li> <li>柠檬</li> <li>桔子</li>
</ul>
<h4>Square 项目符号列表：</h4>
<ul type="square">
 <li>苹果</li> <li>香蕉</li> <li>柠檬</li> <li>桔子</li>
</ul>
</body>
</html>
```

在 IE 11.0 中预览，效果如图 3-14 所示。

图 3-14　不同类型的无序列表

3.3.4　建立不同类型的有序列表

通过使用多个<ol>标签，可以建立不同类型的有序列表。

【例 3.10】建立不同类型的有序列表(示例文件 ch03\3.10.html)。

```
<!DOCTYPE html>
<html>
<body>
<h4>数字列表：</h4>
<ol>
 <li>苹果</li>
 <li>香蕉</li>
 <li>柠檬</li>
```

```
<li>桔子</li>
</ol>
<h4>字母列表：</h4>
<ol type="A">
 <li>苹果</li>
 <li>香蕉</li>
 <li>柠檬</li>
 <li>桔子</li>
</ol>
</body>
</html>
```

在 IE 11.0 中预览，效果如图 3-15 所示。

图 3-15 不同类型的有序列表

3.3.5 建立嵌套列表

嵌套列表是网页中常用的元素，使用<ul>标签可以制作网页中的嵌套列表。

【例 3.11】建立嵌套列表(示例文件 ch03\3.11.html)。

```
<!DOCTYPE html>
<html>
<body>
<h4>一个嵌套列表：</h4>
<ul>
    <li>咖啡</li>
    <li>茶
        <ul>
            <li>红茶</li>
            <li>绿茶
                <ul>
                    <li>中国茶</li>
                    <li>非洲茶</li>
                </ul>
            </li>
        </ul>
    </li>
    <li>牛奶</li>
```

```
</ul>
</body>
</html>
```

在 IE 11.0 中预览，效果如图 3-16 所示。

图 3-16　嵌套列表

3.3.6　自定义列表

在 HTML 5 中还可以自定义列表。自定义列表的标签是\<dl\>。

【例 3.12】自定义列表(示例文件 ch03\3.12.html)。

```
<!DOCTYPE html>
<html>
<body>
<h2>一个定义列表：</h2>
<dl>
    <dt>电脑</dt>
    <dd>是一种能够按照程序运行的电子设备.......</dd>
    <dt>显示器</dt>
    <dd>以视觉方式显示信息的装置 ... ...</dd>
</dl>
</body>
</html>
```

在 IE 11.0 中预览，效果如图 3-17 所示。

图 3-17　自定义列表

3.4 超链接标记

在 HTML 5 中建立超链接所使用的标记为<a></a>。超链接最重要的要素有两个，设置为超链接的网页元素和超链接指向的目标地址。超链接的基本语法结构如下：

```
<a href=URL>网页元素</a>
```

3.4.1 设置文本和图片的超链接

设置超链接的网页元素通常使用文本和图片。文本超链接和图片超链接是通过<a></a>标记来实现的，将文本或图片放在<a>开始标记和</a>结束标记之间，即可建立超链接。下面的实例将实现文本和图片的超链接。

【例 3.13】设置文本和图片的超链接(示例文件 ch03\3.13.html)。

```
<!DOCTYPE html>
<html>
<head>
<title>文本和图片超链接</title>
</head>
<body>
<a href="a.html"><img src="images/13.jpg"></a>
<a href="b.html">公司简介</a>
</body>
</html>
```

在 IE 11.0 中预览，网页效果如图 3-18 所示。用鼠标单击图片，即可实现链接跳转。

图 3-18 文本和图片超链接的效果

在默认情况下，为文本添加超链接，文本会自动增加下画线，并且文本颜色变为蓝色，单击过的超链接文本会变成暗红色。图片增加超链接后，浏览器会自动给图片加一个粗边框。

3.4.2 创建指向不同目标类型的超链接

除了.html 类型的文件外，超链接所指向的目标类型还可以是其他各种类型，包括图片文件、声音文件、视频文件、Word、其他网站、FTP 服务器、电子邮件等。

1. 链接到各种类型的文件

超链接标记<a>的 href 属性指向链接的目标，目标可以是各种类型的文件。如果是浏览器能够识别的类型，会直接在浏览器中显示；如果是浏览器不能识别的类型，在 IE 浏览器中会弹出文件下载对话框，如图 3-19 所示。

图 3-19　IE 中的文件下载对话框

【例 3.14】链接到各种类型的文件(示例文件 ch03\3.14.html)。

```
<!DOCTYPE html>
<html>
<head>
<title>链接各种类型文件</title>
</head>
<body>
<p><a href="a.html">链接 html 文件</a></p>
<p><a href="coffe.jpg">链接图片</a></p>
<p><a href="2.doc">链接 word 文档</a></p>
</body>
</html>
```

在 IE 11.0 中预览，网页效果如图 3-20 所示。

2. 链接到其他网站或 FTP 服务器

在网页中，友情链接也是推广网站的一种方式。下列代码实现了链接到其他网站或 FTP 服务器：

```
<a href="http://www.baidu.com">链接百度</a>
<a href="ftp://172.16.1.254">链接到 FTP 服务器</a>
```

图 3-20　各种类型的链接

这里 FTP 服务器用的是 IP 地址。为了保证代码能正确运行，读者应填写有效的 FTP 服务器地址。

3. 设置电子邮件链接

在某些网页中，访问者单击某个链接以后，会自动打开电子邮件客户端软件，如 Outlook 或 Foxmail 等，向某个特定的 E-mail 地址发送邮件，这个链接就是电子邮件链接。

电子邮件链接的格式如下：

```
<a href="mailto:电子邮件地址">网页元素</a>
```

【例 3.15】设置电子邮件链接(示例文件 ch03\3.15.html)。

```
<!DOCTYPE html>
<html>
<head>
<title>电子邮件链接</title>
</head>
<body>
<img src="images/logo.gif" width="119" height="49"> [免费注册][登录]
<a href="mailto:kfdzsj@126.com">站长信箱</a>
</body>
</html>
```

在 IE 11.0 中预览，网页效果如图 3-21 所示。

单击"站长信箱"链接时，会弹出 Outlook 窗口，要求编写电子邮件，如图 3-22 所示。

图 3-21　链接到电子邮件　　　　　图 3-22　Outlook 新邮件窗口

3.4.3　设置以新窗口显示超链接页面

在默认情况下，单击超链接时，目标页面会在当前窗口中显示，替换当前页面的内容。如果要在单击某个链接以后，打开一个新的浏览器窗口，在这个新窗口中显示目标页面，就需要使用<a>标记的 target 属性。

target 属性有 4 个值，分别是_blank、_self、_top 和_parent。由于 HTML 5 不再支持框架，所以_top、_parent 这两个取值不常用。本节仅为读者讲解_blank、_self 值。其中，_blank 表示在新窗口中显示超链接页面；_self 表示在自身窗口中显示超链接页面，当省略 target 属性时，默认取值为_self。

【例 3.16】设置以新窗口显示超链接页面(示例文件 ch03\3.16.html)。

```
<!DOCTYPE html>
<html>
<head>
```

```
<title>以新窗口方式打开</title>
</head>
<body>
<a href="a.html target="_blank">新窗口</a>
</body>
</html>
```

在 IE 11.0 中预览，网页效果如图 3-23 所示。

3.4.4 链接到同一页面的不同位置

对于文字比较多的网页，需要对同一页面的不同
位置进行链接，这时就需要建立同一网页内的链接。

【例 3.17】链接到同一页面的不同位置(示例文件
ch03\3.17.html)。

图 3-23 预览效果

```
<!DOCTYPE html>
<html>
<body>
<p>
<a href="#C4">查看 第 4 章。</a>
</p>
<h2>第 1 章</h2>
<p>本章讲解图片相关知识……</p>
<h2>第 2 章</h2>
<p>本章讲解文字相关知识……</p>
<h2>第 3 章</h2>
<p>本章讲解动画相关知识……</p>
<h2><a name="C4">第 4 章</a></h2>
<p>本章讲解图形相关知识……</p>
<h2>第 5 章</h2>
<p>本章讲解列表相关知识……</p>
<h2>第 6 章</h2>
<p>本章讲解按钮相关知识……</p>
<h2>第 7 章</h2>
<p>本章讲解……</p>
<h2>第 8 章</h2>
<p>本章讲解……</p>
<h2>第 9 章</h2>
<p>本章讲解……</p>
<h2>第 10 章</h2>
<p>本章讲解……</p>
<h2>第 11 章</h2>
<p>本章讲解……</p>
<h2>第 12 章</h2>
<p>本章讲解……</p>
</body>
</html>
```

在 IE 11.0 中预览，网页效果如图 3-24 所示。
单击页面中的链接，即可将"第 4 章"的内容跳转到页面顶部，如图 3-25 所示。

图 3-24 初始效果　　　　　　　图 3-25 链接到"第 4 章"

3.5 创建热点区域

在浏览网页时，读者会发现，有时在单击一张图片的不同区域时，会显示不同的链接内容，这就是图片的热点区域。所谓图片的热点区域，就是将一张图片划分成若干个链接区域，访问者单击不同的区域，会链接到不同的目标页面。

在 HTML 5 中，可以为图片创建 3 种类型的热点区域：矩形、圆形和多边形。创建热点区域使用<map>和<area>标记，其语法格式如下：

```
<img src="图片地址" usemap="#名称">
<map name="#名称">
  <area shape="rect" coords="10,10,100,100" href="#">
  <area shape="circle" coords="120,120,50" href="#">
  <area shape="poly" coords="78,13,81,14,53,32,86,38" href="#">
</map>
```

【例 3.18】创建热点区域(示例文件 ch03\3.18.html)。

```
<!DOCTYPE html>
<html>
<head>
<title>创建热点区域</title>
</head>
<body>
<img src="images/13.jpg" width="596" height="275" border="5" usemap="#Map">
<map name="Map">
  <area shape="rect" coords="10,10,100,100" href="#">
  <area shape="circle" coords="120,120,50" href="#">
  <area shape="poly" coords="78,13,81,14,53,32,86,38" href="#">
</map>
</body>
</html>
```

在 IE 11.0 中预览，网页效果如图 3-26 所示。

图 3-26 创建热点区域

在上面的语法格式中，需要注意以下几点。

(1) 要想建立图片热点区域，必须先插入图片。注意，图片必须增加 usemap 属性，说明该图像是热区映射图像，属性值必须以"#"开头，加上名字。

(2) <map>标记只有一个属性 name，其作用是为区域命名，其设置值必须与<img>标记的 usemap 属性值相同。

(3) <area>标记主要是定义热点区域的形状及超链接，它有 3 个必需的属性。

- shape：控制划分区域的形状，取值有 3 个，分别是 rect(矩形)、circle(圆形)和 poly(多边形)。
- coords：控制区域的划分坐标。如果 shape 属性的取值为 rect，那么 coords 的设置值分别为矩形的左上角 x、y 坐标点和右下角 x、y 坐标点，单位为像素；如果 shape 属性的取值为 circle，那么 coords 的设置值分别为圆形圆心 x、y 坐标点和半径值，单位为像素；如果 shape 属性的取值为 poly，那么 coords 的设置值分别为矩形各个点的 x、y 坐标，单位为像素。
- href：该属性为区域设置超链接的目标，设置值为"#"时，表示为空链接。

3.6 网页中的图片

图片是网页中不可缺少的元素，巧妙地在网页中使用图片，可以为网页增色不少。网页支持多种图片格式，并且可以对插入的图片设置宽度和高度。网页中使用的图片可以是 GIF、JPEG、BMP、TIFF、PNG 等格式的文件，其中使用最广泛的主要是 GIF 和 JPEG 两种格式。

3.6.1 在网页中插入图像

图像可以美化网页，插入图像使用单标记<img>。img 标记的属性及描述如表 3-2 所示。

表3-2　img 标记的属性及描述

属　性	值	描　述
alt	text	定义有关图形的短描述
src	URL	要显示的图像的 URL
height	pixels %	定义图像的高度
ismap	URL	把图像定义为服务器端的图像映射
usemap	URL	定义作为客户端图像映射的一幅图像。可参阅<map>和<area>标签了解其工作原理
vspace	pixels	定义图像顶部和底部的空白。不支持。应使用 CSS 代替
width	pixels %	设置图像的宽度

1. 插入图像

src 属性用于指定图片源文件的路径，它是 img 标记必不可少的属性。其语法格式如下：

```
<img src="图片路径">
```

【例 3.19】在网页中插入图片(示例文件 ch03\3.19.html)。

```
<!DOCTYPE html>
<html>
<head>
<title>插入图片</title>
</head>
<body>
<img src="images/美图1.jpg">
</body>
</html>
```

在 IE 11.0 中预览，效果如图 3-27 所示。

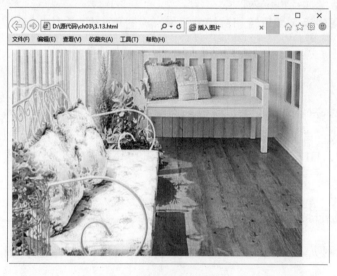

图 3-27　插入图片

2. 从不同来源插入图像

在插入图片时，用户可以将其他文件夹或服务器中的图片显示到网页中。

【例 3.20】从不同来源插入图像(示例文件 ch03\3.20.html)。

```
<!DOCTYPE html>
<html>
<body>
<p>
来自一个文件夹的图像:
<img src="images/美图2.jpg" />
</p>
<p>
来自baidu的图像:
<img
src="http://www.baidu.com/img/shouye_b5486898c692066bd2cbaeda86d74448.gif" />
</p>
</body>
</html>
```

在 IE 11.0 中预览，效果如图 3-28 所示。

图 3-28 从不同来源插入图片

3.6.2 设置图像的宽度和高度

在 HTML 文档中，还可以设置插入图片的显示大小，一般是按原始尺寸显示，但也可以任意设置显示尺寸。设置图像尺寸用属性 width(宽度)和 height(高度)。

【例 3.21】设置图像的宽度和高度(示例文件 ch03\3.21.html)。

```
<!DOCTYPE html>
<html>
<head>
<title>插入图片</title>
</head>
<body>
<img src="images/美图1.jpg">
<img src="images/美图1.jpg" width="200">
<img src="images/美图1.jpg" width="200" height="300">
</body>
</html>
```

在 IE 11.0 中预览,效果如图 3-29 所示。可以看到,图片的显示尺寸是由 width(宽度)和 height(高度)控制的。当只为图片设置一个尺寸属性时,另外一个尺寸就以图片原始的长宽比例来显示。图片的尺寸单位可以选择百分比或数值。百分比为相对尺寸,数值是绝对尺寸。

图 3-29　设置图片的宽度和高度

 网页中插入的图像都是位图,所以放大尺寸时,图像会出现马赛克,变得模糊。

 在 Windows 中查看图片的尺寸时,只需要找到图片文件,把鼠标指针移动到图片上,停留几秒后,就会出现一个提示框,说明图片的尺寸,显示的数值代表图片的宽度和高度,如 256×256。

3.6.3　设置图像的提示文字

为图像添加提示文字可以方便搜索引擎的检索。除此之外,图像提示文字的作用还有以下两个。

(1) 当浏览网页时,如果图像下载完成,将鼠标指针放在该图像上,鼠标指针旁边会显示 title 标签设置的提示文字。

(2) 如果图像没有成功下载,在图像的位置上会显示 alt 标记设置的提示文字。

下面的示例将为图片添加提示文字效果。

【例 3.22】设置图像的提示文字(示例文件 ch03\3.22.html)。

```
<!DOCTYPE html>
<html>
<head>
<title>图片文字提示</title>
</head>
<body>
<img src="images/美图 2.jpg" alt="未加载完成
时显示的替代文字" title="鼠标放上去显示的文字">
</body>
</html>
```

图 3-30　图片文字提示

在 IE 11.0 中预览，效果如图 3-30 所示。用户将鼠标放在图片上，即可看到提示文字。

 　　　　火狐浏览器不支持该功能。

3.6.4　将图片设置为网页背景

在插入图片时，用户可以根据需要，将某些图片设置为网页的背景。GIF 和 JPG 文件均可用作 HTML 文件的背景。如果图像小于页面，图像会进行重复。

【例 3.23】将图片设置为网页背景(示例文件 ch03\3.23.html)。

```
<!DOCTYPE html>
<html>
<body background="images/background.jpg">
<h3>图像背景</h3>
</body>
</html>
```

在 IE 11.0 中预览，效果如图 3-31 所示。可以看出，由于图像小于页面，图像重复出现。

图 3-31　图片背景

网站开发案例课堂

3.6.5 排列图像

在网页的文字中，如果插入图片，还可以对图片进行排序。常用的排序方式包括居中、底部对齐、顶部对齐几种。

【例 3.24】设置图片对齐方式(示例文件 ch03\3.14.html)。

```
<!DOCTYPE html>
<html>
<body>
<h2>未设置对齐方式的图像: </h2>
<p>图像<img src ="images/logo.gif"> 在文本中</p>
<h2>已设置对齐方式的图像: </h2>
<p>图像 <img src="images/logo.gif" align="bottom">在文本中</p>
<p>图像 <img src ="images/logo.gif" align="middle">在文本中</p>
<p>图像 <img src ="images/logo.gif" align="top">在文本中</p>
</body>
</html>
```

在 IE 11.0 中预览，效果如图 3-32 所示。

图 3-32　设置图片对齐方式

bottom 对齐方式是默认的对齐方式。

3.7　综合案例——图文并茂的房屋装饰装修网页

本章讲述了网页组成元素中最常用的文本和图片的使用方法。本综合示例将创建一个由文本和图片构成的房屋装饰效果网页，如图 3-33 所示。

图 3-33　房屋装饰效果网页

具体操作步骤如下。

step 01　在 Dreamweaver CC 中新建 HTML 文档，修改成 HTML 5 标准的，具体代码如下：

```
<!DOCTYPE html>
<html>
<head>
<title>房屋装饰装修效果图</title>
</head>
<body>
</body>
</html>
```

step 02　在 body 部分增加如下 HTML 代码。保存页面：

```
<p><img src="images/xiyatu.jpg" width="300" height="200"/>
 <img src="images/stadshem.jpg" width="300" height="200"/><br />
 西雅图原生态公寓室内设计与 Stadshem 小户型公寓设计(带阁楼)</p>
 <hr/>
<p><img src="images/qingxinhuoli.jpg" width="300" height="200"/>
 <img src="images/renwen.jpg" width="300" height="200"/><br />
 清新活力家居与人文简约悠然家居</p>
 <hr />
```

注意　<hr>标记的作用是定义内容中的主体变化，并显示为一条水平线，在 HTML 5 中，它没有任何属性。

另外，要快速插入图片及设置相关属性，可以借助 Dreamweaver 中的插入功能，或按 Ctrl+Alt+I 组合键。

51

3.8　跟我学上机——在线购物网站的产品展示效果

本练习创建一个由文本和图片构成的在线购物网站产品展示效果。

step 01　打开记事本文件，在其中输入如下代码：

```
<!DOCTYPE html>
<html>
<head>
<title>在线购物网站产品展示效果</title>
</head>
<body>
<p><img src="images/01.jpg" width="400" height="300"/>
<img src="images/02.jpg" width="400" height="300"/>
<img src="images/03.jpg" width="400" height="300"/><br />
康绮墨丽珍气洗发护发五件套                 
     静佳Jplus薰衣草茶树精油祛痘消印专家推荐 5 件套   
      JCare 葡萄籽咀嚼片 800mg×90 片三盒特惠礼包 </p>
<hr/>
<p><img src="images/04.jpg" width="400" height="300"/>
<img src="images/05.jpg" width="400" height="300"/>
<img src="images/06.jpg" width="400" height="300"/><br />
雅诗兰黛即时修护礼盒四件套                  
      JUST BB 弹力保湿蜗牛系列特惠超值套装          
             美丽加芬蜗牛新生特惠超值礼包</p>
<hr />
</body>
</html>
```

step 02　保存网页，在 IE 11.0 中预览，效果如图 3-34 所示。

图 3-34　网页效果

3.9 疑 难 解 惑

疑问 1: 换行标记和段落标记有什么区别?

答: 换行标记是单标记, 不能写结束标记。段落标记是双标记, 可以省略结束标记, 也可以不省略。在默认情况下, 段落之间的距离和段落内部的行间距是不同的, 段落间距比较大, 行间距比较小。

HTML 无法调整段落间距和行间距, 如果希望调整它们, 就必须使用 CSS。

在 Dreamweaver CC 的设计视图下, 按 Enter 键可以快速换段, 按 Shift+Enter 组合键可以快速换行。

疑问 2: 无序列表<ul>元素的作用是什么?

答: 无序列表元素主要用于条理化和结构化文本信息。在实际开发中, 无序列表在制作导航菜单时使用广泛。导航菜单的结构一般都使用无序列表来实现。

疑问 3: 在浏览器中, 图片为何无法显示?

答: 图片在网页中属于嵌入对象, 并不是保存在网页中, 网页只是保存了指向图片的路径。浏览器在解释 HTML 文件时, 会按指定的路径去寻找图片, 如果在指定的位置不存在图片, 就无法正常显示。为了保证图片的正常显示, 制作网页时, 需要注意以下几点。

(1) 图片的格式一定是网页支持的。

(2) 图片的路径一定要正常, 并且图片文件的扩展名不能省略。

(3) HTML 文件的位置发生改变时, 图片一定要跟随着改变, 即图片位置与 HTML 文件位置始终保持相对一致。

第 4 章

使用 HTML 5 创建表格

HTML 中的表格不但可以清晰地显示数据，而且可以用于页面布局。HTML 中的表格类似于 Word 软件中的表格，操作相似。

HTML 制作表格的原理是使用相关标记(如表格对象 table 标记、行对象 tr 标记、单元格对象 td 标记)来完成。

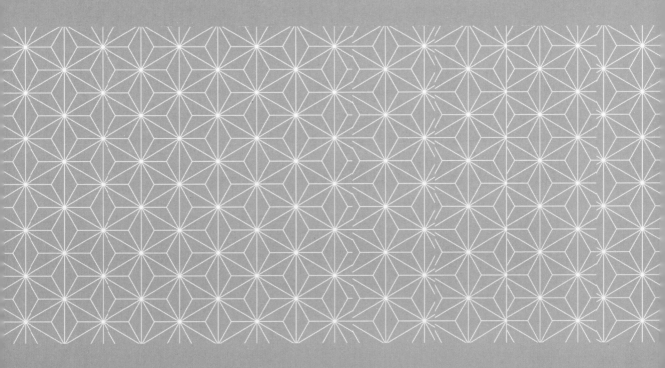

4.1 表格的基本结构

使用表格显示数据，可以更直观和清晰。在 HTML 文档中，表格主要用于显示数据，虽然可以使用表格布局，但是不建议使用，它有很多弊端。表格一般由行、列和单元格组成，如图 4-1 所示。

图 4-1 表格的组成

在 HTML 5 中，用于创建表格的标记如下。

(1) <table>：用于标识一个表格对象的开始，</table>标记标识一个表格对象的结束。一个表格中，只允许出现一对<table>标记。HTML 5 不再支持它的任何属性。

(2) <tr>：用于标识表格一行的开始，</tr>标记用于标识表格一行的结束。表格内有多少对<tr></tr>标记，就表示表格中有多少行。HTML 5 不再支持它的任何属性。

(3) <td>：用于标识表格某行中的一个单元格的开始，</td>标记用于标识表格某行中一个单元格的结束。<td></td>标记应书写在<tr></tr>标记内，一对<tr></tr>标记内有多少对<td></td>标记，就表示该行有多少个单元格。在 HTML 5 中，<td>仅有 colspan 和 rowspan 两个属性。

最基本的表格，必须包含一对<table></table>标记、一对或几对<tr></tr>标记以及一对或几对<td></td>标记。一对<table></table>标记定义一个表格，一对<tr></tr>标记定义一行，一对<td></td>标记定义一个单元格。

例如定义一个 4 行 3 列的表格。

【例 4.1】定义一个 4 行 3 列的表格(示例文件 ch04\4.1.html)。

```
<!DOCTYPE html>
<html>
<head>
<title>表格基本结构</title>
</head>
<body>
<table border="1">
  <tr>
    <td>A1</td>
```

```
    <td>B1</td>
    <td>C1</td>
  </tr>
  <tr>
    <td>A2</td>
    <td>B2</td>
    <td>C2</td>
  </tr>
  <tr>
    <td>A3</td>
    <td>B3</td>
    <td>C3</td>
  </tr>
  <tr>
    <td>A4</td>
    <td>B4</td>
    <td>C4</td>
  </tr>
</table>
</body>
</html>
```

在 IE 11.0 中预览，网页效果如图 4-2 所示。

 提示

从预览图中，读者会发现，表格没有边框，行高及列宽也无法控制。进行上述知识讲述时，提到 HTML 5 中除了<td>标记提供两个单元格合并属性之外，<table>和<tr>标记也没有任何属性。

图 4-2 定义一个 4 行 3 列的表格

4.2 创 建 表 格

表格可以分为普通表格以及带有标题的表格，在 HTML 5 中，可以创建这两种表格。

4.2.1 创建普通表格

例如，创建 1 列、1 行 3 列和 2 行 3 列的 3 个表格。

【例 4.2】创建普通表格(示例文件 ch04\4.2.html)。

```
<!DOCTYPE html>
<html>
<body>
<h4>一列: </h4>
<table border="1">
<tr>
  <td>100</td>
</tr>
</table>
```

```html
<h4>一行三列: </h4>
<table border="1">
<tr>
  <td>100</td>
  <td>200</td>
  <td>300</td>
</tr>
</table>
<h4>两行三列: </h4>
<table border="1">
<tr>
  <td>100</td>
  <td>200</td>
  <td>300</td>
</tr>
<tr>
  <td>400</td>
  <td>500</td>
  <td>600</td>
</tr>
</table>
</body>
</html>
```

在 IE 11.0 中预览,网页效果如图 4-3 所示。

图 4-3　创建 1 列、1 行 3 列和
2 行 3 列的 3 个表格

4.2.2　创建一个带有标题的表格

有时,为了方便表述表格,还需要在表格的上面加上标题。

例如,创建一个带有标题的表格。

【例 4.3】创建一个带有标题的表格(示例文件 ch04\4.3.html)。

```html
<!DOCTYPE html>
<html>
<body>
<h4>带有标题的表格</h4>
<table border="3">
<caption>数据统计表</caption>
<tr>
  <td>100</td>
  <td>200</td>
  <td>300</td>
</tr>
<tr>
  <td>400</td>
  <td>500</td>
  <td>600</td>
</tr>
</table>
</body>
</html>
```

在 IE 11.0 中预览,网页效果如图 4-4 所示。

图 4-4　创建一个带有标题的表格

4.3 编辑表格

在创建好表格之后，还可以编辑表格，包括设置表格的边框类型、设置表格的表头、合并单元格等。

4.3.1 定义表格的边框类型

使用表格的 border 属性可以定义表格的边框类型，如常见的加粗边框的表格。

例如，创建不同边框类型的表格。

【例 4.4】创建不同边框类型的表格(示例文件 ch04\4.4.html)。

```html
<!DOCTYPE html>
<html>
<body>
<h4>普通边框</h4>
<table border="1">
<tr>
  <td>First</td>
  <td>Row</td>
</tr>
<tr>
  <td>Second</td>
  <td>Row</td>
</tr>
</table>
<h4>加粗边框</h4>
<table border="8">
<tr>
  <td>First</td>
  <td>Row</td>
</tr>
<tr>
  <td>Second</td>
  <td>Row</td>
</tr>
</table>
</body>
</html>
```

图 4-5 创建不同边框类型的表格

在 IE 11.0 中预览，网页效果如图 4-5 所示。

4.3.2 定义表格的表头

表格中也存在有表头，常见的表头分为垂直的和水平的两种。例如，分别创建带有垂直和水平表头的表格。

【例 4.5】定义表格的表头(示例文件 ch04\4.5.html)。

```
<!DOCTYPE html>
<html>
<body>
<h4>水平的表头</h4>
<table border="1">
<tr>
  <th>姓名</th>
  <th>性别</th>
  <th>电话</th>
</tr>
<tr>
  <td>张三</td>
  <td>男</td>
  <td>123456</td>
</tr>
</table>
<h4>垂直的表头：</h4>
<table border="1">
<tr>
  <th>姓名</th>
  <td>小丽</td>
</tr>
<tr>
  <th>性别</th>
  <td>女</td>
</tr>
<tr>
  <th>电话</th>
  <td>123456</td>
</tr>
</table>
</body>
</html>
```

水平的表头

姓名	性别	电话
张三	男	123456

垂直的表头：

姓名	小丽
性别	女
电话	123456

在 IE 11.0 中预览，网页效果如图 4-6 所示。

图 4-6 分别创建带有垂直和
水平表头的表格

4.3.3 设置表格背景

当创建好表格后，为了美观，还可以设置表格的背景。例如，为表格定义背景颜色，为表格定义背景图片等。

1. 定义表格背景颜色

为表格添加背景颜色是美化表格的一种方式。

【例 4.6】定义表格背景颜色(示例文件 ch04\4.6.html)。

```
<!DOCTYPE html>
<html>
<body>
<h4>背景颜色：</h4>
<table border="1"
bgcolor="green">
<tr>
```

```
  <td>100</td>
  <td>200</td>
</tr>
<tr>
  <td>300</td>
  <td>400</td>
</tr>
</table>
</body>
</html>
```

在 IE 11.0 中预览，网页效果如图 4-7 所示。

2. 定义表格背景图片

除了可以为表格添加背景颜色外，还可以将图片设置为表格的背景。例如，为表格添加背景图片。

【例 4.7】定义表格背景图片(示例文件 ch04\4.7.html)。

```
<!DOCTYPE html>
<html>
<body>
<h4>背景图片：</h4>
<table border="1" background="images/1.gif">
<tr>
  <td>100</td>
  <td>200</td>
</tr>
<tr>
  <td>300</td>
  <td>400</td>
</tr>
</table>
</body>
</html>
```

在 IE 11.0 中预览，网页效果如图 4-8 所示。

图 4-7　为表格添加背景颜色　　　　图 4-8　为表格添加背景图片

4.3.4　设置单元格的背景

除了可以为表格设置背景外，还可以为单元格设置背景，包括添加背景颜色和背景图片两种。

例如，为单元格添加背景。

【例 4.8】设置单元格的背景(示例文件 ch04\4.8.html)。

```
<!DOCTYPE html>
<html>
<body>
<h4>单元格背景</h4>
<table border="1">
<tr>
  <td bgcolor="red">100000</td>
  <td>200000</td>
</tr>
<tr>
  <td background="images/1.gif">200000</td>
  <td>300000</td>
</tr>
</table>
</body>
</html>
```

在 IE 11.0 中预览，网页效果如图 4-9 所示。

4.3.5　合并单元格

在实际应用中，并非所有表格都是规范的几行几列，而是需要将某些单元格进行合并，以符合某种内容上的需要。在 HTML 中，合并的方向有两种：一是上下合并；二是左右合并。这两种合并方式只需要使用 td 标记的两个属性即可。

图 4-9　为单元格添加背景

1. 用 colspan 属性合并左右单元格

左右单元格的合并需要使用 td 标记的 colspan 属性来完成，其语法格式如下：

```
<td colspan="数值">单元格内容</td>
```

其中，colspan 属性的取值为数值型整数数据，代表几个单元格进行左右合并。

例如，在例 4.1 表格的基础上，将 A1 单元格和 B1 单元格合并成一个单元格。为第一行的第一个<td>标记增加 colspan="2"属性，并且将 B1 单元格的<td>标记删除。

【例 4.9】用 colspan 属性合并左右单元格(示例文件 ch04\4.9.html)。

```
<!DOCTYPE html>
<html>
<head>
<title>单元格左右合并</title>
</head>
<body>
<table border="1">
  <tr>
    <td colspan="2">A1 B1</td>
    <td>C1</td>
  </tr>
  <tr>
    <td>A2</td>
```

```
  <td>B2</td>
  <td>C2</td>
 </tr>
 <tr>
  <td>A3</td>
  <td>B3</td>
  <td>C3</td>
 </tr>
 <tr>
  <td>A4</td>
  <td>B4</td>
  <td>C4</td>
 </tr>
</table>
</body>
</html>
```

在 IE 11.0 中预览网页，效果如图 4-10 所示。

从预览图中可以看到，A1 和 B1 单元格合并成一个单元格，C1 还在原来的位置上。

> 合并单元格以后，相应的单元格标记就应该减少，例如，A1 单元格和 B1 单元格合并后，B1 单元格的<td></td>标记就应该丢掉，否则单元格就会多出一个，并且后面的单元格依次向右位移。

图 4-10　单元格左右合并

2. 用 rowspan 属性合并上下单元格

上下单元格的合并需要为<td>标记增加 rowspan 属性，其语法格式如下：

```
<td rowspan="数值">单元格内容</td>
```

其中，rowspan 属性的取值为数值型整数数据，代表几个单元格进行上下合并。

例如，在例 4.1 表格的基础上，将 A1 单元格和 A2 单元格合并成一个单元格。为第一行的第一个<td>标记增加 rowspan="2"属性，并且将 A2 单元格的<td>标记删除。

【例 4.10】用 rowspan 属性合并上下单元格(示例文件 ch04\4.10.html)。

```
<!DOCTYPE html>
<html>
<head>
<title>单元格上下合并</title>
</head>
<body>
<table border="1">
  <tr>
    <td rowspan="2">A1</td>
    <td>B1</td>
    <td>C1</td>
  </tr>
  <tr>
    <td>B2</td>
    <td>C2</td>
```

```
    </tr>
    <tr>
      <td>A3</td>
      <td>B3</td>
      <td>C3</td>
    </tr>
    <tr>
      <td>A4</td>
      <td>B4</td>
      <td>C4</td>
    </tr>
</table>
</body>
</html>
```

在 IE 11.0 中预览，网页效果如图 4-11 所示。

从预览图中可以看到，A1 单元格和 A2 单元格合并成了一个
单元格。

通过上面对左右单元格合并和上下单元格合并的操作，读者
会发现，合并单元格就是"丢掉"某些单元格。对于左右合并，
就是以左侧为准，将右侧要合并的单元格"丢掉"；对于上下合
并，就是以上方为准，将下方要合并的单元格"丢掉"。

图 4-11　单元格上下合并

如果一个单元格既要向右合并，又要向下合并，该如实现呢？

【例 4.11】在两个方向上合并单元格(示例文件 ch04\4.11.html)。

```
<!DOCTYPE html>
<html>
<head>
<title>单元格上下左右合并</title>
</head>
<body>
<table border="1">
  <tr>
    <td colspan="2" rowspan="2">A1B1<br>A2B2</td>
    <td>C1</td>
  </tr>
  <tr>
    <td>C2</td>
  </tr>
  <tr>
    <td>A3</td>
    <td>B3</td>
    <td>C3</td>
  </tr>
  <tr>
    <td>A4</td>
    <td>B4</td>
    <td>C4</td>
  </tr>
</table>
</body>
</html>
```

在 IE 11.0 中预览，网页效果如图 4-12 所示。

从上面的代码中可以看到，A1 单元格向右合并 B1 单元格，向下合并 A2 单元格，并且 A2 单元格向右合并 B2 单元格。

图 4-12　在两个方向上合并单元格

3．使用 Dreamweaver CC 合并单元格

使用 HTML 创建表格非常麻烦，在 Dreamweaver CC 中，提供了表格的快捷操作，类似于在 Word 中编辑表格的操作。在 Dreamweaver CC 中创建表格，只需选择"插入"→"表格"菜单命令，在出现的对话框中指定表格的行数、列数、宽度和边框，即可在光标处创建一个空白表格。选择表格后，"属性"面板提供了表格的常用操作，如图 4-13 所示。

图 4-13　表格的"属性"面板

> **注意**　表格"属性"面板中的操作，请结合前面讲述的 HTML 语言，对于按钮命令，可将鼠标悬停于按钮之上，数秒之后会出现命令提示。

关于表格的操作不再赘述，读者可自行操作，这里重点讲解如何使用 Dreamweaver CC 合并单元格。在 Dreamweaver CC 可视化操作中，提供了合并与拆分单元格两种操作。拆分单元格的操作，其实还是进行合并的操作。进行单元格合并和拆分时，应将光标置于单元格内，如果选择了一个单元格，拆分命令有效，如图 4-14 所示。如果选择了两个或两个以上单元格，则合并命令有效。

合并单元格　拆分单元格

图 4-14　拆分单元格有效

4.3.6　排列单元格中的内容

使用 align 属性可以排列单元格中的内容，以便创建一个美观的表格。

【例 4.12】排列单元格中的内容(示例文件 ch04\4.12.html)。

```
<!DOCTYPE html>
<html>
<body>
<table width="400" border="1">
 <tr>
  <th align="left">项目</th>
```

```
  <th align="right">一月</th>
  <th align="right">二月</th>
 </tr>
 <tr>
  <td align="left">衣服</td>
  <td align="right">$241.10</td>
  <td align="right">$50.20</td>
 </tr>
 <tr>
  <td align="left">化妆品</td>
  <td align="right">$30.00</td>
  <td align="right">$44.45</td>
 </tr>
 <tr>
  <td align="left">食物</td>
  <td align="right">$730.40</td>
  <td align="right">$650.00</td>
 </tr>
 <tr>
  <th align="left">总计</th>
  <th align="right">$1001.50</th>
  <th align="right">$744.65</th>
 </tr>
</table>
</body>
</html>
```

在 IE 11.0 中预览，网页效果如图 4-15 所示。

项目	一月	二月
衣服	$241.10	$50.20
化妆品	$30.00	$44.45
食物	$730.40	$650.00
总计	$1001.50	$744.65

图 4-15　排列单元格中的内容

4.3.7　设置单元格的行高与列宽

使用 cellpadding 来创建单元格内容与其边框之间的空白，从而调整表格的行高与列宽。

【例 4.13】设置单元格的行高与列宽(示例文件 ch04\4.13.html)。

```
<!DOCTYPE html>
<html>
<body>
<h4>调整前</h4>
<table border="1">
<tr>
  <td>1000</td>
  <td>2000</td>
</tr>
<tr>
  <td>2000</td>
```

```
  <td>3000</td>
</tr>
</table>
<h4>调整后</h4>
<table border="1" cellpadding="10">
<tr>
  <td>1000</td>
  <td>2000</td>
</tr>
<tr>
  <td>2000</td>
  <td>3000</td>
</tr>
</table>
</body>
</html>
```

图 4-16 使用 cellpadding 来调整
表格的行高与列宽

在 IE 11.0 中预览，网页效果如图 4-16 所示。

4.4 完整的表格标记

上面讲述了表格中最常用也是最基本的 3 个标记：<table>、<tr>和<td>，使用它们可以构建出最简单的表格。为了让表格结构更清楚，以及配合后面学习的 CSS 样式，更方便地制作各种样式的表格，表格中还会出现表头、主体、脚注等。

按照表格结构，可以把表格的行分组，称为"行组"。不同的行组具有不同的意义。行组分为 3 类——"表头""主体"和"脚注"。三者相应的 HTML 标记依次为<thead>、<tbody>和<tfoot>。

此外，在表格中还有两个标记：标记<caption>表示表格的标题；在一行中，除了<td>标记表示一个单元格以外，还可以使用<th>标记表示该单元格是这一行的"行头"。

【例 4.14】创建完整的表格结构(示例文件 ch04\4.14.html)。

```
<!DOCTYPE html>
<html>
<head>
<title>完整表格标记</title>
<style>
tfoot{
    background-color:#FF3;
}
</style>
</head>
<body>
<table border="1">
  <caption>学生成绩单</caption>
  <thead>
    <tr>
      <th>姓名</th><th>性别</th><th>成绩</th>
    </tr>
  </thead>
  <tfoot>
```

```
<tr>
  <td>平均分</td><td colspan="2">540</td>
</tr>
</tfoot>
<tbody>
  <tr>
    <td>张三</td><td>男</td><td>560</td>
  </tr>
  <tr>
    <td>李四</td><td>男</td><td>520</td>
  </tr>
</tbody>
</table>
</body>
</html>
```

从上面的代码中可以发现，使用 caption 标记定义了表格标题，使用<thead>、<tbody>和<tfoot>标记对表格进行了分组。在<thead>部分使用<th>标记代替<td>标记定义单元格，<th>标记定义的单元格内容默认加粗显示。网页的预览效果如图 4-17 所示。

<caption>标记必须紧随<table>标记之后。

学生成绩单

姓名	性别	成绩
张三	男	560
李四	男	520
平均分	540	

图 4-17　完整的表格结构

4.5　综合案例——制作计算机报价表

利用所学的表格知识，来制作如图 4-18 所示的计算机报价表。

计算机报价单

型号	类型	价格	图片
宏碁 (Acer) AS4552-P362G32MNCC	笔记本	￥2799	
戴尔 (Dell) 14VR-188	笔记本	￥3499	
联想 (Lenovo) G470AH2310W42G500P7CW3(DB)-CN	笔记本	￥4149	
戴尔家用 (DELL) I560SR-656	台式	￥3599	
宏图奇骏(Hiteker) HS-5508-TF	台式	￥3399	
联想 (Lenovo) G470	笔记本	￥4299	

图 4-18　计算机报价表

具体操作步骤如下。

step 01 新建 HTML 文档，并对其简化，代码如下：

```
<!DOCTYPE html>
<html>
<head>
<meta charset="utf-8" />
<title>完整表格标记</title>
</head>
<body>
</body>
</html>
```

step 02 在 HTML 文档的 body 部分增加表格及内容，代码如下：

```
<table>
  <caption>计算机报价单</caption>
  <tr>
    <th>型号</th>
    <th>类型</th>
    <th>价格</th>
    <th>图片</th>
  </tr>
  <tr>
    <td>宏碁(Acer) AS4552-P362G32MNCC</td>
    <td>笔记本</td>
    <td>￥2799</td>
    <td><img src="images/Acer.jpg" width="120" height="120"></td>
  </tr>
  <tr>
    <td>戴尔(Dell) 14VR-188</td><td>笔记本</td>
    <td>￥3499</td>
    <td><img src="images/Dell.jpg" width="120" height="120"></td>
  </tr>
   <tr>
    <td>联想(Lenovo) G470AH2310W42G500P7CW3(DB)-CN  </td>
    <td>笔记本</td>
    <td>￥4149</td>
    <td><img src="images/Lenovo.jpg" width="120" height="120"></td>
  </tr>
  <tr>
    <td>戴尔家用(DELL)  I560SR-656</td>
    <td>台式</td>
    <td>￥3599</td>
    <td><img src="images/DellT.jpg" width="120" height="120"></td>
  </tr>
  <tr>
    <td>宏图奇眩(Hiteker)  HS-5508-TF</td>
    <td>台式</td>
    <td>￥3399</td>
    <td><img src="images/Hiteker.jpg" width="120" height="120"></td>
  </tr>
  <tr>
    <td>联想(Lenovo) G470</td>
    <td>笔记本</td>
```

```
    <td>¥4299</td>
    <td><img src="images/LenovoG.jpg" width="120" height="120"></td>
  </tr>
</table>
```

利用 caption 标记制作表格的标题,用<th>代替<td>作为标题行单元格。可以将图片放在单元格内,即在<td>标记内使用<img>标记。

step 03 在 HTML 文档的 head 部分增加 CSS 样式,为表格增加边框及相应的修饰,代码如下:

```
<style>
table{
    /*表格增加线宽为 3 的橙色实线边框*/
    border:3px solid #F60;
}
caption{
    /*表格标题字号 36*/
    font-size:36px;
}
th,td{
    /*表格单元格(th、td)增加边线*/
    border:1px solid #F90;
}
</style>
```

step 04 保存网页后,即可查看最终效果。

4.6 跟我学上机——制作学生成绩表

本练习将结合前面学习的知识,创建一个学生成绩表。具体操作步骤如下。

step 01 分析需求。

首先需要建立一个表格,所有行的颜色不单独设置,统一采用表格本身的背景色。然后根据 CSS 设置可以实现该效果,如图 4-19 所示。

图 4-19 变色表格

step 02 创建 HTML 网页，实现 table 表格：

```html
<!DOCTYPE html>
<html>
<head>
<title>学生成绩表</title>
</head>
<body>
<table border="0" cellpadding="0" cellspacing="1">
<caption>学生成绩表</caption>
    <tr>
      <th>姓名</th>
      <th>语文成绩</th>
    </tr>
    <tr class="hui">
      <td>王锋</td>
      <td>85</td>
    </tr>
    <tr>
      <td>李伟</td>
      <td>78</td>
    </tr>
    <tr class="hui">
      <td>张宇</td>
      <td>89</td>
    </tr>
    <tr>
      <td>苏石</td>
      <td>86</td>
    </tr>
    <tr class="hui">
      <td>马丽</td>
      <td>90</td>
    </tr>
    <tr>
      <td>张丽</td>
      <td>90</td>
    </tr>
    <tr class="hui">
      <td>冯尚</td>
      <td>85</td>
    </tr>
    <tr>
      <td >李旺</td>
      <td>75</td>
    </tr>
</table>
</body>
</html>
```

在 IE 11.0 中浏览，效果如图 4-20 所示，可以看到显示了一个表格，表格不带有边框，字体等都是默认显示。

图 4-20　创建基本表格

step 03 添加 CSS 代码，修饰 table 表格和单元格：

```
<style type="text/css">
<!--
table {
    width: 600px;
    margin-top: 0px;
    margin-right: auto;
    margin-bottom: 0px;
    margin-left: auto;
    text-align: center;
    background-color: #000000;
    font-size: 9pt;
}
td {
    padding: 5px;
    background-color: #FFFFFF;
}
-->
</style>
```

在 IE 11.0 中浏览，效果如图 4-21 所示，可以看到显示了一个表格，表格带有边框，行内字体居中显示，但列标题背景色为黑色，其中文字未显示出来。

学生成绩表	
王锋	85
李伟	78
张宇	89
苏石	86
马丽	90
张丽	90
冯尚	85
李旺	75

图 4-21　设置 table 样式

step 04 添加 CSS 代码，修饰标题：

```
caption{
    font-size: 36px;
    font-family: "黑体", "宋体";
    padding-bottom: 15px;
}
tr{
    font-size: 13px;
    background-color: #cad9ea;
    color: #000000;
}
th{
    padding: 5px;
}
.hui td {
    background-color: #f5fafe;
}
```

在上述代码中，使用了类选择器 hui 来定义每个 td 行所显示的背景色，此时需要在表格中每个奇数行都引入该类选择器。例如<tr class="hui">，从而设置奇数行的背景色。

在 IE 11.0 中浏览，效果如图 4-22 所示，可以看到，一个表格中列标题一行背景色显示为浅蓝色，并且表格中奇数行背景色显示为浅灰色，而偶数行背景色显示为默认的白色。

图 4-22　设置奇数行背景色

step 05 添加 CSS 代码，实现鼠标悬浮变色：

```
tr:hover td {
    background-color: #FF9900;
}
```

在 IE 11.0 中浏览，效果如图 4-23 所示，可以看到，当鼠标放到不同行上面时，其背景会显示不同的颜色。

图 4-23　鼠标悬浮改变颜色

4.7　疑　难　解　惑

疑问 1：在 Dreamweaver CC 中如何选择多个单元格？

答：在 Dreamweaver CC 中选择单元格的操作类似于文字处理工具 Word，按住鼠标左键拖动鼠标，经过的单元格都会被选中。按住 Ctrl 键，单击某个单元格，该单元格将会被选中，这些单元格可以是连续的，也可以是不连续的。在需要选择区域的开头单元格中单击，按住 Shift 键，在区域的末尾单元格中单击，开头和结尾单元格组成的区域内的所有单元格将会被选中。

疑问 2：表格除了显示数据，还可以进行布局，为何不使用表格进行布局？

答：在互联网刚刚开始普及时，网页非常简单，形式也非常单调，当时美国的 David Siegel 发明了使用表格布局，风靡全球。在表格布局的页面中，表格不但需要显示内容，还要控制页面的外观及显示位置，导致页面代码过多，结构与内容无法分离，这样就给网站的后期维护和很多其他方面带来了麻烦。

疑问 3：使用<thead>、<tbody>和<tfoot>标记对行进行分组的意义何在？

答：在 HTML 文档中增加<thead>、<tbody>和<tfoot>标记虽然从外观上不能看出任何变化，但是它们却使文档的结构更加清晰。使用<thead>、<tbody>和<tfoot>标记除了使文档更加清晰外，还有一个更重要的意义，就是方便使用 CSS 样式对表格的各个部分进行修饰，从而制作出更炫的表格。

第 5 章

使用 HTML 5
创建表单

在网页中，表单的作用比较重要，主要负责采集浏览者的相关数据，如常见的登录表、调查表、留言表等。在 HTML 5 中，表单拥有多个新的表单输入类型，这些新特性提供了更好的输入控制和验证。

5.1 表单概述

表单主要用于收集网页上浏览者的相关信息。其标签为<form></form>。表单的基本语法格式如下：

```
<form action="url" method="get|post" enctype="mime"></form>
```

其中，action="url"指定处理提交表单的格式，它可以是一个 URL 地址或一个电子邮件地址。method="get"或"post"指明提交表单的 HTTP 方法。enctype="mime"指明用来把表单提交给服务器时的互联网媒体形式。

表单是一个能够包含表单元素的区域。通过添加不同的表单元素，将显示不同的效果。

【例 5.1】设置用户登录窗口(示例文件 ch05\5.1.html)。

```
<!DOCTYPE html>
<html>
<head></head>
<body>
<form>
    下面是输入用户登录信息
    <br>
    用户名称
    <input type="text" name="user">
    <br>
    用户密码
    <input type="password" name="password"><br>
    <input type="submit" value="登录">
</form>
</body>
</html>
```

在 IE 11.0 中浏览，效果如图 5-1 所示，可以看到用户登录窗口。

图 5-1　用户登录窗口

5.2 表单基本元素的使用

表单元素是能够让用户在表单中输入信息的元素。常见的有文本框、密码框、下拉列表框、单选按钮、复选框等。下面主要讲述表单基本元素的使用方法和技巧。

5.2.1　单行文本输入框

单行文本输入框(text)是一种让访问者自己输入内容的表单对象，通常被用来填写单个字或者简短的回答，如用户姓名、地址等。

代码格式如下：

```
<input type="text" name="..." size="..." maxlength="..." value="...">
```

其中，type="text"定义单行文本输入框；name 属性定义文本框的名称，要保证数据的准确采集，必须定义一个独一无二的名称；size 属性定义文本框的宽度，单位是单个字符宽度；maxlength 属性定义最多输入的字符数；value 属性定义文本框的初始值。

【例 5.2】设置单行文本输入框(示例文件 ch05\5.2.html)。

```
<!DOCTYPE html>
<html>
<head><title>输入用户的姓名</title></head>
<body>
<form>
    请输入您的姓名：
    <input type="text" name="yourname" size="20" maxlength="15">
    请输入您的地址：
    <input type="text" name="youradr" size="20" maxlength="15">
</form>
</body>
</html>
```

在 IE 11.0 中浏览，效果如图 5-2 所示，可以看到两个单行文本输入框。

图 5-2　单行文本输入框

5.2.2　多行文本输入框

多行文本输入框(textarea)主要用于输入较长的文本信息。代码格式如下：

```
<textarea name="..." cols="..." rows="..." wrap="..."></textarea>
```

其中，name 属性定义多行文本框的名称，要保证数据的准确采集，必须定义一个独一无二的名称；cols 属性定义多行文本框的宽度，单位是单个字符宽度；rows 属性定义多行文本框的高度，单位是单个字符宽度；wrap 属性定义输入内容大于文本域时显示的方式。

【例 5.3】设置多行文本输入框(示例文件 ch05\5.3.html)。

```
<!DOCTYPE html>
<html>
<head><title>多行文本输入</title></head>
<body>
```

```
<form>
    请输入您最新的工作情况<br>
    <textarea name="yourworks" cols ="50" rows = "5"></textarea>
    <br>
    <input type="submit" value="提交">
</form>
</body>
</html>
```

在 IE 11.0 中浏览，效果如图 5-3 所示，可以看到多行文本输入框。

图 5-3 多行文本输入框

5.2.3 密码输入框

密码输入框(password)是一种特殊的文本域，主要用于输入一些保密信息。当网页浏览者输入文本时，显示的是黑点或者其他符号，这样就增加了输入文本的安全性。代码格式如下：

```
<input type="password" name="..." size="..." maxlength="...">
```

其中，type="password"定义密码输入框；name 属性定义密码输入框的名称，要保证唯一性；size 属性定义密码输入框的宽度，单位是单个字符宽度；maxlength 属性定义最多输入的字符数。

【例 5.4】设置密码输入框(示例文件 ch05\5.4.html)。

```
<!DOCTYPE html>
<html>
<head><title>输入用户姓名和密码</title></head>
<body>
<form>
用户姓名：
<input type="text" name="yourname">
<br>
登录密码：
<input type="password" name="yourpw"><br>
</form>
</body>
</html>
```

在 IE 11.0 中浏览，效果如图 5-4 所示，输入用户名和密码时，可以看到密码以黑点的形式显示。如果想查看输入的登录密码，可以单击眼睛图标，即可显示输入的具体密码。

图 5-4 密码输入框

5.2.4 单选按钮

单选按钮(radio)主要是让网页浏览者在一组选项里只能选中一个。代码格式如下：

```
<input type="radio" name="" value="">
```

其中，type="radio"定义单选按钮；name 属性定义单选按钮的名称，单选按钮都是以组为单位使用的，在同一组中的单选按钮都必须用同一个名称；value 属性定义单选按钮的值，在同一组中，它们的域值必须是不同的。

【例 5.5】设置单选按钮(示例文件 ch05\5.5.html)。

```
<!DOCTYPE html>
<html>
<head><title>选择感兴趣的图书</title></head>
<body>
<form>
    请选择您感兴趣的图书类型：
    <br>
    <input type="radio" name="book" value="Book1">网站编程<br>
    <input type="radio" name="book" value="Book2">办公软件<br>
    <input type="radio" name="book" value="Book3">设计软件<br>
    <input type="radio" name="book" value="Book4">网络管理<br>
    <input type="radio" name="book" value="Book5">黑客攻防<br>
</form>
</body>
</html>
```

在 IE 11.0 中浏览，效果如图 5-5 所示，即可以看到 5 个单选按钮，而用户只能选中其中一个。

请选择您感兴趣的图书类型：
- ⦿ 网站编程
- ○ 办公软件
- ○ 设计软件
- ○ 网络管理
- ○ 黑客攻防

图 5-5　单选按钮

5.2.5　复选框

复选框(checkbox)主要是让网页浏览者在一组选项里可以同时选择多个选项。每个复选框都是一个独立的元素，都必须有一个唯一的名称。代码格式如下：

```
<input type="checkbox" name="" value="">
```

其中，type="checkbox"定义复选框；name 属性定义复选框的名称，在同一组中的复选框都必须用不同的名称；value 属性定义复选框的值。

【例 5.6】设置复选框(示例文件 ch05\5.6.html)。

```
<!DOCTYPE html>
<html>
<head><title>选择感兴趣的图书</title></head>
<body>
<form>
    请选择您感兴趣的图书类型：<br>
    <input type="checkbox" name="book" value="Book1">网站编程<br>
    <input type="checkbox" name="book" value="Book2">办公软件<br>
    <input type="checkbox" name="book" value="Book3">设计软件<br>
    <input type="checkbox" name="book" value="Book4">网络管理<br>
    <input type="checkbox" name="book" value="Book5" checked>黑客攻防<br>
</form>
```

```
</body>
</html>
```

checked 属性主要用来设置默认选中项。

在 IE 11.0 中浏览，可以看到 5 个复选框，其中"黑客攻防"复选框被默认勾选。同时，浏览者还可以勾选其他复选框。效果如图 5-6 所示。

请选择您感兴趣的图书类型：
☑ 网站编程
☐ 办公软件
☑ 设计软件
☐ 网络管理
☑ 黑客攻防

图 5-6　复选框的效果

5.2.6　列表框

列表框(select)主要用于在有限的空间里设置多个选项。列表框既可以用作单选，也可以用作复选。代码格式如下：

```
<select name="..." size="..." multiple>
    <option value="..." selected>
       ...
    </option>
    ...
</select>
```

其中，size 属性定义列表框的行数；name 属性定义列表框的名称；multiple 属性表示可以多选，如果不设置本属性，那么只能单选；value 属性定义列表项的值；selected 属性表示默认已经选中本选项。

【例 5.7】设置列表框(示例文件 ch05\5.7.html)。

```
<!DOCTYPE html>
<html>
<head><title>选择感兴趣的图书</title></head>
<body>
<form>
    请选择您感兴趣的图书类型： <br>
    <select name="fruit" size = "3" multiple>
        <option value="Book1">网站编程
        <option value="Book2">办公软件
        <option value="Book3">设计软件
        <option value="Book4">网络管理
        <option value="Book5">黑客攻防
    </select>
</form>
</body>
</html>
```

在 IE 11.0 中浏览，效果如图 5-7 所示，可以看到列表框，其中显示了 3 行选项，用户可以按住 Ctrl 键，选择多个选项。

5.2.7 普通按钮

普通按钮(button)用来控制其他定义了处理脚本的处理工作。代码格式如下：

```
<input type="button" name="..."
value="..." onClick="...">
```

图 5-7 列表框的效果

其中，type="button"定义为普通按钮；name 属性定义普通按钮的名称；value 属性定义按钮的显示文字；onClick 属性表示单击行为，也可以是其他事件，通过指定脚本函数来定义按钮的行为。

【例 5.8】设置普通按钮(示例文件 ch05\5.8.html)。

```
<!DOCTYPE html>
<html/>
<body/>
<form/>
    点击下面的按钮，把文本框 1 的内容拷贝到文本框 2 中：
    <br>
    文本框 1: <input type="text" id="field1" value="学习 HTML5 的技巧">
    <br>
    文本框 2: <input type="text" id="field2">
    <br>
    <input type="button" name="..." value="单击我" onClick="document
      .getElementById('field2').value=document
      .getElementById('field1').value">
</form>
</body>
</html>
```

在 IE 11.0 中浏览，效果如图 5-8 所示，单击"单击我"按钮，即可实现将文本框 1 中的内容复制到文本框 2 中的操作。

点击下面的按钮，把文本框1的内容拷贝到文本框2中：
文本框1: 学习HTML5的技巧
文本框2: 学习HTML5的技巧
单击我

图 5-8 单击按钮后的复制效果

5.2.8 提交按钮

提交按钮(submit)用来将输入的信息提交到服务器。代码格式如下：

```
<input type="submit" name="..."
value="...">
```

其中，type="submit"定义为提交按钮；name 属性定义提交按钮的名称；value 属性定义按钮的显示文字。通过提交按钮，可以将表单里的信息提交给表单中 action 所指向的文件。

【例 5.9】设置提交按钮(示例文件 ch05\5.9.html)。

```
<!DOCTYPE html>
<html>
```

```
<head><title>输入用户名信息</title></head>
<body>
<form  action="http://www.yinhangit.com/yonghu.asp" method="get">
    请输入你的姓名：
    <input type="text" name="yourname">
    <br>
    请输入你的住址：
    <input type="text" name="youradr">
    <br>
    请输入你的单位：
    <input type="text" name="yourcom">
    <br>
    请输入你的联系方式：
    <input type="text" name="yourcom">
    <br>
    <input type="submit" value="提交">
</form>
</body>
</html>
```

在 IE 11.0 中浏览，效果如图 5-9 所示，输入内容后单击“提交”按钮，即可将表单中的数据发送到指定的文件。

图 5-9　提交按钮

5.2.9　重置按钮

重置按钮(reset)又称为复位按钮，用来重置表单中输入的信息。代码格式如下：

```
<input type="reset" name="..."
value="...">
```

其中，type=“reset”定义复位按钮；name 属性定义复位按钮的名称；value 属性定义按钮的显示文字。

【例 5.10】设置重置按钮(示例文件 ch05\5.10.html)。

```
<!DOCTYPE html>
<html>
<body>
<form>
    请输入用户名称：
    <input type='text'>
    <br/>
    请输入用户密码：
    <input type='password'>
    <br>
    <input type="submit" value="登录">
    <input type="reset" value="重置">
</form>
</body>
</html>
```

在 IE 11.0 中浏览，效果如图 5-10 所示，输入内容后单击"重置"按钮，即可将表单中的数据清空。

图 5-10　重置按钮

5.3　表单高级元素的使用

除了上述基本元素外，HTML 5 中还有一些高级元素。包括 url、email、time、range、search 等。对于这些高级属性，IE 11.0 浏览器暂时还不支持，下面将使用 Opera 11.6 浏览器来查看效果。

5.3.1　url 属性的使用

url 属性是用于说明网站网址的。显示为一个文本字段用于输入 URL 地址。在提交表单时，会自动验证 url 的值。代码格式如下：

```
<input type="url" name="userurl"/>
```

另外，用户可以使用普通属性设置 url 输入框，例如可以使用 max 属性设置其最大值、min 属性设置其最小值、step 属性设置合法的数字间隔、利用 value 属性规定其默认值。对于另外的高级属性中同样的设置不再赘述。

【例 5.11】url 属性的使用(示例文件 ch05\5.11.html)。

```
<!DOCTYPE html>
<html>
<body>
<form>
    <br/>
    请输入网址：
    <input type="url" name="userurl"/>
</form>
</body>
</html>
```

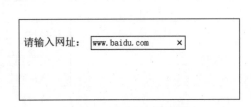

图 5-11　url 属性的效果

在 IE 11.0 中的浏览效果如图 5-11 所示，用户即可输入相应的网址。

5.3.2　email 属性的使用

与 url 属性类似，email 属性用于让浏览者输入 E-mail 地址。在提交表单时，会自动验证 email 域的值。代码格式如下：

```
<input type="email" name="user_email"/>
```

【例 5.12】email 属性的使用(示例文件 ch05\5.12.html)。

```
<!DOCTYPE html>
<html>
<body>
<form>
    <br/>
    请输入您的邮箱地址：
    <input type="email" name="user_email"/>
    <br>
    <input type="submit" value="提交">
</form>
</body>
</html>
```

在 IE 11.0 中浏览，效果如图 5-12 所示，用户即可输入相应的邮箱地址。如果用户输入的邮箱地址不合法，单击"提交"按钮后，会弹出提示信息。

图 5-12　email 属性的效果

5.3.3　date 属性和 time 属性的使用

在 HTML 5 中，新增了一些日期和时间输入类型，包括 date、datetime、datetime-local、month、week 和 time。它们的具体含义如表 5-1 所示。

表 5-1　HTML 5 中新增的一些日期和时间属性

属　性	含　义
date	选取日、月、年
month	选取月、年
week	选取周和年
time	选取时间
datetime	选取时间、日、月、年
datetime-local	选取时间、日、月、年(本地时间)

上述属性的代码格式彼此类似，例如以 date 属性为例，代码格式如下：

```
<input type="date" name="user_date" />
```

【例 5.13】使用 date 属性(示例文件 ch05\5.13.html)。

```
<!DOCTYPE html>
<html>
<body>
<form>
    <br/>
    请选择购买商品的日期:
    <br>
    <input type="date" name="user_date"/>
</form>
</body>
</html>
```

在 Opera 45.0 中浏览，效果如图 5-13 所示，用户单击输入框中的向下按钮，即可在弹出的窗口中选择需要的日期。

图 5-13　date 属性的效果

5.3.4　number 属性的使用

number 属性提供了一个输入数字的输入类型。用户可以直接输入数值，或者通过单击微调框中的向上或者向下按钮来选择数值。代码格式如下：

```
<input type="number" name="shuzi" />
```

【例 5.14】使用 number 属性(示例文件 ch05\5.14.html)。

```
<!DOCTYPE html>
<html>
<body>
<form>
    <br/>
    此网站我曾经来
    <input type="number" name="shuzi"/>
次了哦!
</form>
</body>
</html>
```

在 Firefox 53.0 中浏览，效果如图 5-14 所示，

图 5-14　number 属性的效果

用户可以直接输入数值，也可以单击微调按钮选择合适的数值。

 强烈建议用户使用 min 和 max 属性规定输入的最小值和最大值。

5.3.5　range 属性的使用

range 属性显示为一个滑条控件。与 number 属性一样，用户可以使用 max、min 和 step 属性来控制控件的范围。代码格式如下：

```
<input type="range" name="" min="" max="" />
```

其中，min 和 max 分别控制滑条控件的最小值和最大值。

【例 5.15】range 属性的使用(示例文件 ch05\5.15.html)。

```
<!DOCTYPE html>
<html>
<body>
<form>
    <br/>
    英语成绩公布了！我的成绩名次为：
    <input type="range" name="ran" min="1" max="10"/>
</form>
</body>
</html>
```

在 IE 11.0 中浏览，效果如图 5-15 所示，用户可以拖曳滑块，从而选择合适的数值。

图 5-15　range 属性的效果

 在默认情况下，滑块位于中间位置。如果用户指定的最大值小于最小值，则允许使用反向滑条，目前浏览器对这一属性还不能很好地支持。

5.3.6　required 属性的使用

required 属性规定必须在提交之前填写输入域(不能为空)。

required 属性适用于以下类型的输入属性：text、search、url、email、password、date、pickers、number、checkbox、radio 等。

【例 5.16】required 属性的使用(示例文件 ch05\5.16.html)。

```
<!DOCTYPE html>
<html>
<body>
<form>
    下面是输入用户登录信息
    <br>
    用户名称
    <input type="text" name="user" required="required">
    <br>
    用户密码
    <input type="password" name="password" required="required">
    <br>
    <input type="submit" value="登录">
</form>
</body>
</html>
```

在 IE 11.0 中浏览，效果如图 5-16 所示，用户如果只是输入密码，然后单击"登录"按钮，将弹出提示信息。

图 5-16　required 属性的效果

5.4　综合案例——创建用户反馈表单

本例中，将使用一个表单内的各种元素来开发一个简单网站的用户意见反馈页面。
具体操作步骤如下。

step 01　分析需求。

反馈表单非常简单，通常包含 3 个部分，需要在页面上方给出标题，标题下方是 nl 正文部分，即表单元素，最下方是表单元素提交按钮。在设计这个页面时，需要把"用户注册"标题设置成 h1 大小，正文使用 p 来限制表单元素。

step 02　构建 HTML 页面，实现表单内容：

```
<!DOCTYPE html>
<html>
<head>
<title>用户反馈页面</title>
</head>
<body>
<h1 align=center>用户反馈表单</h1>
<form method="post">
```

```
<p>姓    名:
<input type="text" class="txt" size="12"
  maxlength="20" name="username" /></p>
<p>性    别:
<input type="radio" value="male" />男
<input type="radio" value="female" />女</p>
<p>年    龄:
<input type="text" class=txt name="age" /></p>
<p>联系电话:
<input type="text" class=txt name="tel" /></p>
<p>电子邮件:
<input type="text" class=txt name="email" /></p>
<p>联系地址:
<input type="text" class=txt name="address" /></p>
<p>
请输入您对网站的建议<br>
<textarea name="yourworks" cols ="50" rows = "5"></textarea>
<br>
<input type="submit" name="submit" value="提交"/>
<input type="reset" name="reset" value="清除" /></p>
</form>
</body>
</html>
```

在 IE 11.0 中浏览，效果如图 5-17 所示，可以看到，创建了一个用户反馈表单，包含标题以及"姓名""性别""年龄""联系电话""电子邮件""联系地址""请输入您对网站的建议"等输入框和"提交"按钮等。

图 5-17　用户反馈页面

5.5　跟我学上机——制作用户注册表单

注册表单非常简单，通常包含 3 个部分，需要在页面上方给出标题，标题下方是正文部分，即表单元素，最下方是表单元素提交按钮。具体操作步骤如下。

step 01 打开记事本文件，在其中输入下述代码：

```
<!DOCTYPE html>
<html>
<head>
<title>注册表单</title>
</head>
<body>
<h1 align=center>用户注册</h1>
<form method="post">
    <p>姓    名:
    <input type="text" class=txt size="12"
      maxlength="20" name="username" />
    </p>
    <p>性    别:
    <input type="radio" value="male" />男
    <input type="radio" value="female" />女
    </p>
    <p>年    龄:
    <input type="text" class=txt name="age" />
    </p>
    <p>联系电话:
    <input type="text" class=txt name="tel" />
    </p>
    <p>电子邮件:
    <input type="text" class=txt name="email" />
    </p>
    <p>联系地址:
    <input type="text"  class=txt name="address" />
    </p>
    <p>
    <input type="submit" name="submit" value="提交" class=but />
    <input type="reset" name="reset" value="清除" class=but  />
    </p>
</form>
</body>
</html>
```

step 02 保存网页，在 IE 11.0 中预览，效果如图 5-18 所示。

图 5-18　网页预览效果

5.6 疑 难 解 惑

疑问 1: 如何在表单中实现文件上传框?

答: 在 HTML 5 语言中, 使用 file 属性实现文件上传框。其语法格式为: <input type="file" name="..." size=" " maxlength=" ">。其中, type="file"定义为文件上传框; name 属性为文件上传框的名称; size 属性定义文件上传框的宽度, 单位是单个字符宽度; maxlength 属性定义最多输入的字符数。文件上传框的显示效果如图 5-19 所示。

图 5-19　文件上传框

疑问 2: 制作的单选按钮为什么可以同时选中多个?

答: 此时用户需要检查单选按钮的名称, 保证同一组中的单选按钮名称必须相同, 这样才能保证单选按钮只能选中其中一个。

第 6 章

HTML 5 中的
音频和视频

目前，在网页上没有关于音频和视频的标准，多数音频和视频都是通过插件来播放的。为此，HTML 5 新增了音频和视频的标签。本章讲述音频和视频的基本概念、常用属性和浏览器的支持情况。

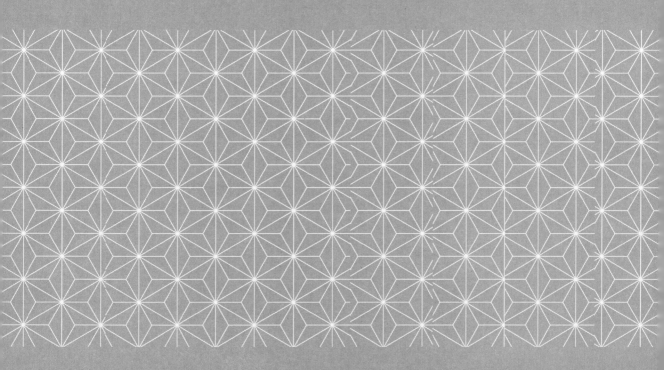

6.1　audio 标 签

目前，大多数音频是通过插件来播放音频文件的，例如常见的播放插件为 Flash。这就是为什么用户在用浏览器播放音乐时，常常需要安装 Flash 插件的原因。但是，并不是所有的浏览器都拥有同样的插件。为此，与 HTML 4 相比，HTML 5 新增了 audio 标签，规定了一种包含音频的标准方法。

6.1.1　audio 标签概述

audio 标签主要是定义播放声音文件或者音频流的标准。它支持 3 种音频格式，分别为 Ogg、MP3 和 WAV。

如果需要在 HTML 5 网页中播放音频，输入的基本格式如下：

```
<audio src="song.mp3" controls="controls"></audio>
```

其中，src 属性规定要播放的音频的地址，controls 属性是供添加播放、暂停和音量控件的属性。

另外，在<audio>和</audio>之间插入的内容是供不支持 audio 元素的浏览器显示的。

【例 6.1】使用 audio 标签(示例文件 ch06\6.1.html)。

```
<!DOCTYPE html>
<html>
<head>
<title>audio</title>
<head>
<body>
<audio src="song.mp3"
controls="controls">
    您的浏览器不支持 audio 标签！
</audio>
</body>
</html>
```

如果用户的浏览器是 IE 11.0 以前的版本，浏览效果如图 6-1 所示，可见 IE 11.0 以前的浏览器版本不支持 audio 标签。

在 IE 11.0 中浏览，效果如图 6-2 所示，可以看到加载的音频控制条并听到声音，此时用户还可以控制音量的大小。

图 6-1　不支持 audio 标签的效果

图 6-2　支持 audio 标签的效果

6.1.2　audio 标签的属性

audio 标签的常见属性和含义如表 6-1 所示。

表 6-1　audio 标签的常见属性

属　性	值	描　述
autoplay	autoplay(自动播放)	如果出现该属性，则音频在就绪后马上播放
controls	controls(控制)	如果出现该属性，则向用户显示控件，比如"播放"按钮
loop	loop(循环)	如果出现该属性，则每当音频结束时重新开始播放
preload	preload(加载)	如果出现该属性，则音频在页面加载时进行加载，并预备播放。如果使用 autoplay，则忽略该属性
src	url(地址)	要播放的音频的 URL 地址

另外，audio 标签可以通过 source 属性添加多个音频文件，具体格式如下：

```
<audio controls="controls">
    <source src="123.ogg" type="audio/ogg">
    <source src="123.mp3" type="audio/mpeg">
</audio>
```

6.1.3　浏览器对 audio 标签的支持情况

目前，不同的浏览器对 audio 标签的支持情况也不同。表 6-2 中列出了应用最为广泛的浏览器对 audio 标签的支持情况。

表 6-2　浏览器对 audio 标签的支持情况

音频格式	浏　览　器				
	Firefox 3.5 及更高版本	IE 11.0 及更高版本	Opera 10.5 及更高版本	Chrome 3.0 及更高版本	Safari 3.0 及更高版本
Ogg Vorbis	支持		支持	支持	
MP3		支持		支持	支持
WAV	支持		支持		支持

93

6.2 在网页中添加音频文件

当在网页中添加音频文件时，用户可以根据自己的需要，添加不同类型的音频文件，如添加自动播放的音频文件、添加带有控件的音频文件、添加循环播放的音频文件等。

6.2.1 添加自动播放的音频文件

autoplay 属性规定一旦音频就绪，马上就开始播放。如果设置了该属性，音频将自动播放。下面就是在网页中添加自动播放音频文件的相关代码。

【例 6.2】添加自动播放的音频文件(示例文件 ch06\6.2.html)。

```
<!DOCTYPE HTML>
<html>
<body>
<audio controls="controls" autoplay="autoplay">
    <source src="song.mp3">
</audio>
</body>
</html>
```

在 IE 11.0 浏览，效果如图 6-3 所示，可以看到，网页中加载了音频播放控制条，并开始自动播放加载的音频文件。

图 6-3 添加自动播放的音频文件

6.2.2 添加带有控件的音频文件

controls 属性规定浏览器应该为音频提供播放控件。如果设置了该属性，则规定不能存在其他自定义的脚本控件。其中浏览器控件应该包括播放、暂停、定位、音量、全屏切换等。

【例 6.3】添加带有控件的音频文件(示例文件 ch06\6.3.html)。

```
<!DOCTYPE HTML>
<html>
<body>
<audio controls="controls">
    <source src="song.mp3">
</audio>
</body>
</html>
```

在 IE 11.0 中浏览，效果如图 6-4 所示，可以看到网页中加载了音频播放控制条，这里只有单击其中的"播放"按钮，才可以播放加载的音频文件。

图 6-4 添加带有控件的音频文件

6.2.3 添加循环播放的音频文件

loop 属性规定当音频结束后将重新开始播放。如果设置该属性，则音频将循环播放。

【例 6.4】添加循环播放的音频文件(示例文件 ch06\6.4.html)。

```
<!DOCTYPE HTML>
<html>
<body>
<audio controls="controls" loop="loop">
    <source src="song.mp3">
</audio>
</body>
</html>
```

在 IE 11.0 中浏览，效果如图 6-5 所示，可以看到，网页中加载了音频播放控制条，单击"播放"按钮，开始播放加载的音频文件，播放完毕后，音频文件将重新开始播放。

图 6-5 添加循环播放的音频文件

6.2.4 添加预播放的音频文件

preload 属性规定是否在页面加载后载入音频。如果设置了 autoplay 属性，则忽略该属性。preload 属性的值可能有 3 种，具体介绍如下。

- auto：当页面加载后载入整个音频。
- meta：当页面加载后只载入元数据。
- none：当页面加载后不载入音频。

【例 6.5】添加预播放的音频文件(示例文件 ch06\6.5.html)。

```
<!DOCTYPE HTML>
<html>
<body>
<audio controls="controls" preload="auto">
    <source src="song.mp3">
</audio>
</body>
</html>
```

在 IE 11.0 中浏览，效果如图 6-6 所示，可以看到，网页中加载了音频播放控制条。

图 6-6　添加预播放的音频文件

6.3　video 标 签

与音频文件播放方式一样，大多数视频文件在网页上也是通过插件来播放的。例如，常见的播放插件为 Flash。由于不是所有的浏览器都拥有同样的插件，所以就需要一种统一的包含视频的标准方法。为此，与 HTML 4 相比，HTML 5 新增了 video 标签。

6.3.1　video 标签概述

video 标签主要是定义播放视频文件或者视频流的标准。它支持 3 种视频格式，分别为 Ogg、WebM 和 MPEG 4。

如果需要在 HTML 5 网页中播放视频，输入的基本格式如下：

```
<video src="123.mp4" controls="controls">...</video>
```

其中，在<video>与</video>之间插入的内容是供不支持 video 元素的浏览器显示的。

【例 6.6】使用 video 标签(示例文件 ch06\6.6.html)。

```
<!DOCTYPE html>
<html>
<head>
<title>video</title>
<head>
<body>
<video src="movie.mp4" controls="controls">
    您的浏览器不支持 video 标签！
```

```
</video>
</body>
</html>
```

如果用户的浏览器是 IE 11.0 以前的版本，浏览效果如图 6-7 所示，可见 IE 11.0 以前版本的浏览器不支持 video 标签。

在 IE 11.0 中浏览，效果如图 6-8 所示，可以看到加载的视频控制条界面。单击"播放"按钮，即可查看视频的内容，同时用户还可以调整音量的大小。

图 6-7　不支持 video 标签的效果　　　　图 6-8　支持 video 标签的效果

6.3.2　video 标签的属性

video 标签的常见属性及其含义如表 6-3 所示。

表 6-3　video 标签的常见属性及其含义

属　性	值	描　述
autoplay	autoplay	视频就绪后马上播放
controls	controls	向用户显示控件，比如播放按钮
loop	loop	每当视频结束时重新开始播放
preload	preload	视频在页面加载时进行加载，并预备播放。如果使用 autoplay，则忽略该属性
src	url	要播放的视频的 URL
width	宽度值	设置视频播放器的宽度
height	高度值	设置视频播放器的高度
poster	url	当视频未响应或缓冲不足时，该属性值链接到一幅图像。该图像将以一定比例被显示出来

由表 6-3 可知，用户可以自定义视频文件显示的大小。例如，如果想让视频以 320 像素× 240 像素大小显示，可以加入 width 和 height 属性。具体格式如下：

```
<video width="320" height="240" controls src="movie.mp4"></video>
```

另外，video 标签可以通过 source 属性添加多个视频文件，具体格式如下：

```
<video controls="controls">
    <source src="123.ogg" type="video/ogg">
    <source src="123.mp4" type="video/mp4">
</video>
```

6.3.3　浏览器对 video 标签的支持情况

目前，不同的浏览器对 video 标签的支持情况也不同。表 6-4 中列出了应用最为广泛的浏览器对 video 标签的支持情况。

表 6-4　浏览器对 video 标签的支持情况

视频格式	浏 览 器				
	Firefox 4.0 及更高版本	IE 11.0 及更高版本	Opera 10.6 及更高版本	Chrome 6.0 及更高版本	Safari 3.0 及更高版本
Ogg	支持		支持	支持	
MPEG 4		支持		支持	支持
WebM	支持		支持	支持	

6.4　在网页中添加视频文件

当在网页中添加视频文件时，用户可以根据自己的需要添加不同类型的视频文件，如添加自动播放的视频文件、添加带有控件的视频文件、添加循环播放的视频文件等。另外，还可以设置视频文件的高度和宽度。

6.4.1　添加自动播放的视频文件

autoplay 属性规定一旦视频就绪马上开始播放。如果设置了该属性，视频将自动播放。

【例 6.7】添加自动播放的视频文件(示例文件 ch06\6.7.html)。

```
<!DOCTYPE HTML>
<html>
<body>
<video controls="controls"
autoplay="autoplay">
    <source src="movie.mp4">
</video>
</body>
</html>
```

在 IE 11.0 中浏览，效果如图 6-9 所示，可以看到，网页中加载了视频播放控件，并开始自动播放加载的视频文件。

图 6-9　添加自动播放的视频文件

6.4.2 添加带有控件的视频文件

controls 属性规定浏览器应该为视频提供播放控件。如果设置了该属性，则规定不能存在其他自定义的脚本控件。其中浏览器控件应该包括播放、暂停、定位、音量、全屏切换等。

【例6.8】添加带有控件的视频文件(示例 ch06\6.8.html)。

```
<!DOCTYPE HTML>
<html>
<body>
<video controls="controls" controls="controls">
    <source src="movie.mp4">
</video>
</body>
</html>
```

在 IE 11.0 中浏览，效果如图 6-10 所示，可以看到，网页中加载了视频播放控件，这里只有单击其中的"播放"按钮，才可以播放加载的视频文件。

图 6-10　添加带有控件的视频文件

6.4.3 添加循环播放的视频文件

loop 属性规定当视频播放结束后将重新开始播放。如果设置该属性，则视频将循环播放。

【例6.9】添加循环播放的视频文件(示例文件 ch06\6.9.html)。

```
<!DOCTYPE HTML>
<html>
<body>
<video controls="controls" loop="loop">
    <source src="movie.mp4">
</video>
</body>
</html>
```

在 IE 11.0 中浏览，效果如图 6-11 所示，可以看到，网页中加载了视频播放控件，单击其中的"播放"按钮，开始播放加载的视频文件，播放完毕后，视频文件将重新开始播放。

图 6-11　添加循环播放的视频文件

6.5　综合案例——设置视频文件的高度与宽度

使用 width 和 height 属性可以设置视频文件的显示宽度与高度，单位是像素。

 规定视频的高度和宽度是一个好习惯。如果设置这些属性，在页面加载时会为视频预留出空间。如果没有设置这些属性，那么浏览器就无法预先确定视频的尺寸，这样就无法为视频保留合适的空间。结果是，在页面加载的过程中，其布局也会产生变化。

【例 6.10】设置视频文件的高度与宽度(示例文件 ch06\6.10.html)。

```
<!DOCTYPE HTML>
<html>
<body>
<video width="200" height="160" controls="controls">
    <source src="movie.mp4">
</video>
</body>
</html>
```

在 IE 11.0 中浏览，效果如图 6-12 所示，可以看到，网页中加载了视频播放控件，视频的显示大小为 200 像素×160 像素。

 切勿通过 height 属性和 width 属性来缩放视频。通过 height 属性和 width 属性来缩小视频，用户仍会下载原始的视频(即使在页面上它看起来较小)。正确的方法是在网页上使用该视频前，用软件对视频进行压缩。

图 6-12　设置视频文件的高度与宽度

6.6　跟我学上机——添加预播放的视频文件

preload 属性规定是否在页面加载后载入视频。如果设置了 autoplay 属性，则忽略该属性。preload 属性的值可能有 3 种，分别说明如下。

- auto：当页面加载后载入整个视频。
- meta：当页面加载后只载入元数据。
- none：当页面加载后不载入视频。

【例 6.11】添加预播放的视频文件(示例文件 ch06\6.11.html)。

```
<!DOCTYPE HTML>
<html>
<body>
<video controls="controls" preload="auto">
   <source src="movie.mp4">
</video>
</body>
</html>
```

在 IE 11.0 中浏览，效果如图 6-13 所示，可以看到，网页中加载了视频播放控件。

图 6-13　添加预播放的视频文件

6.7　疑 难 解 惑

疑问 1：在 HTML 5 网页中添加所支持格式的视频，却不能在 Firefox 53.0 浏览器中正常播放，为什么？

答：目前，HTML 5 的 video 标签对视频的支持，不仅有视频格式的限制，还有对解码器的限制。具体规定如下。

- Ogg 格式的文件需要 Thedora 视频编码和 Vorbis 音频编码。
- MPEG 4 格式的文件需要 H.264 视频编码和 AAC 音频编码。

● WebM 格式的文件需要 VP8 视频编码和 Vorbis 音频编码。

疑问 2: 在 HTML 5 网页中添加 MP4 格式的视频文件,为什么在不同的浏览器中视频控件显示的外观不同?

答: 在 HTML 5 中规定用 controls 属性来控制视频文件的播放、暂停、停止和调节音量的操作。controls 是一个布尔属性,一旦添加了此属性,等于告诉浏览器需要显示播放控件并允许用户进行操作。

因为每一个浏览器负责解释内置视频控件的外观,所以在不同的浏览器中,将会显示不同的视频控件外观。

第 7 章

使用 HTML 5

绘制图形

HTML 5 有很多新特性，其中一个最值得提及的特性就是 HTML canvas，它可以对 2D 图形或位图进行动态、脚本的渲染。使用 canvas 可以绘制一个矩形区域，然后使用 JavaScript 可以控制其每像素，例如可以用它来画图、合成图像，或制作简单的动画。本章介绍如何使用 HTML 5 绘制图形。

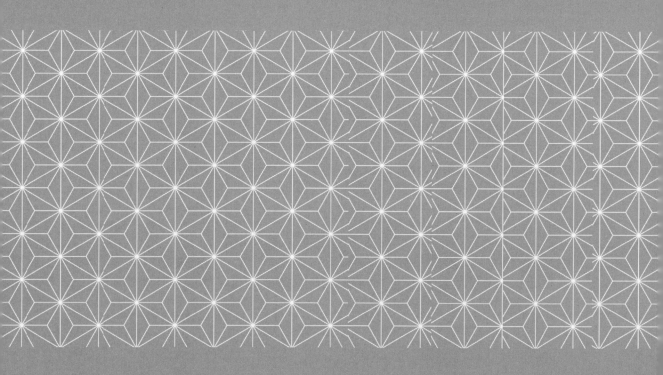

7.1　添加 canvas 的步骤

canvas 标签是一个矩形区域，它包含 width 和 height 两个属性，分别表示矩形区域的宽度和高度。这两个属性都是可选的，并且都可以通过 CSS 来定义，其默认值是 300px 和 150px。

canvas 在网页中的常用形式如下：

```
<canvas id="myCanvas" width="300" height="200"
  style="border:1px solid #c3c3c3;">
    Your browser does not support the canvas element.
</canvas>
```

在上述示例代码中，id 表示画布对象名称，width 和 height 分别表示宽度和高度。最初的画布是不可见的，此处为了观察这个矩形区域，使用了 CSS 样式，即 style 标记。style 表示画布的样式。如果浏览器不支持画布标记，会显示画布中间的提示信息。

画布 canvas 本身不具有绘制图形的功能，它只是一个容器。如果读者对于 Java 语言非常了解，就会发现 HTML 5 的画布和 Java 中的 Panel 面板非常相似，都可以在容器中绘制图形。既然 canvas 画布元素放好了，就可以使用脚本语言 JavaScript 在网页上绘制图形了。

使用 canvas 结合 JavaScript 绘制图形，一般情况下需要下面几个步骤。

step 01　JavaScript 使用 id 来寻找 canvas 元素，即获取当前画布对象：

```
var c = document.getElementById("myCanvas");
```

step 02　创建 context 对象：

```
var cxt = c.getContext("2d");
```

getContext 方法返回一个指定 contextId 的上下文对象，如果指定的 id 不被支持，则返回 null，当前唯一被强制必须支持的是"2d"，也许在将来会有"3d"。注意，指定的 id 是大小写敏感的。对象 cxt 建立之后，就可以拥有多种绘制路径、矩形、圆形、字符以及添加图像的方法。

step 03　绘制图形：

```
cxt.fillStyle = "#FF0000";
cxt.fillRect(0,0,150,75);
```

fillStyle 方法将其染成红色，fillRect 方法规定了形状、位置和尺寸。这两行代码可以绘制一个红色的矩形。

7.2　绘制基本形状

画布 canvas 结合 JavaScript 可以绘制简单的矩形，还可以绘制一些其他的常见图形，如直线、圆等。

7.2.1 绘制矩形

用 canvas 和 JavaScript 绘制矩形时，涉及一个或多个方法，这些方法如表 7-1 所示。

表 7-1 绘制矩形的方法

方 法	功 能
fillRect	绘制一个矩形，这个矩形区域没有边框，只有填充色。这个方法有 4 个参数，前两个表示左上角的坐标位置，第 3 个参数为长度，第 4 个参数为高度
strokeRect	绘制一个带边框的矩形。该方法的 4 个参数的解释同上
clearRect	清除一个矩形区域，被清除的区域没有任何线条。该方法的 4 个参数的解释同上

【例 7.1】绘制矩形(示例文件 ch07\7.1.html)。

```
<!DOCTYPE html>
<html>
<body>
<canvas id="myCanvas" width="300" height="200"
 style="border:1px solid blue">
   Your browser does not support the canvas element.
</canvas>
<script type="text/javascript">
var c = document.getElementById("myCanvas");
var cxt = c.getContext("2d");
cxt.fillStyle = "rgb(0,0,200)";
cxt.fillRect(10,20,100,100);
</script>
</body>
</html>
```

在上面的代码中，定义了一个画布对象，其 id 名称为 myCanvas，高度和宽度都为 500 像素，并定义了画布边框的显示样式。代码中首先获取画布对象，然后使用 getContext 获取当前 2d 的上下文对象，并使用 fillRect 绘制一个矩形。其中涉及一个 fillStyle 属性，fillStyle 用于设定填充的颜色、透明度等，如果设置为"rgb(200,0,0)"，则表示一个不透明颜色；如果设置为"rgba(0,0,200,0.5)"，则表示一个透明度为 50%的颜色。

在 IE 11.0 中浏览，效果如图 7-1 所示，可以看到网页中在一个蓝色边框内显示了一个蓝色矩形。

图 7-1 绘制矩形

7.2.2 绘制圆形

在画布中绘制圆形，可能要涉及下面几个方法，如表 7-2 所示。

表 7-2　绘制圆形的方法

方　法	功　能
beginPath()	开始绘制路径
arc(x,y,radius,startAngle, endAngle,anticlockwise)	x 和 y 定义的是圆的原点；radius 是圆的半径；startAngle 和 endAngle 是弧度，不是度数；anticlockwise 用来定义画圆的方向，值是 true 或 false
closePath()	结束路径的绘制
fill()	进行填充
stroke()	该方法设置边框

　　路径是绘制自定义图形的好方法。在 canvas 中，通过 beginPath()方法开始绘制路径，然后就可以绘制直线、曲线等，绘制完成后，调用 fill()和 stroke()完成填充和边框设置，通过 closePath()方法结束路径的绘制。

　　【例 7.2】绘制圆形(示例文件 ch07\7.2.html)。

```html
<!DOCTYPE html>
<html>
<body>
<canvas id="myCanvas" width="200" height="200"
  style="border:1px solid blue">
    Your browser does not support the canvas element.
</canvas>
<script type="text/javascript">
var c = document.getElementById("myCanvas");
var cxt = c.getContext("2d");
cxt.fillStyle = "#FFaa00";
cxt.beginPath();
cxt.arc(70,18,15,0,Math.PI*2,true);
cxt.closePath();
cxt.fill();
</script>
</body>
</html>
```

　　在上面的 JavaScript 代码中，使用 beginPath 方法开启一个路径，然后绘制一个圆形，最后关闭这个路径并填充。在 IE 11.0 中浏览，效果如图 7-2 所示。

图 7-2　绘制圆形

7.2.3 使用 moveTo 与 lineTo 绘制直线

绘制直线常用的方法是 moveTo 和 lineTo，其含义如表 7-3 所示。

表 7-3 绘制直线的方法

方法或属性	功 能
moveTo(x,y)	不绘制，只是将当前位置移动到新目标位置(x,y)，并作为线条的开始点
lineTo(x,y)	绘制线条到指定的目标位置(x,y)，并且在两个坐标之间画一条直线。不管调用它们哪一个，都不会真正画出图形，因为还没有调用 stroke 和 fill 函数。当前，只是在定义路径的位置，以便后面绘制时使用
strokeStyle	指定线条的颜色
lineWidth	设置线条的粗细

【例 7.3】绘制直线(示例文件 ch07\7.3.html)。

```
<!DOCTYPE html>
<html>
<body>
<canvas id="myCanvas" width="200" height="200"
 style="border:1px solid blue">
   Your browser does not support the canvas element.
</canvas>
<script type="text/javascript">
var c = document.getElementById("myCanvas");
var cxt = c.getContext("2d");
cxt.beginPath();
cxt.strokeStyle = "rgb(0,182,0)";
cxt.moveTo(10,10);
cxt.lineTo(150,50);
cxt.lineTo(10,50);
cxt.lineWidth = 14;
cxt.stroke();
cxt.closePath();
</script>
</body>
</html>
```

在上面的代码中，使用 moveTo 方法定义一个位置坐标为(10,10)，然后以此位置坐标为起点，绘制两条不同的直线，并用 lineWidth 设置了直线的宽度，用 strokeStyle 设置了直线的颜色，用 lineTo 设置了两条不同直线的结束位置。

在 IE 11.0 中浏览，效果如图 7-3 所示，可以看到，网页中绘制了两条直线，这两条直线在某一点交叉。

图 7-3 绘制直线

7.2.4 使用 bezierCurveTo 绘制贝塞尔曲线

在数学的数值分析领域中，贝塞尔(Bézier)曲线是电脑图形学中相当重要的参数曲线。更高维度的广泛化贝塞尔曲线就称作贝塞尔曲面，其中贝塞尔三角是一种特殊的实例。

bezierCurveTo()表示为一个画布的当前子路径添加一条三次贝塞尔曲线。这条曲线的开始点是画布的当前点，而结束点是(x, y)。两条贝塞尔曲线的控制点(cpX1, cpY1)和(cpX2, cpY2)定义了曲线的形状。当这个方法返回的时候，当前的位置为(x, y)。

方法 bezierCurveTo 的具体格式如下：

```
bezierCurveTo(cpX1, cpY1, cpX2, cpY2, x, y)
```

其参数的含义如表 7-4 所示。

表 7-4　绘制贝塞尔曲线的参数

参　数	描　述
cpX1, cpY1	与曲线的开始点(当前位置)相关联的控制点的坐标
cpX2, cpY2	与曲线的结束点相关联的控制点的坐标
x, y	曲线的结束点的坐标

【例 7.4】绘制贝塞尔曲线(示例文件 ch07\7.4.html)。

```
<!DOCTYPE html>
<html>
<head>
<title>贝塞尔曲线</title>
<script>
function draw(id)
{
   var canvas = document.getElementById(id);
   if(canvas==null)
      return false;
   var context = canvas.getContext('2d');
   context.fillStyle = "#eeeeff";
   context.fillRect(0,0,400,300);
   var n = 0;
   var dx = 150;
   var dy = 150;
   var s = 100;
   context.beginPath();
   context.globalCompositeOperation = 'and';
   context.fillStyle = 'rgb(100,255,100)';
   context.strokeStyle = 'rgb(0,0,100)';
   var x = Math.sin(0);
   var y = Math.cos(0);
   var dig = Math.PI/15*11;
   for(var i=0; i<30; i++)
   {
      var x = Math.sin(i*dig);
      var y = Math.cos(i*dig);
```

```
        context.bezierCurveTo(
          dx+x*s,dy+y*s-100,dx+x*s+100,dy+y*s,dx+x*s,dy+y*s);
      }
      context.closePath();
      context.fill();
      context.stroke();
    }
    </script>
    </head>
    <body onload="draw('canvas');">
    <h1>绘制元素</h1>
    <canvas id="canvas" width="400" height="300" />
    </body>
    </html>
```

在上面的 draw 函数代码中，首先使用 fillRect(0,0,400,300)语句绘制一个矩形，其大小与画布相同，填充颜色为浅青色。然后定义了几个变量，用于设定曲线的坐标位置，在 for 循环中使用 bezierCurveTo 绘制贝塞尔曲线。在 IE 11.0 中浏览，效果如图 7-4 所示，可以看到，网页中显示了一条贝塞尔曲线。

图 7-4　贝塞尔曲线

7.3　绘制渐变图形

渐变是两种或更多颜色的平滑过渡，是指在颜色集上使用逐步抽样算法，并将结果应用于描边样式和填充样式中。canvas 的绘图上下文支持两种类型的渐变：线性渐变和放射性渐变，其中，放射性渐变也称为径向渐变。

7.3.1　绘制线性渐变

使用渐变需要 3 个步骤。

step 01 创建渐变对象：

```
var gradient = cxt.createLinearGradient(0,0,0,canvas.height);
```

step 02 为渐变对象设置颜色，指明过渡方式：

```
gradient.addColorStop(0,'#fff');
gradient.addColorStop(1,'#000');
```

step 03 在 context 上为填充样式或者描边样式设置渐变：

```
cxt.fillStyle = gradient;
```

要设置显示颜色，在渐变对象上使用 addColorStop 函数即可。除了可以变换成其他颜色外，还可以为颜色设置 alpha 值，并且 alpha 值也是可以变化的。为了达到这样的效果，需要使用颜色值的另一种表示方法，如内置 alpha 组件的 CSSrgba 函数。绘制线性渐变时，会用到下面的方法，如表 7-5 所示。

表 7-5　绘制线性渐变的方法

方　法	功　能
addColorStop	允许指定两个参数：颜色和偏移量。颜色参数是指开发人员希望在偏移位置描边或填充时所使用的颜色。偏移量是一个 0.0～1.0 的数值，代表沿着渐变线渐变的距离有多远
createLinearGradient(x0,y0,x1,y1)	沿着直线从(x0,y0)至(x1,y1)绘制渐变

【例 7.5】绘制线性渐变(示例文件 ch07\7.5.html)。

```
<!DOCTYPE html>
<html>
<head>
<title>线性渐变</title>
</head>
<body>

<h1>绘制线性渐变</h1>
<canvas id="canvas" width="400" height="300"
  style="border:1px solid red"/>

<script type="text/javascript">
var c = document.getElementById("canvas");
var cxt = c.getContext("2d");
var gradient = cxt.createLinearGradient(0,0,0,canvas.height);
gradient.addColorStop(0,'#fff');
gradient.addColorStop(1,'#000');
cxt.fillStyle = gradient;
cxt.fillRect(0,0,400,400);
</script>
</body>
</html>
```

上面的代码使用 2D 环境对象产生了一个线性渐变对象，渐变的起始点是(0,0)，渐变的结

束点是(0,canvas.height)，然后使用 addColorStop
函数设置渐变颜色，最后将渐变填充到上下文
环境的样式中。

在 IE 11.0 中浏览，效果如图 7-5 所示，
可以看到，在网页中创建了一个垂直方向上的
渐变，从上到下颜色逐渐变深。

7.3.2 绘制径向渐变

径向渐变即放射性渐变。所谓放射性渐
变，就是颜色在两个指定圆之间的锥形区域平
滑变化。放射性渐变与线性渐变使用的颜色终
止点是一样的。如果要实现放射性渐变，即径
向渐变，需要使用 createRadialGradient 方法。

createRadialGradient(x0,y0,r0,x1,y1,r1)方法
表示沿着两个圆之间的锥面绘制渐变。其中前

图 7-5　线性渐变

3 个参数代表开始的圆，圆心为(x0,y0)，半径为 r0。后 3 个参数代表结束的圆，圆心为
(x1,y1)，半径为 r1。

【例 7.6】绘制径向渐变(示例文件 ch07\7.6.html)。

```
<!DOCTYPE html>
<html>
<head>
<title>径向渐变</title>
</head>
<body>
<h1>绘制径向渐变</h1>
<canvas id="canvas" width="400" height="300" style="border:1px solid red"/>
<script type="text/javascript">
var c = document.getElementById("canvas");
var cxt = c.getContext("2d");
var gradient = cxt.createRadialGradient(
  canvas.width/2,canvas.height/2,0,canvas.width/2,canvas.height/2,150);
gradient.addColorStop(0,'#fff');
gradient.addColorStop(1,'#000');
cxt.fillStyle = gradient;
cxt.fillRect(0,0,400,400);
</script>
</body>
</html>
```

在上面的代码中，首先创建渐变对象 gradient，此处使用 createRadialGradient 方法创建了
一个径向渐变，然后使用 addColorStop 添加颜色，最后将渐变填充到上下文环境中。

在 IE 11.0 中浏览，效果如图 7-6 所示，可以看到，在网页中，从圆的中心亮点开始，向
外逐步发散，形成了一个径向渐变。

图 7-6 径向渐变

7.4 绘制变形图形

画布 canvas 不但可以使用 moveTo 这样的方法移动画笔,绘制图形和线条,还可以使用变换调整画笔下的画布,变换的方法包括平移、缩放、旋转等。

7.4.1 绘制平移效果的图形

如果要对图形实现平移,需要使用 translate(x,y)方法,该方法表示在平面上平移,即以原来的原点为参考,然后以偏移后的位置作为坐标原点。也就是说,原来在(100,100),然后 translate(1,1),则新的坐标原点为(101,101),而不是(1,1)。

【例 7.7】绘制坐标变换(示例文件 ch07\7.7.html)。

```
<!DOCTYPE html>
<html>
<head>
<title>绘制坐标变换</title>
<script>
function draw(id)
{
    var canvas = document.getElementById(id);
    if(canvas==null)
        return false;
    var context = canvas.getContext('2d');
    context.fillStyle = "#eeeeff";
    context.fillRect(0,0,400,300);
    context.translate(200,50);
    context.fillStyle = 'rgba(255,0,0,0.25)';
```

```
    for(var i=0; i<50; i++){
        context.translate(25,25);
        context.fillRect(0,0,100,50);
    }
}
</script>
</head>
<body onload="draw('canvas');">
<h1>变换原点坐标</h1>
<canvas id="canvas" width="400" height="300" />
</body>
</html>
```

在 draw 函数中，使用 fillRect 方法绘制了一个矩形，然后使用 translate 方法平移到一个新位置，并从新位置开始，使用 for 循环，连续移动多次坐标原点，即多次绘制矩形。

在 IE 11.0 中浏览，效果如图 7-7 所示，可以看到，网页中从坐标位置(200,50)开始绘制矩形，并每次以指定的平移距离绘制矩形。

7.4.2 绘制缩放效果的图形

对变形图形来说，最常用的方式就是对图形进行缩放，即以原来的图形为参考，放大或者缩小图形，从而增加效果。

如果要实现图形缩放，需要使用

图 7-7 变换原点坐标

scale(x,y)函数，该函数带有 2 个参数，分别代表在 x，y 两个方向上的值。每个参数在 canvas 显示图像的时候，向其传递在本方向轴上图像要放大(或者缩小)的量。如果 x 值为 2，就代表所绘制的图像的全部元素都会变成 2 倍宽。如果 y 值为 0.5，表示绘制出来的图像的全部元素都会变成先前的一半高。

【例 7.8】绘制图形缩放(示例文件 ch07\7.8.html)。

```
<!DOCTYPE html>
<html>
<head>
<title>绘制图形缩放</title>
<script>
function draw(id)
{
    var canvas = document.getElementById(id);
    if(canvas==null)
        return false;
    var context = canvas.getContext('2d');
    context.fillStyle = "#eeeeff";
```

```
    context.fillRect(0,0,400,300);
    context.translate(200,50);
    context.fillStyle = 'rgba(255,0,0,0.25)';
    for(var i=0; i<50; i++){
        context.scale(3,0.5);
        context.fillRect(0,0,100,50);
    }
}
</script>
</head>
<body onload="draw('canvas');">
<h1>图形缩放</h1>
<canvas id="canvas" width="400" height="300" />
</body>
</html>
```

在上面的代码中，缩放操作是在 for 循环中完成的，在此循环中，以原来的图形为参考物，使其在 x 轴方向增加到 3 倍宽，y 轴方向上变为原来的一半。

在 IE 11.0 中浏览，效果如图 7-8 所示，可以看到，在一个指定方向上绘制了多个矩形。

图 7-8　图形缩放

7.4.3　绘制旋转效果的图形

变换操作并不限于平移和缩放，还可以使用函数 context.rotate(angle)来旋转图像，甚至可以直接修改底层变换矩阵以完成一些高级操作，如剪裁图像的绘制路径。

例如，context.rotate(1.57)表示旋转角度参数以弧度为单位。rotate()方法默认从左上端的(0,0)开始旋转，通过指定一个角度，改变画布坐标和 Web 浏览器中的<canvas>元素的像素之间的映射，使得任意后续绘图在画布中都显示为旋转效果。

【例 7.9】绘制旋转图形(示例文件 ch07\7.9.html)。

```
<!DOCTYPE html>
<html>
<head>
<title>绘制旋转图像</title>
<script>
function draw(id)
{
    var canvas = document.getElementById(id);
    if(canvas==null)
        return false;
    var context = canvas.getContext('2d');
```

```
    context.fillStyle = "#eeeeff";
    context.fillRect(0,0,400,300);
    context.translate(200,50);
    context.fillStyle = 'rgba(255,0,0,0.25)';
    for(var i=0; i<50; i++){
        context.rotate(Math.PI/10);
        context.fillRect(0,0,100,50);
    }
}
</script>
</head>
<body onload="draw('canvas');">
<h1>旋转图形</h1>
<canvas id="canvas" width="400" height="300" />
</body>
</html>
```

在上面的代码中，使用 rotate 方法，在 for 循环中对多个图形进行了旋转，其旋转角度相同。在 IE 11.0 中浏览，效果如图 7-9 所示，在显示页面上，多个矩形以中心弧度为原点进行旋转。

 注意　　这个操作并没有旋转 <canvas> 元素本身。而且，旋转的角度是用弧度指定的。

图 7-9　旋转图形

7.4.4　绘制组合效果的图形

在前面介绍的知识中，可以将一个图形画在另一个图形之上。但大多数情况下，这样做是不够的。比如，这样会受制于图形的绘制顺序。我们可以利用 globalCompositeOperation 属性来改变这些做法，不仅可以在已有图形之上再画新图形，还可以用来遮盖、清除(比 clearRect 方法强劲得多)某些区域。

其语法格式如下：

```
globalCompositeOperation = type
```

这表示设置不同形状的组合类型，其中 type 表示方的图形是已经存在的 canvas 内容，圆的图形是新的形状，其默认值为 source-over，表示在 canvas 内容上面画新的形状。

type 具有 12 个属性值，具体说明如表 7-6 所示。

表 7-6　type 的属性值

属 性 值	说　　明
source-over(default)	这是默认设置，新图形会覆盖在原有内容之上
destination-over	在原有内容之下绘制新图形

续表

属 性 值	说 明
source-in	新图形仅仅出现在与原有内容重叠的部分，其他区域都变为透明
destination-in	原有内容中与新图形重叠的部分会被保留，其他区域都变为透明
source-out	新图形中只有与原有内容不重叠的部分会被绘制出来
destination-out	原有内容中与新图形不重叠的部分会被保留
source-atop	新图形中与原有内容重叠的部分会被绘制，并覆盖于原有内容之上
destination-atop	原有内容中与新内容重叠的部分会被保留，并在原有内容之下绘制新图形
lighter	两图形中的重叠部分做加色处理
darker	两图形中的重叠部分做减色处理
xor	重叠的部分会变成透明
copy	只有新图形会被保留，其他都被清除

【例 7.10】绘制图形组合(示例文件 ch07\7.10.html)。

```
<!DOCTYPE html>
<html>
<head>
<title>绘制图形组合</title>
<script>
function draw(id)
{
   var canvas = document.getElementById(id);
   if(canvas==null)
      return false;
   var context = canvas.getContext('2d');
   var oprtns = new Array(
      "source-atop",
      "source-in",
      "source-out",
      "source-over",
      "destination-atop",
      "destination-in",
      "destination-out",
      "destination-over",
      "lighter",
      "copy",
      "xor"
   );
   var i = 10;
   context.fillStyle = "blue";
   context.fillRect(10,10,60,60);
   context.globalCompositeOperation = oprtns[i];
   context.beginPath();
   context.fillStyle = "red";
   context.arc(60,60,30,0,Math.PI*2,false);
   context.fill();
}
</script>
```

```
</head>
<body onload="draw('canvas');">
<h1>图形组合</h1>
<canvas id="canvas" width="400" height="300" />
</body>
</html>
```

在上述代码中，首先创建了一个 oprtns 数组，用于存储 type 的 12 个值，然后绘制了一个矩形，并使用 content 上下文对象设置了图形的组合方式，即采用新图形显示，其他被清除的方式，最后使用 arc 绘制了一个圆。

在 IE 11.0 中浏览，效果如图 7-10 所示，在显示页面上绘制了一个矩形和圆，但矩形和圆重叠的地方以空白显示。

图 7-10　图形组合

7.4.5　绘制带阴影的图形

在画布 canvas 上绘制带有阴影效果的图形非常简单，只需要设置几个属性即可。这些属性分别为 shadowOffsetX、shadowOffsetY、shadowBlur 和 shadowColor。

属性 shadowColor 表示阴影的颜色，其值与 CSS 颜色值一致。shadowBlur 表示设置阴影模糊程度，此值越大，阴影越模糊。shadowOffsetX 和 shadowOffsetY 属性表示阴影的 x 和 y 偏移量，单位是像素。

【例 7.11】绘制带阴影的图形(示例文件 ch07\7.11.html)。

```
<!DOCTYPE html>
<html>
<head>
<title>绘制阴影效果图形</title>
</head>
<body>
<canvas id="my_canvas" width="200" height="200"
 style="border:1px solid #ff0000">
</canvas>
<script type="text/javascript">
var elem = document.getElementById("my_canvas");
if (elem && elem.getContext) {
    var context = elem.getContext("2d");
    //shadowOffsetX 和 shadowOffsetY：阴影的 x 和 y 偏移量，单位是像素
    context.shadowOffsetX = 15;
    context.shadowOffsetY = 15;
    //shadowBlur：设置阴影模糊程度。此值越大，阴影越模糊
    //其效果与 Photoshop 的高斯模糊滤镜相同
    context.shadowBlur = 10;
    //shadowColor：阴影颜色。其值与 CSS 颜色值一致
    //context.shadowColor = 'rgba(255, 0, 0, 0.5)';  或下面的十六进制表示法
    context.shadowColor = '#f00';
```

网站开发案例课堂

```
        context.fillStyle = '#00f';
        context.fillRect(20, 20, 150, 100);
    }
</script>
</body>
</html>
```

在 IE 11.0 中浏览，效果如图 7-11 所示，在显示页面上显示了一个蓝色矩形，其阴影为红色矩形。

图 7-11　带有阴影的图形

7.5　使 用 图 像

画布 canvas 有一项功能就是可以引入图像，可以用于图片合成或者制作背景等。而目前仅可以在图像中加入文字。只要是 Geck 支持的图像(如 PNG、GIF、JPEG 等)都可以引入 canvas 中，而且其他 canvas 元素也可以作为图像的来源。

7.5.1　绘制图像

要在画布 canvas 上绘制图像，需要先有一张图片。这张图片可以是已经存在的<img>元素，或者通过 JavaScript 创建。

无论采用哪种方式，都需要在绘制 canvas 之前完全加载这张图片。浏览器通常会在页面脚本执行的同时异步加载图片。如果试图在图片未完全加载之前就将其呈现到 canvas 上，那么 canvas 将不会显示任何图片。

捕获和绘制图像完全是通过 drawImage 方法完成的，它可以接收不同的 HTML 参数，具体含义如表 7-7 所示。

表 7-7 绘制图像的方法

方　法	说　明
drawImage(image,dx,dy)	接收一张图片,并将其画到 canvas 中。给出的坐标(dx,dy)代表图片的左上角。例如, 坐标(0,0)将把图片画到 canvas 的左上角
drawImage(image,dx,dy,dw,dh)	接收一张图片,将其缩放到宽度为 dw 和高度为 dh,然后把它画到 canvas 上的(dx,dy)位置
drawImage(image,sx,sy,sw,sh,dx,dy,dw,dh)	接收一张图片,通过参数(sx,sy,sw,sh)指定图片裁剪的范围,缩放到(dw,dh)的大小,最后把它画到 canvas 上的(dx,dy)位置

【例 7.12】绘制图像(示例文件 ch07\7.12.html)。

```
<!DOCTYPE html>
<html>
<head>
<title>绘制图像</title>
</head>
<body>
<canvas id="canvas" width="300" height="200" style="border:1px solid blue">
    Your browser does not support the canvas element.
</canvas>
<script type="text/javascript">
window.onload=function(){
    var ctx = document.getElementById("canvas").getContext("2d");
    var img = new Image();
    img.src = "01.jpg";
    img.onload=function(){
        ctx.drawImage(img,0,0);
    }
}
</script>
</body>
</html>
```

在上述代码中,使用窗口的 onload 加载事件,即在页面被加载时执行函数。在函数中,创建上下文对象 ctx,并创建 Image 对象 img;然后使用 img 对象的 src 属性设置图片来源,最后使用 drawImage 画出当前的图像。

在 IE 11.0 中浏览,效果如图 7-12 所示。

7.5.2 平铺图像

使用画布 canvas 绘制图像有多种用处,其中一个用处就是将绘制的图像作为背景图片

图 7-12 绘制图像

使用。在做背景图片时，如果显示图片的区域大小不能直接设定，通常将图片以平铺的方式显示。

　　HTML 5 Canvas API 支持图片平铺，此时需要调用 createPattern 函数，即调用 createPattern 函数来替代先前的 drawImage 函数。函数 createPattern 的语法格式如下：

```
createPattern(image,type)
```

其中 image 表示要绘制的图像，type 表示平铺的类型，其具体含义如表 7-8 所示。

表 7-8　type 参数含义

参 数 值	说 明
no-repeat	不平铺
repeat-x	横方向平铺
repeat-y	纵方向平铺
repeat	全方向平铺

【例 7.13】平铺图像(示例文件 ch07\7.13.html)。

```html
<!DOCTYPE html>
<html>
<head>
<title>绘制图像平铺</title>
</head>
<body onload="draw('canvas');">
<h1>图形平铺</h1>
<canvas id="canvas" width="800" height="600"></canvas>
<script>
function draw(id){
    var canvas = document.getElementById(id);
    if(canvas==null){
        return false;
    }
    var context = canvas.getContext('2d');
    context.fillStyle = "#eeeeff";
    context.fillRect(0,0,800,600);
    image = new Image();
    image.src = "02.jpg";
    image.onload = function(){
        var ptrn = context.createPattern(image,'repeat');
        context.fillStyle = ptrn;
        context.fillRect(0,0,800,600);
    }
}
</script>
</body>
</html>
```

　　在上述代码中，首先用 fillRect 创建了一个宽度为 800、高度为 600，左上角坐标位置为 (0,0)的矩形，接着创建了一个 Image 对象，src 表示链接一个图像源，然后使用 createPattern 绘制一幅图像，其方式是完全平铺，并将这幅图像作为一个模式填充到矩形中。最后绘制这个矩形，此矩形的大小完全覆盖原来的图形。

在 IE 11.0 中浏览，效果如图 7-13 所示，即在显示页面上绘制一幅图像，其图像以平铺的方式充满整个矩形。

图 7-13 图像平铺

7.5.3 裁剪图像

要完成对图像的裁剪，需要用到 clip 方法。clip 方法表示给 canvas 设置一个剪辑区域，在调用 clip 方法之后，所有代码只对这个设定的剪辑区域有效，不会影响其他地方，这个方法在要进行局部更新时很有用。在默认情况下，剪辑区域是一个左上角在(0,0)，宽和高分别等于 canvas 元素的宽和高的矩形。

【例 7.14】裁剪图像(示例文件 ch07\7.14.html)。

```
<!DOCTYPE html>
<html>
<head>
<title>绘制图像裁剪</title>
<script type="text/javascript" src="script.js"></script>
</head>
<body onload="draw('canvas');">
<h1>图像裁剪实例</h1>
<canvas id="canvas" width="400" height="300"></canvas>
<script>
function draw(id){
    var canvas = document.getElementById(id);
    if(canvas==null){
        return false;
    }
```

121

```
    var context = canvas.getContext('2d');
    var gr = context.createLinearGradient(0,400,300,0);
    gr.addColorStop(0,'rgb(255,255,0)');
    gr.addColorStop(1,'rgb(0,255,255)');
    context.fillStyle = gr;
    context.fillRect(0,0,400,300);
    image = new Image();
    image.onload=function(){
        drawImg(context,image);
    };
    image.src = "02.jpg";
}
function drawImg(context,image){
    create8StarClip(context);
    context.drawImage(image,-50,-150,300,300);
}
function create8StarClip(context){
    var n = 0;
    var dx = 100;
    var dy = 0;
    var s = 150;
    context.beginPath();
    context.translate(100,150);
    var x = Math.sin(0);
    var y = Math.cos(0);
    var dig = Math.PI/5*4;
    for(var i=0; i<8; i++){
        var x = Math.sin(i*dig);
        var y = Math.cos(i*dig);
        context.lineTo(dx+x*s,dy+y*s);
    }
    context.clip();
}
</script>
</body>
</html>
```

在上面的代码中，创建了 3 个 JavaScript 函数，其中 create8StarClip 函数完成多边的图形创建，以此图形作为裁剪的依据。drawImg 函数表示绘制一个图形，其图形带有裁剪区域。draw 函数完成对画布对象的获取，并定义一个线性渐变，然后创建了一个 Image 对象。

在 IE 11.0 中浏览，效果如图 7-14 所示，即在显示页面上绘制了一个五边形，图像作为五边形的背景显示，从而实现了对图像的裁剪。

7.5.4　图像的像素化处理

在画布中，可以使用 ImageData 对象保存图像的像素值，它有 width、height 和 data 这 3 个

图 7-14　图像裁剪

属性，其中 data 属性就是一个连续数组，图像的所有像素值就保存在 data 中。

data 属性保存像素值的方法如下：

```
imageData.data[index*4+0]
imageData.data[index*4+1]
imageData.data[index*4+2]
imageData.data[index*4+3]
```

上面取出了 data 数组中相邻的 4 个值，这 4 个值分别代表图像中第 index+1 像素的红色、绿色、蓝色和透明度值的大小。需要注意的是，index 从 0 开始，图像中共有 width*height 像素，数组中总共保存 width*height*4 个数值。

画布对象有 3 个方法，用来创建、读取和设置 ImageData 对象，如表 7-9 所示。

表 7-9 创建画布对象的方法

方 法	说 明
createImageData(width, height)	在内存中创建一个指定大小的 ImageData 对象(即像素数组)，对象中的像素点都是黑色透明的，即 rgba(0,0,0,0)
getImageData(x, y, width, height)	返回一个 ImageData 对象，这个 ImageData 对象中包含指定区域的像素数组
putImageData(data, x, y)	将 ImageData 对象绘制到屏幕的指定区域

【例 7.15】图像像素处理(示例文件 ch07\7.15.html)。

```
<!DOCTYPE html>
<html>
<head>
<title>图像像素处理</title>
<script type="text/javascript" src="script.js"></script>
</head>
<body onload="draw('canvas');">
<h1>像素处理示例</h1>
<canvas id="canvas" width="400" height="300"></canvas>
<script>
function draw(id){
    var canvas = document.getElementById(id);
    if(canvas==null){
        return false;
    }
    var context = canvas.getContext('2d');
    image = new Image();
    image.src = "01.jpg";
    image.onload=function(){
        context.drawImage(image,0,0);
        var imagedata = context.getImageData(0,0,image.width,image.height);
        for(var i=0,n=imagedata.data.length; i<n; i+=4){
            imagedata.data[i+0] = 255-imagedata.data[i+0];
            imagedata.data[i+1] = 255-imagedata.data[i+2];
            imagedata.data[i+2] = 255-imagedata.data[i+1];
        }
        context.putImageData(imagedata,0,0);
    };
```

```
}
</script>
</body>
</html>
```

在上面的代码中，使用 getImageData 方法获取一个 ImageData 对象，并包含相关的像素数组。在 for 循环中，对像素值重新赋值，最后使用 putImageData 将处理过的图像在画布上绘制出来。

在 IE 11.0 中浏览，效果如图 7-15 所示，在页面上显示了一幅图像，其图像明显经过像素处理，没有原来清晰。

图 7-15　像素处理

7.6　绘　制　文　字

在画布中绘制字符串(文字)的方式，与操作其他路径对象的方式相同，可以描绘文本轮廓和填充文本内部。同时，所有能够应用于其他图形的变换和样式都能够应用于文本。

文本绘制功能涉及的方法如表 7-10 所示。

表 7-10　绘制文本的方法

方　法	说　明
fillText(text,x,y,maxwidth)	绘制带 fillStyle 填充的文字，拥有文本参数以及用于指定文本位置的坐标的参数。maxwidth 是可选参数，用于限制字体大小，它会将文本字体强制收缩到指定尺寸
strokeText(text,x,y,maxwidth)	绘制只有 strokeStyle 边框的文字，其参数含义与上一个方法相同
measureText	该函数会返回一个度量对象，它包含在当前 context 环境下指定文本的实际显示宽度

为了保证文本在各浏览器下都能正常显示，在绘制上下文里有以下字体属性。

- font：可以是 CSS 字体规则中的任何值。包括字体样式、字体变种、字体大小与粗细、行高和字体名称。
- textAlign：控制文本的对齐方式。它类似于(但不完全等同于)CSS 中的 text-align，可能的取值为 start、end、left、right 和 center。
- textBaseline：控制文本相对于起点的位置。可以取值为 top、hanging、middle、alphabetic、ideographic 和 bottom。对于简单的英文字母，可以放心地使用 top、middle 或 bottom 作为文本基线。

【例 7.16】绘制文字(示例文件 ch07\7.16.html)。

```html
<!DOCTYPE html>
<html>
<head>
<title>Canvas</title>
</head>
<body>
<canvas id="my_canvas" width="200" height="200"
 style="border:1px solid #ff0000">
</canvas>
<script type="text/javascript">
var elem = document.getElementById("my_canvas");
if (elem && elem.getContext) {
    var context = elem.getContext("2d");
    context.fillStyle = '#00f';
    //font: 文字字体, 同 CSSfont-family 属性
    context.font = 'italic  30px 微软雅黑';          //斜体 30 像素 微软雅黑字体
    //textAlign: 文字水平对齐方式
    //可取属性值: start, end, left,right, center。默认值:start
    context.textAlign = 'left';
    //文字竖直对齐方式
    //可取属性值: top, hanging, middle,alphabetic,ideographic, bottom
    //默认值: alphabetic
    context.textBaseline = 'top';
    //要输出的文字内容, 文字位置坐标, 第 4 个参数为可选选项——最大宽度
    //如果需要的话, 浏览器会缩减文字, 以让它适应指定宽度
    context.fillText('生日快乐!', 0, 0,50);          //有填充
    context.font = 'bold 30px sans-serif';
    context.strokeText('生日快乐!', 0, 50,100);   //只有文字边框
}
</script>
</body>
</html>
```

在 IE 11.0 中浏览，效果如图 7-16 所示。在页面上显示了一个画布边框，画布中显示了两个不同的字符串，第一个字符串以斜体显示，其颜色为蓝色。第二个字符串的文本颜色为浅黑色，加粗显示。

图 7-16　绘制文字

7.7　图形的保存与恢复

在画布对象中绘制图形或图像时，可以将这些图形或者图形的状态进行改变，即永久保存图形或图像。

7.7.1　保存与恢复状态

在画布对象中，由两个方法管理绘制状态的当前栈，save 方法把当前状态压入栈中，而restore 方法从栈顶弹出状态。绘制状态不会覆盖对画布所做的每件事情。其中，save 方法用来保存 canvas 的状态。save 之后，可以调用 canvas 的平移、缩放、旋转、裁剪等操作。restore 方法用来恢复 canvas 先前保存的状态，防止 save 后对 canvas 执行的操作对后续的绘制有影响。save 和 restore 要配对使用(restore 可以比 save 少，但不能多)，如果 restore 调用的次数比 save 多，会引发 Error。

【例 7.17】保存与恢复图形的状态(示例文件 ch07\7.17.html)。

```
<!DOCTYPE html>
<html>
<head><title>保存与恢复</title></head>
<body>
<canvas id="myCanvas" width="500" height="400"
  style="border:1px solid blue">
    Your browser does not support the canvas element.
</canvas>
<script type="text/javascript">
var c = document.getElementById("myCanvas");
var ctx = c.getContext("2d");
ctx.fillStyle = "rgb(0,0,255)";
ctx.save();
ctx.fillRect(50,50,100,100);
```

```
ctx.fillStyle = "rgb(255,0,0)";
ctx.save();
ctx.fillRect(200,50,100,100);
ctx.restore();
ctx.fillRect(350,50,100,100);
ctx.restore();
ctx.fillRect(50, 200, 100, 100);
</script>
</body>
</html>
```

在上面的代码中，绘制了 4 个矩形，在绘制第 1 个矩形之前，定义当前矩形的显示颜色，并将此样式加入到栈中，然后创建矩形。在绘制第 2 个矩形之前，重新定义了矩形的显示颜色，并使用 save 将此样式压入到栈中，然后创建矩形。在绘制第 3 个矩形之前，使用 restore 恢复当前显示颜色，即调用栈中最上层的颜色，之后绘制矩形。在绘制第 4 个矩形之前，继续使用 restore 方法，调用最后一个栈中的元素来定义矩形颜色。

在 IE 11.0 中浏览，效果如图 7-17 所示，在显示页面上绘制了 4 个矩形，第 1 个和第 4 个矩形显示为蓝色，第 2 个和第 3 个矩形显示为红色。

图 7-17　保存和恢复

7.7.2　保存文件

绘制出漂亮的图形后，有时需要保存这些劳动成果。这时可以将当前的画布元素(而不是 2D 环境)的状态导出到数据 URL。导出很简单，可以利用 toDataURL 方法来完成，它可以调用不同的图片格式。目前 Firefox 和 Opera 浏览器只支持 PNG 格式，Safari 支持 GIF、PNG 和 JPG 格式。大多数浏览器支持读取 base64 编码内容，例如一幅图像。URL 的格式如下：

data:image/png;base64,iVBORw0KGgoAAAANSUhEUgAAAfQAAAH0CAYAAADL1t

它以一个 data 开始，然后是 mine 类型，之后是编码和 base64，最后是原始数据。这些原始数据就是画布元素所要导出的内容，并且浏览器能够将数据编码为真正的资源。

【例 7.18】保存图形(示例文件 ch07\7.18.html)。

```html
<!DOCTYPE html>
<html>
<body>
<canvas id="myCanvas" width="500" height="500"
  style="border:1px solid blue">
    Your browser does not support the canvas element.
</canvas>
<script type="text/javascript">
var c = document.getElementById("myCanvas");
var cxt = c.getContext("2d");
cxt.fillStyle = 'rgb(0,0,255)';
cxt.fillRect(0,0,cxt.canvas.width,cxt.canvas.height);
cxt.fillStyle = "rgb(0,255,0)";
cxt.fillRect(10,20,50,50);
window.location = cxt.canvas.toDataURL('image/png');
</script>
</body>
</html>
```

在上面的代码中，使用 canvas.toDataURL 语句将当前绘制的图像保存到 URL 数据中。在 Firefox 53.0 中浏览，效果如图 7-18 所示。浏览器的地址栏中显示的是 URL 数据。

图 7-18　保存图形

7.8　综合案例——绘制火柴棒人物

漫画中最常见的一种图形，就是火柴棒人，通过简单的几个笔画，就可以绘制一个传神的动漫人物。使用 canvas 和 JavaScript 同样可以绘制一个火柴棒人物。其具体操作步骤如下。

step 01 分析需求。

一个火柴棒人，由一个脸部和一个身躯组成。脸部是一个圆形，其中包括眼睛和嘴；身躯由几条直线组成，包括手、腿等。实际上此案例就是绘制圆形、弧形和直线的组合。示例效果如图 7-19 所示。

图 7-19　火柴棒人

step 02　实现 HTML 页面，定义画布 canvas：

```
<!DOCTYPE html>
<html>
<title>绘制火柴棒人</title>
<body>
<canvas id="myCanvas" width="500" height="300"
  style="border:1px solid blue">
    Your browser does not support the canvas element.
</canvas>
</body>
</html>
```

在 IE 11.0 中浏览，效果如图 7-20 所示，页面显示了一个画布边框。

图 7-20　定义画布边框

step 03 实现头部轮廓绘制：

```
<script type="text/javascript">
var c = document.getElementById("myCanvas");
var cxt = c.getContext("2d");
cxt.beginPath();
cxt.arc(100,50,30,0,Math.PI*2,true);
cxt.fill();
</script>
```

上述代码会产生一个实心的、填充的头部，即圆形。在 arc 函数中，x 和 y 的坐标为(100,50)，半径为 30 像素，另两个参数为弧形的开始和结束，第 6 个参数表示绘制弧形的方向，即顺时针和逆时针方向。

在 IE 11.0 中浏览，效果如图 7-21 所示，页面显示实心圆，其颜色为黑色。

图 7-21　绘制头部轮廓

step 04 用 JavaScript 绘制笑脸：

```
cxt.beginPath();
cxt.strokeStyle = '#c00';
cxt.lineWidth = 3;
cxt.arc(100,50,20,0,Math.PI,false);
cxt.stroke();
```

此处使用 beginPath 方法，表示重新绘制，并设定线条宽度，然后绘制一个弧形。

在 IE 11.0 中浏览，效果如图 7-22 所示，页面上显示了一个漂亮的半圆式笑脸。

图 7-22　绘制笑脸

step 05 绘制眼睛：

```
cxt.beginPath();
cxt.fillStyle = "#c00";
cxt.arc(90,45,3,0,Math.PI*2,true);
cxt.fill();
cxt.moveTo(113,45);
cxt.arc(110,45,3,0,Math.PI*2,true);
cxt.fill();
cxt.stroke();
```

首先填充弧线，创建一个实体样式的眼睛，用 arc 绘制左眼，然后使用 moveTo 绘制右眼。在 IE 11.0 中浏览，效果如图 7-23 所示，页面显示了一双眼睛。

图 7-23　绘制眼睛

step 06 绘制身躯:

```
cxt.moveTo(100,80);
cxt.lineTo(100,150);
cxt.moveTo(100,100),
cxt.lineTo(60,120);
cxt.moveTo(100,100);
cxt.lineTo(140,120);
cxt.moveTo(100,150);
cxt.lineTo(80,190);
cxt.moveTo(100,150);
cxt.lineTo(140,190);
cxt.stroke();
```

上面的代码以 moveTo 作为起始坐标,以 lineTo 作为终点坐标,绘制不同的直线,这些直线需要在不同地方汇集,两只手在坐标位置(100,100)处交叉,两只脚在坐标位置(100,150)处交叉。

在 IE 11.0 中浏览,效果如图 7-24 所示,页面显示一个火柴棒人,与上一个图形相比,多了一个身躯。

图 7-24　绘制身躯

7.9　跟我学上机——绘制商标

绘制商标是 canvas 画布的用途之一,如绘制 Adidas 和 Nike 商标。Nike 的图标比 Adidas 的复杂得多,Adidas 的图标都是直线组成的,而 Nike 多了曲线。实现本例的具体操作步骤如下。

step 01 分析需求。

要绘制两条曲线,需要找到曲线的参考点(参考点决定了曲线的曲率),这需要慢慢地移动,然后再看效果,反反复复。quadraticCurveTo(30,79,99,78)函数有两组坐标:第一组坐标为控制点,决定曲线的曲率;第二组坐标为终点。

step 02 构建 HTML，实现 canvas 画布：

```
<!DOCTYPE html>
<html>
<head>
<title>绘制商标</title>
</head>
<body>
<canvas id="Nike" width="375px" height="132px"
  style="border:1px solid #000;">
</canvas>
</body>
</html>
```

在 IE 11.0 中浏览，效果如图 7-25 所示，只显示了一个画布边框，其内容还没有绘制。

图 7-25　定义画布边框

step 03 用 JavaScript 实现基本图形：

```
<script>
function drawNike(){
   //取得 canvas 元素及其绘图上下文
   var canvas = document.getElementById('nike');
   var context = canvas.getContext('2d');
   //保存当前的绘图状态
   context.save();
   //开始绘制打钩的轮廓
   context.beginPath();
   context.moveTo(53,0);
   //绘制上半部分曲线，第一组坐标为控制点，决定曲线的曲率；第二组坐标为终点
   context.quadraticCurveTo(30,79,99,78);
   context.lineTo(371,2);
   context.lineTo(74,134);
   context.quadraticCurveTo(-55,124,53,0);
   //用红色填充
   context.fillStyle = "#da251c";
   context.fill();
   //用 3 像素深红线条描边
   context.lineWidth = 3;
   //连接处平滑
   context.lineJoin = 'round';
   context.strokeStyle = "#d40000";
```

```
    context.stroke();
    //恢复原有的绘图状态  .
    context.restore();
}
window.addEventListener("load",drawNike,true);
</script>
```

在 IE 11.0 中浏览，效果如图 7-26 所示，显示了一个商标图案，颜色为红色。

图 7-26　绘制商标

7.10　疑 难 解 惑

疑问 1：canvas 的宽度和高度是否可以在 CSS 属性中定义呢？

答：添加 canvas 标签时，会在 canvas 的属性里填写要初始化的 canvas 的高度和宽度：

```
<canvas width="500" height="400">Not Supported!</canvas>
```

如果把高度和宽度写在 CSS 中，结果会发现，在绘图时坐标获取出现差异，canvas.width 和 canvas.height 分别是 300 和 150，与预期的不一样。这是因为 canvas 要求这两个属性必须随 canvas 标记一起出现。

疑问 2：画布中 Stroke 和 Fill 二者的区别是什么？

答：在 HTML 5 中，图形分为两大类：第一类称作 Stroke，就是轮廓、勾勒或者线条，总之，图形是由线条组成的；第二类称作 Fill，就是填充区域。上下文对象中有两个绘制矩形的方法，可以让我们很好地理解这两大类图形的区别：一个是 strokeRect，还有一个是 fillRect。

第 II 篇

CSS 3 美化网页

第 8 章

CSS 3 概述与
基本语法

一个美观、简约的页面以及高访问量的网站，是网页设计者的追求。然而，仅通过 HTML 5 来实现，是非常困难的。HTML 语言仅仅定义了网页的结构，对于文本样式没有过多涉及。这就需要一种技术，对页面布局、字体、颜色、背景和其他图文效果的实现提供更加精确的控制，这种技术就是 CSS 3。

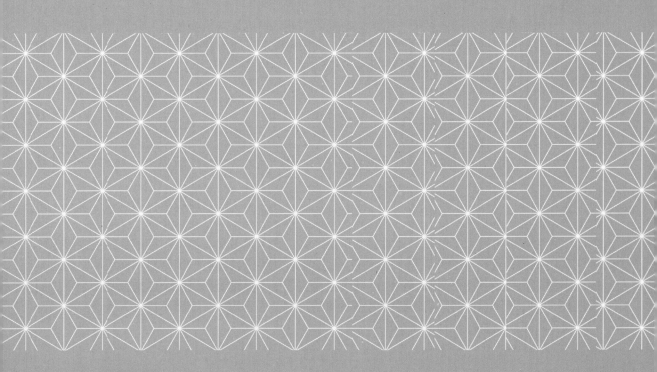

8.1　CSS 3 概　述

使用 CSS 3 最大的优势体现在后期维护中，如果一些外观样式需要修改，只需要修改相应的代码即可。

8.1.1　CSS 3 的功能

随着 Internet 的不断发展，对页面效果的诉求越来越强烈，只依赖 HTML 这种结构化标记来实现样式，已经不能满足网页设计者的需要。其表现有如下几个方面。

(1)　维护困难。为了修改某个特殊标记格式，需要花费很多时间，尤其对整个网站而言，后期修改和维护成本较高。

(2)　标记不足。HTML 本身的标记十分少，很多标记都是为网页内容服务的，而关于内容样式的标记，如文字间距、段落缩进等，很难在 HTML 中找到。

(3)　网页过于臃肿。由于没有统一对各种风格样式进行控制，HTML 页面往往体积过大，会占用很多宝贵的宽度。

(4)　定位困难。在整体布局页面时，HTML 对于各个模块的位置调整显得捉襟见肘，过多的 table 标记将会导致页面的复杂和后期维护的困难。

在这种情况下，就需要寻找一种可以将结构化标记与丰富的页面表现相结合的技术。于是，CSS 样式技术就应运而生了。

CSS(Cascading Style Sheet)称为层叠样式表，也可以称为 CSS 样式表(或样式表)，其文件扩展名为.css。CSS 是用于增强或控制网页样式并允许将样式信息与网页内容分离的一种标记性语言。

引用样式表的目的，是将"网页结构代码"和"网页样式风格代码"分离开，从而使网页设计者可以对网页布局进行更多的控制。利用样式表，可以将整个站点上的所有网页都指向某个 CSS 文件，然后设计者只需要修改 CSS 文件中的某一行，整个网站上对应的样式就都会随之发生改变。

8.1.2　浏览器与 CSS 3

CSS 3 制定完成之后，具有很多新的功能，即新样式。但这些新样式在浏览器中不能获得完全支持，主要因为各个浏览器对 CSS 3 很多细节的处理存在差异。例如，对于一种标记的某个属性，可能一种浏览器支持，而另一种浏览器却不支持，或者两种浏览器都支持，但其显示效果却不一样。

各主流浏览器为了自己产品的利益和推广，定义了很多私有属性，以便加强页面显示样式和效果，导致现在每个浏览器都存在大量的私有属性。甚至有的浏览器不同版本之间也具有不同的属性。虽然使用私有属性可以快速构建效果，但是对网页设计者来说是一个很大的麻烦。设计一个页面时，就需要考虑在不同浏览器上显示的效果，稍不注意，就会导致同一个页面在不同浏览器上的显示效果不一致。

如果所有浏览器都支持 CSS 3 样式，那么网页设计者只需要使用一种统一标记，就可以在不同的浏览器上显示统一的样式效果。

当 CSS 3 被所有浏览器接受和支持的时候，整个网页设计将会变得非常容易，其布局更加合理，样式更加美观，到那个时候，整个 Web 页面显示会焕然一新。虽然现在 CSS 3 还没有完全普及，各个浏览器对 CSS 3 的支持还处于发展阶段，但 CSS 3 是一个新的、发展潜力很大的技术，在样式修饰方面，是其他技术无法比拟的。此时学习 CSS 3 技术，就能够保证技术不落伍。

8.1.3　CSS 3 的基础语法

CSS 3 样式表是由若干条样式规则组成的，这些规则可以应用到不同的元素或文档，以定义它们显示的外观。

每一条样式规则由 3 个部分构成：选择符(selector)、属性(property)和属性值(value)，基本语法格式如下：

```
selector{property: value}
```

(1) selector：选择符可以采用多种形式，既可以是文档中的 HTML 标记，如<body>、<table>、<p>等，也可以是 XML 文档中的标记。

(2) property：选择符指定的标记所包含的属性。

(3) value：指定属性的值。如果定义选择符的多个属性，则属性和属性值为一组，组与组之间用分号(;)隔开。基本语法格式如下：

```
selector{property1: value1; property2: value2; ...}
```

例如，下面就给出一条样式规则：

```
p{color: red}
```

该样式规则的选择符是 p，即为段落标记<p>提供样式，color 为指定文字颜色属性，red 为属性值。此样式表示标记<p>指定的段落文字为红色。

如果要为段落设置多种样式，可以使用如下语句：

```
p{font-family:"隶书"; color:red; font-size:40px; font-weight:bold}
```

8.1.4　CSS 3 的常用单位

CSS 3 中常用的单位包括颜色单位和长度单位两种，利用这些单位，可以完成网页元素的搭配与网页布局的设定，如网页图片颜色的搭配、网页表格长度的设定等。

1. 颜色单位

通常，颜色用于设定字体及背景的颜色显示。在 CSS 3 中，设置颜色的方法有很多，有命名颜色、RGB 颜色、十六进制颜色、网络安全色，与以前的版本相比，CSS 3 新增了 HSL 色彩模式、HSLA 色彩模式、RGBA 色彩模式。

1) 命名颜色

CSS 3 中可以直接用英文单词命名与之相应的颜色，这种方法的优点是简单、直接、容易掌握。此处预设了 16 种颜色以及这 16 种颜色的衍生色，这 16 种颜色是 CSS 3 规范推荐的，而且一些主流的浏览器都能够识别它们，如表 8-1 所示。

表 8-1　CSS 推荐的颜色

颜　色	名　　称	颜　色	名　　称
aqua	水绿	black	黑
blue	蓝	fuchsia	紫红
gray	灰	green	绿
lime	浅绿	maroon	褐
navy	深蓝	olive	橄榄
purple	紫	red	红
silver	银	teal	深青
white	白	yellow	黄

这些颜色最初来源于基本的 Windows VGA 颜色，而且浏览器还可以识别这些颜色。

例如，在 CSS 中定义字体颜色时，便可以直接使用这些颜色的名称：

```
p{color: red}
```

使用颜色的名称，具有简单、直接而且不容易忘记的特点。除了这 16 种颜色外，还可以使用其他 CSS 预定义的颜色。多数浏览器大约能够识别 140 多种颜色名(其中包括这 16 种颜色)，如 orange、PaleGreen 等。

在不同的浏览器中，命名颜色种类也是不同的，即使使用了相同的颜色名，它们的颜色也有可能存在差异。因此，虽然每一种浏览器都命名了大量颜色，但是这些颜色大多数在其他浏览器上都无法识别，而真正通用的标准颜色只有 16 种。

2) RGB 颜色

如果要用十进制数表示颜色，则需要使用 RGB 颜色。用十进制数表示颜色，最大值为 255，最小值为 0。要使用 RGB 颜色，必须使用 rgb(R,G,B)，其中 R、G、B 分别表示红、绿、蓝的十进制值，通过这 3 个值的变化结合，便可以形成不同的颜色。例如，rgb(255,0,0) 表示红色，rgb(0,255,0) 表示绿色，rgb(0,0,255) 则表示蓝色；黑色表示为 rbg(0,0,0)，而白色可以表示为 rgb(255,255,255)。

RGB 的设置方法一般分为两种：百分比设置和直接用数值设置。例如，为 p 标记设置颜色有两种方法：

```
p{color: rgb(123,0,25)}
p{color: rgb(45%,0%,25%)}
```

这两种方法都是用 3 个值来表示红、绿和蓝 3 种颜色。这 3 种基本色的取值范围都是 0～255。通过设置这 3 种基本颜色的分量，就可以定义出各种各样的颜色。

3) 十六进制颜色

当然，除了 CSS 预定义的颜色外，设计者为了使页面色彩更加丰富，还可以使用十六进制颜色和 RGB 颜色。十六进制颜色的基本格式为#RRGGBB，其中 R 表示红色，G 表示绿色，B 表示蓝色。而 RR、GG、BB 的最大值为 FF，表示十进制中的 255，最小值为 00，表示十进制中的 0。例如，#FF0000 表示红色，#00FF00 表示绿色，#0000FF 表示蓝色；#000000 表示黑色，那么白色的表示就是#FFFFFF；而其他颜色分别是通过这 3 种基本色的结合而形成的，例如，#FFFF00 表示黄色，#FF00FF 表示紫红色。

对于浏览器不能识别的颜色名称，就可以使用所需颜色的十六进制值或 RGB 值。

表 8-2 列出了几种常见的预定义颜色的十六进制值和 RGB 值。

表 8-2　颜色对照表

颜 色 名	十六进制值	RGB 值
红色	#FF0000	rgb(255,0,0)
橙色	#FF6600	rgb(255,102,0)
黄色	#FFFF00	rgb(255,255,0)
绿色	#00FF00	rgb(0,255,0)
蓝色	#0000FF	rgb(0,0,255)
紫色	#800080	rgb(128,0,128)
紫红色	#FF00FF	rgb(255,0,255)
水绿色	#00FFFF	rgb(0,255,255)
灰色	#808080	rgb(128,128,128)
褐色	#800000	rgb(128,0,0)
橄榄色	#808000	rgb(128,128,0)
深蓝色	#000080	rgb(0,0,128)
银色	#C0C0C0	rgb(192,192,192)
深青色	#008080	rgb(0,128,128)
白色	#FFFFFF	rgb(255,255,255)
黑色	#000000	rgb(0,0,0)

4) HSL 色彩模式

CSS 3 新增加了 HSL 颜色表现方式。HSL 色彩模式是业界的一种颜色标准，它通过对色调(H)、饱和度(S)、亮度(L)3 个颜色通道的改变，以及它们相互之间的叠加，来获得各种颜色。这个标准几乎包括了人类视觉可以感知的所有颜色，在屏幕上可以重现 16777216 种颜色，是目前运用最广的颜色系统之一。

在 CSS 3 中，HSL 色彩模式的语法格式如下：

```
hsl(<length>, <percentage1>, <percentage2>)
```

hsl()函数的 3 个参数如表 8-3 所示。

表 8-3　HSL 函数参数的说明

参数名称	说　明
length	表示色调(Hue)。Hue 衍生于色盘，取值可以为任意数值，其中 0(或 360，或-360)表示红色，60 表示黄色，120 表示绿色，180 表示青色，240 表示蓝色，300 表示洋红，当然也可以设置其他数值，来确定不同的颜色
percentage1	表示饱和度(Saturation)，表示该色彩被使用了多少，即颜色的深浅程度和鲜艳程度。取值为 0%到 100%，其中 0%表示灰度，即没有使用该颜色；100%的饱和度最高，即颜色最鲜艳
percentage2	表示亮度(Lightness)。取值为 0%到 100%，其中 0%最暗，显示为黑色，50%表示均值，100%最亮，显示为白色

其使用示例如下：

```
p{color:hsl(0,80%,80%);}
p{color:hsl(80,80%,80%);}
```

5)　HSLA 色彩模式

HSLA 也是 CSS 3 新增颜色模式，HSLA 色彩模式是 HSL 色彩模式的扩展，在色相、饱和度、亮度三要素的基础上增加了不透明度参数。使用 HSLA 色彩模式，设计师能够更灵活地设计出不同的透明效果。其语法格式如下：

```
hsla(<length>, <percentage1>, <percentage2>, <opacity>)
```

其中前 3 个参数与 hsl()函数的参数的意义和用法相同，第 4 个参数<opacity>表示不透明度，取值在 0 到 1 之间。

使用示例如下：

```
p{color:hsla(0,80%,80%,0.9);}
```

6)　RGBA 色彩模式

RGBA 也是 CSS 3 新增的颜色模式，RGBA 色彩模式是 RGB 色彩模式的扩展，在红、绿、蓝三原色的基础上增加了不透明度参数。其语法格式如下：

```
rgba(r, g, b, <opacity>)
```

其中，r、g、b 分别表示红色、绿色和蓝色 3 种原色所占的比重。r、g、b 的值可以是正整数或者百分数，正整数的取值范围为 0～55，百分数的取值范围为 0.0%～100.0%，超出范围的数值将被截至其最接近的取值极限。注意，并非所有浏览器都支持使用百分数值。第 4个参数<opacity>表示不透明度，取值在 0 到 1 之间。

使用示例如下：

```
p{color:rgba(0,23,123,0.9);}
```

7)　网络安全色

网络安全色由 216 种颜色组成，被认为在任何操作系统和浏览器中都是相对稳定的，也就是说，显示的颜色是相同的。因此，这 216 种颜色被称为"网络安全色"。这 216 种颜色是由红、绿、蓝 3 种基本色从 0、51、102、153、204、255 这 6 个数值中取值，组成的

6×6×6 种颜色。

2. 长度单位

要保证页面元素能够在浏览器中完全显示，又要布局合理，就需要设定元素间的间距，及元素本身的边界等，这都离不开长度单位的使用。在 CSS 3 中，长度单位可以被分为两类：绝对单位和相对单位。

1) 绝对单位

绝对单位用于设定绝对位置。主要有下列 5 种绝对单位。

(1) 英寸(in)。

英寸对中国设计者而言，使用得比较少，它主要是国外常用的量度单位。1 英寸等于 2.54 厘米，而 1 厘米等于 0.394 英寸。

(2) 厘米(cm)。

厘米是常用的长度单位，可以用来设定距离比较大的页面元素框。

(3) 毫米(mm)。

毫米可以用来比较精确地设定页面元素距离或大小。10 毫米等于 1 厘米。

(4) 磅(pt)。

磅一般用来设定文字的大小。它是标准的印刷量度，广泛应用于打印机、文字等方面。72 磅等于 1 英寸，即 2.54 厘米。

另外，英寸、厘米和毫米也可以用来设定文字的大小。

(5) pica(pc)。

pica 是另一种印刷量度。1pica 等于 12 磅，该单位也不经常使用。

2) 相对单位

相对单位是指在量度时需要参照其他页面元素的单位值。使用相对单位所量度的实际距离可能会随着这些单位值的改变而改变。CSS 3 提供了 3 种相对单位：em、ex 和 px。

(1) em。

在 CSS 3 中，em 用于设定字体的 font-size 值。例如，一个元素字体大小为 12pt，那么 1em 就是 12pt，如果该元素字体大小改为 15pt，则 1em 就是 15pt。简单地说，无论字体大小是多少，1em 总是字体的大小值。em 的值总是随着字体大小的变化而变化的。

例如，分别设定页面元素 h1、h2 和 p 的字体大小为 20pt、15pt 和 10pt，各元素的左边距为 1em，样式规则如下：

```
h1{font-size:20pt}
h2{font-size:15pt}
p{font-size:10pt}
h1,h2,p{margin-left:1em}
```

对于 h1，1em 等于 20pt；对于 h2，1em 等于 15pt；对于 p，1em 等于 10pt，所以 em 的值会随着相应元素文字大小的变化而变化。

另外，em 值有时还相对于其上级元素的字体大小。例如，上级元素的字体大小为 20pt，设定其子元素的字体大小为 0.5em，则子元素显示出的字体大小为 10pt。

(2) ex。

ex 是以给定字体的小写字母 x 的高度作为基准，对不同的字体来说，小写字母"x"的高度是不同的，所以 ex 单位的基准也不同。

(3) px。

px 也叫像素，这是目前来说使用最为广泛的一种单位，1 像素也就是屏幕上的一个小方格，这通常是看不出来的。由于显示器有多种不同的大小，它的每个小方格的大小是有差异的，所以像素单位的标准也不都是一样的。在 CSS 3 的规范中，假设 90px=1 英寸，但是在通常情况下，浏览器都会以显示器的像素值为标准。

8.2　编辑和浏览 CSS 3

CSS 3 文件是纯文本格式的文件，所以在编辑 CSS 3 时，就有了多种选择，可以使用一些简单的纯文本编辑工具，如记事本等，当然也可以选择专业的 CSS 3 编辑工具，如 Dreamweaver 等。

记事本编辑工具适合于初学者，不适合大项目编辑。但专业工具软件通常占用空间较大，打开不太方便。

8.2.1　手工编写 CSS 3

使用记事本编写 CSS 3，与使用记事本编写 HTML 文档基本一样。只需要打开一个记事本，然后在里面输入相应的 CSS 3 代码即可。

【例 8.1】手工编写 CSS 3。其具体步骤如下。

step 01 打开记事本，输入 HTML 代码，如图 8-1 所示。

图 8-1　用记事本开发 HTML

step 02 添加 CSS 代码，修饰 HTML 元素。在 head 标记中间，添加 CSS 样式代码，如图 8-2 所示。从窗口中可以看出，在 head 标记中间，添加了一个 style 标记，即 CSS 样式标记。在 style 标记中间，对 p 样式进行了设定，设置段落居中显示并且颜色为红色。

step 03 运行网页文件。网页编辑完成后，使用 IE 11.0 浏览器打开，如图 8-3 所示，可以看到段落在页面中间以红色字体显示。

图 8-2　添加样式　　　　　　　　图 8-3　显示 CSS 样式的效果

8.2.2　用 Dreamweaver 编写 CSS

除了可以用记事本手工编写 CSS 代码外，还可以用专用的 CSS 编辑器，如 Dreamweaver 的 CSS 编辑器和 Visual Studio 的 CSS 编辑器。这些编辑器有语法着色，带输入提示，甚至有自动创建 CSS 的功能，因此深受开发人员喜爱。

【例 8.2】使用 Dreamweaver 创建 CSS。其具体操作步骤如下。

step 01　创建 HTML 文档。使用 Dreamweaver 创建 HTML 文档，此处创建了一个名称为 8.2.html 的文档，如图 8-4 所示。

图 8-4　网页显示窗口

step 02　添加 CSS 样式。在设计模式中，选中"忽如一夜春风来……"段落后，右击，在弹出的快捷菜单中选择"CSS 样式"→"新建"命令，弹出"新建 CSS 规则"对话框，在"为 CSS 规则选择上下文选择器类型"下拉列表框中，选择"标签(重新定义 HTML 元素)"选项，如图 8-5 所示。

step 03　选择完成后，单击"确定"按钮，打开"p 的 CSS 规则定义"对话框，在其中设置相关的类型，如图 8-6 所示。

图 8-5　"新建 CSS 规则"对话框　　　　　图 8-6　"p 的 CSS 规则定义"对话框

step 04 单击"确定"按钮,即可完成 p 样式的设置。设置完成后,HTML 文档内容发生变化,如图 8-7 所示。从代码模式窗口中,可以看到在 head 标记中,增加了一个 style 标记,用来放置 CSS 样式。其样式用来修饰段落 p。

图 8-7　设置完成

step 05 运行 HTML 文档。在 IE 11.0 浏览器中预览该网页,其显示效果如图 8-8 所示,可以看到文字颜色设置为浅红色,大小为 12px,字体较粗。

图 8-8　CSS 样式显示效果

8.3 在 HTML 5 中使用 CSS 3 的方法

CSS 3 样式表能很好地控制页面显示,以达到分离网页内容和样式代码的目的。CSS 3 样式表控制 HTML 5 页面可以达到良好的样式效果,其方式通常包括行内样式、内嵌样式、链接样式和导入样式。

8.3.1 行内样式

行内样式是所有样式中比较简单、直观的方法,就是直接把 CSS 代码添加到 HTML 5 的标记中,即作为 HTML 5 标记的属性标记存在。通过这种方法,可以很简单地对某个元素单独定义样式。

使用行内样式的具体方法是直接在 HTML 5 标记中使用 style 属性,该属性的内容就是 CSS 3 的属性和值,例如:

```
<p style="color:red">段落样式</p>
```

【例 8.3】使用行内样式(示例文件 ch08\8.3.html)。

```
<!DOCTYPE html>
<html>
<head>
<title>行内样式</title>
</head>
<body>
<p style="color:red;font-size:20px;text-decoration:underline;
  text-align:center">群山万壑赴荆门,生长明妃尚有村。一去紫台连朔漠,独留青冢向黄昏。
画图省识春风面,环佩空归夜月魂。千载琵琶作胡语,分明怨恨曲中论。</p>
<p style="color:blue;font-style:italic">正文内容</p>
</body>
</html>
```

在 IE 11.0 中浏览,效果如图 8-9 所示,可以看到两个 p 标记中都使用了 style 属性,并且设置了 CSS 样式,样式之间互不影响,分别显示自己的样式效果。第 1 个段落设置为红色字体,居中显示,带有下画线。第二个段落设置为蓝色字体,以斜体显示。

图 8-9 行内样式的显示

尽管行内样式简单，但这种方法不常使用，因为这样添加无法完全发挥样式表"内容结构与样式控制代码"分离的优势。而且这种方式也不利于样式的重用，如果需要为每一个标记都设置 style 属性，后期维护成本高，网页容易过胖，故不推荐使用。

8.3.2　内嵌样式

　　内嵌样式就是将 CSS 样式代码添加到<head>与</head>标记之间，并且用<style>和</style>标记进行声明。这种写法虽然没有实现页面内容和样式控制代码完全分离，但可以设置一些比较简单的样式，并统一页面样式。其格式如下：

```
<head>
<style type="text/css">
p{
    color:red;
    font-size:12px;
}
</style>
</head>
```

　　有些较低版本的浏览器不能识别<style>标记，因而不能正确地将样式应用到页面显示上，而是直接将标记中的内容以文本的形式显示。为了解决此类问题，可以使用 HTML 注释将标记中的内容隐藏。如果浏览器能够识别<style>标记，则标记内被注释的 CSS 样式定义代码依旧能够发挥作用。

　　例如：

```
<head>
<style type="text/css" >
<!--
p{
    color:red;
    font-size:12px;
}
-->
</style>
</head>
```

【例 8.4】使用内嵌样式(示例文件 ch08\8.4.html)。

```
<!DOCTYPE html>
<html>
<head>
<title>内嵌样式</title>
<style type="text/css">
p{
    color:orange;
    text-align:center;
    font-weight:bolder;
    font-size:25px;
}
</style>
```

```
</head><body>
<p>故人具鸡黍，邀我至田家。绿树村边合，青山郭外斜。开轩面场圃，把酒话桑麻。待到重阳日，还
来就菊花。</p>
<p>正文内容</p>
</body>
</html>
```

在 IE 11.0 中浏览，效果如图 8-10 所示，可以看到，两个 p 标记都被 CSS 样式修饰了，其样式保持一致，段落居中、加粗并以橙色字体显示。

图 8-10 内嵌样式的显示

> 上面例子中所有 CSS 编码都在 style 标记中，方便了后期维护，页面与行内样式相比大大瘦身了。但如果一个网站拥有很多页面，对于不同页面 p 标记都希望采用同样风格时，内嵌方式就显得有点麻烦。这种方法只适用于为特殊页面设置单独的样式风格。

8.3.3　链接样式

链接样式是 CSS 中使用频率最高，也是最实用的方法。它很好地将"页面内容"和"样式风格代码"分离成两个文件或多个文件，实现了页面框架 HTML 5 代码和 CSS 3 代码的完全分离，使前期制作和后期维护都十分方便。

链接样式是指在外部定义 CSS 样式表并形成以.css 为扩展名的文件，然后在页面中通过 <link> 链接标记链接到页面中，而且该链接语句必须放在页面的 <head> 标记区，格式如下：

```
<link rel="stylesheet" type="text/css" href="1.css" />
```

(1)　rel：指定链接到样式表，其值为 stylesheet。

(2)　type：表示样式表类型为 CSS 样式表。

(3)　href：指定 CSS 样式表所在的位置，此处表示当前路径下名称为 1.css 的文件。

这里使用的是相对路径。如果 HTML 文档与 CSS 样式表没有在同一路径下，则需要指定样式表的绝对路径或引用位置。

【例 8.5】使用链接样式。

HTML 文档(示例文件 ch08\8.5.html)：

```
<!DOCTYPE html>
<html>
<head>
```

```
<title>链接样式</title>
<link rel="stylesheet" type="text/css" href="8.5.css" />
</head>
<body>
<h1>CSS3 的学习</h1>
<p>荆溪白石出，天寒红叶稀。山路元无雨，空翠湿人衣。</p>
</body>
</html>
```

CSS 样式表(示例文件 ch08\8.5.css)：

```
h1{text-align:center;}
p{font-weight:29px;text-align:center;font-style:italic;}
```

在 IE 11.0 中浏览，效果如图 8-11 所示，可见，标题和段落文字以不同的样式显示，标题居中显示，段落文字以斜体居中显示。

图 8-11 链接样式的显示

链接样式最大的优势就是将 CSS 3 代码和 HTML 5 代码完全分离，并且同一个 CSS 文件能被不同的 HTML 所链接使用。

 在设计整个网站时，可以将所有页面链接到同一个 CSS 文件，使用相同的样式风格。这样，如果整个网站需要修改样式，只要修改 CSS 文件即可。

8.3.4 导入样式

导入样式与链接样式基本相同，都是创建一个单独的 CSS 文件，然后再引入到 HTML 5 文件中，只不过语法和运作方式有所差别。采用导入样式的样式表，在 HTML 5 文件初始化时，会被导入 HTML 5 文件内，作为文件的一部分，类似于内嵌效果。而链接样式是在 HTML 标记需要样式风格时才以链接方式引入。

导入外部样式表是指在内部样式表的<style>标记中，使用@import 导入一个外部样式表，例如：

```
<head>
  <style type="text/css" >
  <!--
  @import "1.css"
  -->
  </style>
</head>
```

导入外部样式表，相当于将样式表导入到内部样式表中，其方式更有优势。导入外部样式表必须在样式表的开始部分，其他内部样式表之前。

【例 8.6】使用导入样式。

HTML 文档(示例文件 ch08\8.6.html)：

```
<!DOCTYPE html>
<html>
<head>
<title>导入样式</title>
<style>
@import "8.6.css"
</style>
</head>
<body>
<h1>江雪</h1>
<p>千山鸟飞绝，万径人踪灭。孤舟蓑笠翁，独钓寒江雪。</p>
</body>
</html>
```

CSS 样式表(示例文件 ch08\8.6.css)：

```
h1{text-align:center;color:#0000ff}
p{font-weight:bolder;text-decoration:underline;font-size:20px;}
```

在 IE 11.0 中浏览，效果如图 8-12 所示，可见，标题和段落以不同的样式显示，标题居中显示，颜色为蓝色，段落文字以 20px 大小加粗显示。

图 8-12　导入样式的显示

导入样式与链接样式相比，最大的优点就是可以一次导入多个 CSS 文件，例如：

```
<style>
@import "8.6.css"
@import "test.css"
</style>
```

8.3.5　优先级问题

如果同一个页面采用多种 CSS 使用方式，如使用行内样式、链接样式和内嵌样式，当这几种样式共同作用于同一个标记时，就会出现优先级问题，即究竟哪种样式设置会生效。例如，内嵌样式设置字体为宋体，链接样式设置为红色，那么二者会同时生效；假如都设置字体颜色，情况就会变得很复杂。

1. 行内样式和内嵌样式的比较

例如，有这样一种情况：

```
<style>
.p{color:red}
</style>
<p style="color:blue">段落应用样式</p>
```

在样式定义中，段落标记<p>匹配了两种样式规则：一种使用内嵌样式定义颜色为红色；另一种使用 p 行内样式定义颜色为蓝色。但是，标记内容最终会以哪种样式显示呢？

【例 8.7】行内样式和内嵌样式的比较(示例文件 ch08\8.7.html)。

```
<!DOCTYPE html>
<html>
<head>
<title>优先级比较</title>
<style>
p{color:red}
</style>
</head>
<body>
<p style="color:blue">解落三秋叶，能开二月花。过江千尺浪，入竹万竿斜。</p>
</body>
</html>
```

在 IE 11.0 中浏览，效果如图 8-13 所示，段落以蓝色字体显示，可以知道，行内样式的优先级大于内嵌样式的优先级。

图 8-13　行内样式和内嵌样式的比较

2. 内嵌样式和链接样式的比较

以相同例子测试内嵌样式和链接样式的优先级，将设置颜色样式的代码单独放在一个 CSS 文件中，使用链接样式引入。

【例 8.8】内嵌样式和链接样式的比较。

HTML 文档(示例文件 ch08\8.8.html)：

```
<!DOCTYPE html>
<html>
<head>
<title>优先级比较</title>
<link href="8.8.css" type="text/css" rel="stylesheet">
<style>
p{color:red}
```

```
</style>
</head>
<body>
<p>远上寒山石径斜，白云深处有人家。停车坐爱枫林晚，霜叶红于二月花。</p>
</body>
</html>
```

CSS 样式表(示例文件 ch08\8.8.css)：

```
p{color:yellow}
```

在 IE 11.0 中浏览，效果如图 8-14 所示，段落以红色字体显示。

图 8-14　内嵌样式和链接样式的比较

从上面的代码中可以看出，内嵌样式和链接样式同时对段落修饰时，段落显示红色字体。因此，内嵌样式的优先级大于链接样式的优先级。

3．链接样式和导入样式的比较

现在进行链接样式和导入样式测试，将分别创建两个 CSS 文件，一个作为链接，一个作为导入。

【例 8.9】链接样式和导入样式的比较。

HTML 文档(示例文件 ch08\8.9.html)：

```
<!DOCTYPE html>
<html>
<head>
<title>优先级比较</title>
<style>
@import "8.9.2.css"
</style>
<link href="8.9.1.css" type="text/css" rel="stylesheet">
</head>
<body>
<p>尚有绨袍赠，应怜范叔寒。不知天下士，犹作布衣看。</p>
</body>
</html>
```

CSS 样式表(示例文件 ch08\8.9_1.css)：

```
p{color:green}
```

CSS 样式表(示例文件 ch08\8.9_2.css)：

```
p{color:purple}
```

在 IE 11.0 中浏览，效果如图 8-15 所示，段落以绿色显示。由结果可以看出，链接样式的优先级大于导入样式的优先级。

图 8-15　链接样式和导入样式的比较

8.4　CSS 3 的常用选择器

选择器(Selector)也被称为选择符，HTML 5 语言中的所有标记都是通过不同的 CSS 3 选择器进行控制的。选择器不只是 HTML 5 文档中的元素标记，它还可以是类、ID 或是元素的某种状态。根据 CSS 选择符的用途，可以把选择器分为标签选择器、类选择器、全局选择器、ID 选择器、伪类选择器等。

8.4.1　标签选择器

HTML 5 文档是由多个不同标记组成的，而 CSS 3 选择器就是声明哪些标记采用样式。例如 p 选择器，就是用于声明页面中所有<p>标记的样式风格。同样，也可以通过 h1 选择器来声明页面中所有<h1>标记的 CSS 风格。

标签选择器最基本的形式如下：

```
tagName{property: value}
```

其中 tagName 表示标记名称，例如 p、h1 等 HTML 标记；property 表示 CSS 3 的属性；value 表示 CSS 3 的属性值。

【例 8.10】使用标签选择器(示例文件 ch08\8.10.html)。

```
<!DOCTYPE html>
<html>
<head>
<title>标签选择器</title>
<style>
p{color:blue;font-size:20px;}
</style>
</head>
<body>
<p>枯藤老树昏鸦，小桥流水人家，古道西风瘦马。夕阳西下，断肠人在天涯。</p>
</body>
</html>
```

在 IE 11.0 中浏览，效果如图 8-16 所示，可以看到段落以蓝色字体显示，大小为 20px。

如果在后期维护中，需要调整段落颜色，只需要修改 color 属性值即可。

 CSS 3 语言对于所有属性和值都有相对严格的要求，如果声明的属性在 CSS 3 规范中没有，或者某个属性值不符合属性要求，都不能使CSS语句生效。

图 8-16 标签选择器的显示

8.4.2 类选择器

在一个页面中，使用标签选择器，可以控制该页面中所有此标记的显示样式。如果需要为此类标记中的一个标记重新设定，则仅使用标签选择器是不能实现的，还需要使用类(Class)选择器。

类选择器用来为一系列标记定义相同的呈现方式，常用的语法格式如下：

```
.classValue{property: value}
```

classValue 是类选择器的名称，具体名称由 CSS 编写者自己命名。

【例 8.11】使用类选择器(示例文件 ch08\8.11.html)。

```
<!DOCTYPE html>
<html>
<head>
<title>类选择器</title>
<style>
.aa{
  color:blue;
  font-size:20px;
}
.bb{
   color:red;
   font-size:22px;
}
</style>
</head>
<body>
<h3 class="bb">学习类选择器</h3>
<p class="aa">此处使用类选择器 aa 控制段落样式</p>
<p class="bb">此处使用类选择器 bb 控制段落样式</p>
</body>
</html>
```

在 IE 11.0 中浏览，效果如图 8-17 所示。可以看到，第一个段落以蓝色字体显示，大小为 20px；第二段落以红色字体显示，大小为 22px；标题同样以红色字体显示，大小为 22px。

8.4.3 ID 选择器

ID 选择器与类选择器类似，都是针对特定属

图 8-17 类选择器的显示

155

性的属性值进行匹配的。ID 选择器定义的是某一个特定的 HTML 元素，一个网页文件中只能有一个元素使用某一 ID 的属性值。

定义 ID 选择器的基本语法格式如下：

```
#idValue{property: value}
```

在上述语法格式中，idValue 是 ID 选择器的名称，可以由 CSS 编写者自己命名。

【例 8.12】使用 ID 选择器(示例文件 ch08\8.12.html)。

```
<!DOCTYPE html>
<html>
<head>
<title>ID 选择器</title>
<style>
#fontstyle{
    color:blue;
    font-weight:bold;
}
#textstyle{
    color:red;
    font-size:22px;
}
</style>
</head>
<body>
<h3 id=textstyle>学习 ID 选择器</h3>
<p id=textstyle>此处使用 ID 选择器 aa 控制段落样式</p>
<p id=fontstyle>此处使用 ID 选择器 bb 控制段落样式</p>
</body>
</html>
```

在 IE 11.0 中浏览，效果如图 8-18 所示，可以看到，第一个段落以红色字体显示，大小为22px；第二个段落以蓝色字体显示，大小为16px；标题同样以红色字体显示，大小为 22px。

图 8-18 ID 选择器的显示

8.4.4 全局选择器

如果想让一个页面中的所有 HTML 标记使用同一种样式，可以使用全局选择器。全局选择器，顾名思义，就是对所有的 HTML 元素起作用。其语法格式如下：

```
*{property: value}
```

其中"*"表示对所有元素起作用，property 表示 CSS 3 属性名称，value 表示属性值。使用示例如下：

```
*{margin:0; padding:0;}
```

【例 8.13】使用全局选择器(示例文件 ch08\8.13.html)。

```
<!DOCTYPE html>
<html>
<head>
<title>全局选择器</title>
<style>
*{
    color:red;
    font-size:30px
}
</style>
</head>
<body>
<p>使用全局选择器修饰</p>
<p>第一段</p>
<h1>第一段标题</h1>
</body>
</html>
```

在 IE 11.0 中浏览，效果如图 8-19 所示，可以看到，两个段落和标题都是以红色字体显示的，大小为 30px。

图 8-19 使用全局选择器

8.4.5 组合选择器

将多种选择器进行搭配，可以构成一种复合选择器，也称为组合选择器。组合选择器只是一种组合形式，并不算是一种真正的选择器，但在实际中经常使用。使用示例如下：

```
.orderlist li {xxxx}
.tableset td {}
```

在使用的时候，一般用在重复出现并且样式相同的一些标签里，如 li 列表、td 单元格、dd 自定义列表等。例如：

```
h1.red {color: red}
<h1 class="red">something</h1>
```

【例 8.14】使用组合选择器(示例文件 ch08\8.14.html)。

```
<!DOCTYPE html>
<html>
<head>
<title>组合选择器</title>
<style>
p{
    color:red
}
p .firstPar{
    color:blue
```

```
}
.firstPar{
    color:green
}
</style>
</head>
<body>
<p>这是普通段落</p>
<p class="firstPar">此处使用组合选择器</p>
<h1 class="firstPar">我是一个标题</h1>
</body>
</html>
```

在 IE 11.0 中浏览，效果如图 8-20 所示，可以看到第一个段落颜色为红色，采用的是 p 标签选择器；第二个段落显示的是蓝色，采用的是 p 和类选择器二者组合的选择器；标题 h1 以绿色字体显示，采用的是类选择器。

图 8-20 组合选择器的显示

8.4.6 继承选择器

选择器的继承规则是，在没有定义的情况下所有的子标记样式都继承父标记，当子标记重复定义了父标记已经定义过的声明时，子标记就执行后面的声明；与父标记不冲突的地方仍然沿用父标记的声明。CSS 的继承是指子孙元素继承祖先元素的某些属性。

使用示例如下：

```
<div class="test">
    <span><img src="xxx" alt="示例图片"/></span>
</div>
```

对上面的层而言，如果其修饰样式为如下代码：

```
.test span img {border:1px blue solid;}
```

则表示该选择器先找到 class 为 test 的标记，然后从它的子标记里查找 span 标记，最后从 span 的子标记中找到 img 标记。也可以采用以下形式：

```
div span img {border:1px blue solid;}
```

可以看出，其规律是从左往右，依次细化，最后锁定要控制的标记。

【例 8.15】使用继承选择器(示例文件 ch08\8.15.html)。

```
<!DOCTYPE html>
<html>
<head>
<title>继承选择器</title>
<style type="text/css">
h1{color:red; text-decoration:underline;}
h1 strong{color:#004400; font-size:40px;}
</style>
</head>
```

```
<body>
<h1>测试 CSS 的<strong>继承</strong>效果</h1>
<h1>此处使用继承<font>选择器</font>了吗？</h1>
</body>
</html>
```

在 IE 11.0 中浏览，效果如图 8-21 所示，可以看到，第一个段落颜色为红色，但是"继承"两个字使用绿色显示，并且大小为 40px。除了这两个设置外，其他的 CSS 样式都是继承父标记<h1>的样式，例如下画线设置。第二个标题中，虽然使用了 font 标记修饰选择器，但其样式都是继承于父类标记 h1。

图 8-21　继承选择器

8.4.7　伪类选择器

伪类选择器也是选择器的一种，伪类选择器定义的样式经常应用在标记<a>上，用于表示链接 4 种不同的状态：未访问链接(link)、已访问链接(visited)、激活链接(active)和鼠标停留在链接上(hover)。

 标记<a>可以只具有一种状态(:link)，或同时具有 2 种或者 3 种状态。例如，任何一个有 href 属性的 a 标记，在未进行任何操作时，都已经具备了:link 的条件，也就是满足了有链接属性这个条件；如果是访问过的 a 标记，同时会具备:link、:visited 两种状态。把鼠标移到访问过的 a 标记上时，a 标记就同时具备了:link、:visited、:hover 3 种状态。

使用示例如下：

```
a:link{color:#FF0000; text-decoration:none}
a:visited{color:#00FF00; text-decoration:none}
a:hover{color:#0000FF; text-decoration:underline}
a:active{color:#FF00FF; text-decoration:underline}
```

 上面的样式表示该链接未访问时颜色为红色且无下画线，访问后是绿色且无下画线，激活链接时为蓝色且有下画线，鼠标放在链接上时为紫色且有下画线。

【例 8.16】使用伪类选择器(示例文件 ch08\8.16.html)。

```
<!DOCTYPE html>
<html>
<head>
<title>伪类</title>
<style>
a:link {color:red}        /* 未访问的链接 */
a:visited {color:green}/* 已访问的链接 */
a:hover {color:blue}      /* 鼠标移动到链接上 */
a:active {color:orange}/* 选定的链接 */
</style>
</head>
```

```
<body>
<a href="">链接到本页</a>
<a href="http://www.sohu.com">搜狐</a>
</body>
</html>
```

在 IE 11.0 中浏览，效果如图 8-22 所示，可以看到两个超级链接，第一个超级链接是鼠标停留在上方时，显示颜色为蓝色，另一个是访问过后，显示颜色为绿色。

图 8-22　伪类选择器显示

8.5　选择器声明

使用 CSS 3 选择器可以控制 HTML 5 标记的样式，每个选择器可以一次声明多个属性，即创建多个 CSS 属性来修饰 HTML 标记。实际上，也可以声明多个选择器，并且任何形式的选择器(如标记选择器、class 类选择器、ID 选择器等)都是合法的。

8.5.1　集体声明

在一个页面中，有时需要不同种类的标记样式保持一致。例如，需要 p 标记和 h1 标记保持一致时，可以让 p 标记和 h1 标记共同使用类选择器。除了这个方法之外，还可以使用集体声明方法。集体声明就是在声明各种 CSS 选择器时，如果某些选择器的风格是完全相同的，或者部分相同，可以将风格相同的 CSS 选择器同时声明。

【例 8.17】使用集体声明(示例文件 ch08\8.17.html)。

```
<!DOCTYPE html>
<html>
<head>
<title>集体声明</title>
<style type="text/css">
h1,h2,p{
    color:red;
    font-size:20px;
    font-weight:bolder;
}
</style>
</head>
<body>
<h1>此处使用集体声明</h1>
<h2>此处使用集体声明</h2>
<p>此处使用集体声明</p>
```

```
</body>
</html>
```

在 IE 11.0 中浏览，效果如图 8-23 所示，可以看到，网页上标题 1、标题 2 和段落都以红色字体加粗显示，并且大小为 20px。

8.5.2　多重嵌套声明

在用 CSS 3 控制 HTML 5 标记样式时，还可以使用层层递进的方式，即嵌套方式(或称组合方式)，对指定位置的 HTML 标记进行修饰。例如，当<p>与</p>之间包含<a></a>标记时，就可以使用这种方式对 HTML 标记进行修饰。

图 8-23　集体声明的显示

【例 8.18】使用多重嵌套声明(示例文件 ch08\8.18.html)。

```
<!DOCTYPE html>
<html>
<head>
<title>多重嵌套声明</title>
<style>
p{font-size:20px;}
p a{color:red;font-size:30px;
font-weight:bolder;}
</style>
</head>
<body>
<p>头上红冠不用裁，满身雪白走将来。
平生不敢轻言语，一叫千门万户开。
<a href="">画鸡</a></p>
</body>
</html>
```

在 IE 11.0 中浏览，效果如图 8-24 所示，可以看到，在段落中，超链接显示为红色字体，大小为 30px，其原因是使用了嵌套声明。

图 8-24　多重嵌套声明

8.6　综合案例——制作炫彩网站 Logo

使用 CSS，可以给网页中的文字设置不同的字体样式。下面就来制作一个网站的文字 Logo。具体操作步骤如下。

step 01　分析需求。

本例要求简单，使用标记 h1 创建一个标题文字，然后使用 CSS 样式对标题文字进行修饰，可以从颜色、尺寸、字体、背景、边框等方面入手。完成后，其效果如图 8-25 所示。

step 02　构建 HTML 页面。

创建 HTML 页面，完成基本框架并创建标题。其代码如下：

```
<html>
<head>
    <title>炫彩 Logo</title>
</head>
<body>
<h1>
    <span class=c1>缤</span>
    <span class=c2>纷</span>
    <span class=c3>夏</span>
    <span class=c4>衣</span>
</h1>
</body>
</html>
```

在 IE 11.0 中浏览，效果如图 8-26 所示，可以看到，标题 h1 在网页中显示，但没有任何修饰。

图 8-25　五彩标题显示　　　　　　　　图 8-26　标题显示

step 03　使用内嵌样式。

如果要对 h1 标题做修饰，需要添加 CSS，此处使用内嵌样式，在<head>标记中添加 CSS，其代码如下：

```
<style>
h1 {}
</style>
```

在 IE 11.0 中浏览，效果如图 8-27 所示，可以看到，此时没有任何变化，只是在代码中引入了<style>标记。

step 04　改变颜色、字体和尺寸。

添加 CSS 代码，改变标题样式。其代码如下：

```
h1 {
    font-family: Arial, sans-serif;
    font-size: 50px;
    color: #369;
}
```

在 IE 11.0 中浏览，效果如图 8-28 所示，可以看到，字体大小为 50 像素，颜色为浅蓝色，字形为 Arial。

图 8-27　引入了 style 标记

图 8-28　添加文本修饰标记

step 05 加入灰色底线。

为 h1 标题加入底线，其代码如下：

```
padding-bottom: 4px;
border-bottom: 2px solid #ccc;
```

在 IE 11.0 中浏览，效果如图 8-29 所示，可以看到，"缤纷夏衣"文字下面添加了一个边框，边框与文字的距离是 4 像素。

step 06 增加背景图。

使用 CSS 样式为标记<h1>添加背景图片，其代码如下：

```
background: url(01.jpg) repeat-x bottom;
```

在 IE 11.0 中浏览，效果如图 8-30 所示，可以看到，"缤纷夏衣"文字下面添加了一个背景图片，图片在水平(X)轴方向进行平铺。

图 8-29　添加边框样式

图 8-30　添加背景图片

step 07 定义标题宽度。

使用 CSS 属性，将标题变小，使其正好符合 4 个字符的宽度。其代码如下：

```
width:250px;
```

在 IE 11.0 中浏览，效果如图 8-31 所示，可以看到，"缤纷夏衣"文字下面的背景图缩短了，正好与字体宽度相同。

step 08 定义字体颜色。

在 CSS 样式中，为每个字定义颜色，其代码如下：

```
.c1{color:#B3EE3A;}
.c2{color:#71C671;}
```

```
.c3{color:#00F5FF;}
.c4{color:#00EE00;}
```

在 IE 11.0 中浏览，效果如图 8-32 所示，可以看到，每个字都显示为不同的颜色。

图 8-31　定义宽度　　　　　　　　　　图 8-32　定义字体颜色

8.7　跟我学上机——制作学生信息统计表

本例通过制作一个学生统计表，来练习前面介绍的在 HTML 5 中使用 CSS 3 的方法中的优先级问题。具体操作步骤如下。

step 01　打开记事本，在其中输入如下代码：

```
<!DOCTYPE HTML>
<html>
<head>
<title>学生信息统计表</title>
<style type="text/css">
<!--
#dataTb{
    font-family:宋体, sans-serif;
    font-size:20px;
    background-color:#66CCCC;
    border-top:1px solid #000000;
    border-left:1px solid #FF00BB;
    border-bottom:1px solid #FF0000;
    border-right:1px solid #FF0000;
}
table{
    font-family:楷体_GB2312, sans-serif;
    font-size:20px;
    background-color:#EEEEEF;
    border-top:1px solid #FFFF00;
    border-left:1px solid #FFFF00;
    border-bottom:1px solid #FFFF00;
    border-right:1px solid #FFFF00;
}
.tbStyle{
    font-family:隶书, sans-serif;
    font-size:16px;
    background-color:#EEEEEF;
```

```
        border-top:1px solid #000FFF;
        border-left:1px solid #FF0000;
        border-bottom:1px solid #0000FF;
        border-right:1px solid #000000;
}
//-->
</style>
</head>
<body>
<form name="frmCSS" method="post" action="#">
    <table width="400" align="center" border="1" cellspacing="0"
      id="dataTb" class= "tbStyle">
        <tr>
            <th>学号</th>
            <th>姓名</th>
            <th>班级</th>
        </tr>
        <tr>
            <td>001</td>
            <td>张三</td>
            <td>信科 0401</td>
        </tr>
        <tr>
            <td>002</td>
            <td>李四</td>
            <td>电科 0402</td>
        </tr>
        <tr>
            <td>003</td>
            <td>王五</td>
            <td>计科 0405</td>
        </tr>
    </table>
</form>
</body>
</html>
```

step 02 保存网页，在 IE 11.0 中预览，效果如图 8-33 所示。

图 8-33　最终效果

8.8 疑难解惑

疑问 1：CSS 定义的字体在不同浏览器中显示的大小为何不一样？例如，使用"font-size:14px;"定义的宋体文字，在 IE 中实际高是 16px，下空白是 3px，而在 Firefox 浏览器中实际高是 17px、上空 1px、下空 3px。

答：解决办法是在定义文字时设定 line-height，并确保所有文字都有默认的 line-height 值。

疑问 2：CSS 在网页制作中一般有 4 种用法，那么具体在使用时，该采用哪种用法呢？

答：当有多个网页要用到 CSS 时，采用外链 CSS 文件的方式，这样网页的代码会大大减少，修改起来非常方便；只对单个网页使用的 CSS 采用文档头部方式；只对一个网页中一两个地方使用的 CSS 采用行内插入方式。

疑问 3：CSS 的行内样式、内嵌样式和链接样式可以在一个网页中混用吗？

答：3 种用法可以混用，且不会造成混乱，这就是为什么称为"层叠样式表"的原因。浏览器在显示网页时是这样处理的：先检查有没有行内插入式 CSS，有就执行，针对本句的其他 CSS 就不去管了；其次检查内嵌方式的 CSS，有就执行；在前两者都没有的情况下，再检查外链文件方式的 CSS。由此可以看出，3 种 CSS 的执行优先级是：行内样式>内嵌样式>链接样式。

疑问 4：如何下载网页中的 CSS 文件？

答：选择网页页面中的"查看"→"源文件"命令，如果有 CSS，可以直接复制下来，如果没有，可以找找有没有类似于下面这种链接代码：

```
<link href="/index.css" rel="stylesheet" type="text/css">
```

如果有，对于这里的 CSS 文件，就可以通过在打开的网址后面直接加"/index.css"，然后按 Enter 键来下载。

第 9 章

使用 CSS 3 美化
网页字体与段落

常见的网站、博客是使用文字或图片来展示内容的，其中文字是传递信息的主要手段。而美观大方的网站或者博客，需要使用 CSS 样式来修饰。

设置文本样式是 CSS 技术的基本功能。通过 CSS 文本标记语言，可以设置文本的样式、粗细等。

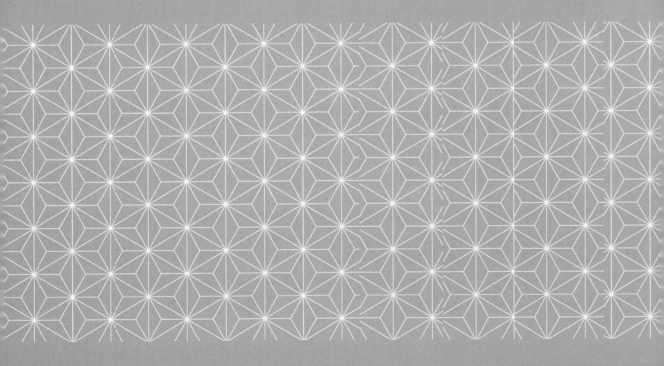

9.1 美化网页文字

在 HTML 中，CSS 字体属性用于定义文字的字体、大小、粗细的表现等。常见的字体属性包括字体、字号、字体风格、字体颜色等。

9.1.1 设置文字的字体

font-family 属性用于指定文字的字体类型，如宋体、黑体、隶书、Times New Roman 等，即在网页中展示字体不同的形状。具体的语法如下：

```
{font-family: name}
{font-family: cursive | fantasy | monospace | serif | sans-serif}
```

从语法格式上可以看出，font-family 有两种声明方式。第一种方式使用 name 字体名称，按优先顺序排列，以逗号隔开，如果字体名称包含空格，则应使用引号括起。在 CSS 3 中，这是比较常用的声明方式。第二种声明方式使用所列出的字体序列名称。如果使用 fantasy 序列，将提供默认字体序列。

【例 9.1】设置文字的字体(示例文件 ch09\9.1.html)。

```
<!DOCTYPE html>
<html>
<head>
<style type=text/css>
p{font-family:黑体}
</style>
</head>
<body>
<p align=center>天行健，君子以自强不息。</p>
</body>
</html>
```

在 IE 11.0 中浏览，效果如图 9-1 所示，可以看到，文字居中，并以黑体显示。

在设计页面时，一定要考虑字体的显示问题，为了保证页面达到预计的效果，最好提供多种字体类型，而且最好以最基本的字体类型作为最后一个。

图 9-1　字型显示

其样式设置如下：

```
p{font-family:华文彩云,黑体,宋体}
```

当 font-family 属性值中的字体类型由多个字符串和空格组成时，例如 Times New Roman，那么，该值就需要使用双引号引起来：

```
p{font-family: "Times New Roman"}
```

9.1.2　设置文字的字号

在 CSS 3 新规定中，通常使用 font-size 来设置文字大小。其语法格式如下：

```
{font-size: 数值 | inherit | xx-small | x-small | small | medium | large
    | x-large | xx-large | larger | smaller | length}
```

其中，通过数值来定义字体大小，如用 font-size:12px 的方式定义字体大小为 12 像素。为此，还可以通过 medium 之类的参数定义字体的大小，其参数含义如表 9-1 所示。

表 9-1　font-size 的参数

参　数	说　明
xx-small	绝对字体尺寸。根据对象字体进行调整。最小
x-small	绝对字体尺寸。根据对象字体进行调整。较小
small	绝对字体尺寸。根据对象字体进行调整。小
medium	默认值。绝对字体尺寸。根据对象字体进行调整。正常
large	绝对字体尺寸。根据对象字体进行调整。大
x-large	绝对字体尺寸。根据对象字体进行调整。较大
xx-large	绝对字体尺寸。根据对象字体进行调整。最大
larger	相对字体尺寸。相对于父对象中字体尺寸进行相对增大。使用成比例的 em 单位计算
smaller	相对字体尺寸。相对于父对象中字体尺寸进行相对减小。使用成比例的 em 单位计算
length	百分数或由浮点数和单位标识符组成的长度值，不可为负值。其百分比取值是基于父对象中字体的尺寸

【例 9.2】设置字体大小(示例文件 ch09\9.2.html)。

```
<!DOCTYPE html>
<html>
<body>
<div style="font-size:10pt">停车坐爱枫林晚，霜叶红于二月花。
    <p style="font-size:small">停车坐爱枫林晚，霜叶红于二月花。</p>
    <p style="font-size:larger">停车坐爱枫林晚，霜叶红于二月花。</p>
    <p style="font-size:x-small">停车坐爱枫林晚，霜叶红于二月花。</p>
    <p style="font-size:x-larger">停车坐爱枫林晚，霜叶红于二月花。</p>
    <p style="font-size:50%">停车坐爱枫林晚，霜叶红于二月花。</p>
    <p style="font-size:25pt">停车坐爱枫林晚，霜叶红于二月花。</p>
</div>
</body>
</html>
```

在 IE 11.0 中浏览，效果如图 9-2 所示，可以看到网页中文字被设置成不同的大小，其设置方式采用了绝对数值、关键字、百分比等形式。

在上面的例子中，font-size 字体大小为 50%时，其比较对象是上一级标签中的 10pt。

图 9-2　字体大小显示

同样，我们还可以使用 inherit 值，直接继承上级标记的字体大小。例如：

```
<div style="font-size:50pt">上级标记
   <p style="font-size: inherit">继承</p>
</div>
```

9.1.3　设置字体风格

font-style 通常用来定义字体风格，即字体的显示样式。在 CSS 3 新规定中，语法格式如下：

```
font-style: normal | italic | oblique | inherit
```

其属性值有 4 个，具体含义如表 9-2 所示。

表 9-2　font-style 属性

属 性 值	含 义
normal	默认值。浏览器显示一个标准的字体样式
italic	浏览器会显示一个斜体的字体样式
oblique	浏览器会显示一个倾斜的字体样式
inherit	规定应该从父元素继承字体样式

【例 9.3】设置字体风格(示例文件 ch09\9.3.html)。

```
<!DOCTYPE html>
<html>
<body>
   <p style="font-style:italic">梅花香自苦寒来</p>
   <p style="font-style:normal">梅花香自苦寒来</p>
   <p style="font-style:oblique">梅花香自苦寒来</p>
</body>
</html>
```

在 IE 11.0 中浏览，效果如图 9-3 所示，可以看到，文字分别显示为不同的样式。

9.1.4　设置加粗字体

通过 CSS 3 中的 font-weight 属性，可以定义字体的粗细程度，其语法格式如下：

```
font-weight: 100-900 | bold |
bolder | lighter | normal;
```

font-weight 属性有 13 个有效值，分别是 bold、bolder、lighter、normal、100～900。如果没有设置该属性，则使用其默认值 normal。属性值设置为 100～900，值越大，加粗的程度就越高。其具体含义如表 9-3 所示。

图 9-3　字体风格的显示

表 9-3　font-weight 属性

属 性 值	描　　述
bold	定义粗体字体
bolder	定义更粗的字体，相对值
lighter	定义更细的字体，相对值
normal	默认，标准字体

浏览器默认的字体粗细是 400，另外也可以通过参数 lighter 和 bolder 使得字体在原有基础上显得更细或更粗。

【例 9.4】设置加粗字体(示例文件 ch09\9.4.html)。

```html
<!DOCTYPE html>
<html>
<body>
    <p style="font-weight:bold">梅花香自苦寒来(bold)</p>
    <p style="font-weight:bolder">梅花香自苦寒来(bolder)</p>
    <p style="font-weight:lighter">梅花香自苦寒来(lighter)</p>
    <p style="font-weight:normal">梅花香自苦寒来(normal)</p>
    <p style="font-weight:100">梅花香自苦寒来(100)</p>
    <p style="font-weight:400">梅花香自苦寒来(400)</p>
    <p style="font-weight:900">梅花香自苦寒来(900)</p>
</body>
</html>
```

在 IE 11.0 中浏览，效果如图 9-4 所示，可以看到，文字居中并以不同方式加粗，其中使用了关键字加粗和数值加粗。

9.1.5　将小写字母转为大写字母

font-variant 属性用来设置大写字母的字体显示文本，这意味着所有的小写字母均会被转换为大写，但是所有使用大写字体的字母与其余文本

图 9-4　字体粗细的显示

相比，其字体尺寸更小。在 CSS 3 中，其语法格式如下：

```
font-variant: normal | small-caps | inherit
```

font-variant 有 3 个属性值，即 normal、small-caps 和 inherit，具体含义如表 9-4 所示。

表 9-4　font-variant 属性

属 性 值	说　明
normal	默认值。浏览器会显示一个标准的字体
small-caps	浏览器会显示小型大写字母的字体
inherit	规定应该从父元素继承 font-variant 属性的值

【例 9.5】将小写字母转为大写字母(示例文件 ch09\9.5.html)。

```
<!DOCTYPE html>
<html>
<body>
<p style="font-variant:normal">Happy BirthDay to You</p>
<p style="font-variant:small-caps">Happy BirthDay to You</p>
</body>
</html>
```

在 IE 11.0 中浏览，效果如图 9-5 所示，可以看到，底行的字母都以大写形式显示。

在图 9-5 中，通过对两个属性值产生的效果进行比较，可以看到，设置为 normal 属性值的文本以正常文本显示，而设置为 small-caps 属性值的文本中有稍大的大写字母，也有小的大写字母。也就是说，使用了 small-caps 属性值的段落文本全部变成了大写，只是大写字母的尺寸不同而已。

图 9-5　字母大小写转换

9.1.6　设置字体的复合属性

在设计网页时，为了使网页布局合理且文本规范，对字体设计需要使用多种属性，例如定义字体粗细，并定义字体的大小。但是，多个属性分别书写相对比较麻烦，在 CSS 3 样式表中提供的 font 属性就解决了这一问题。

font 属性可以一次性地使用多个属性的属性值来定义文本字体。其语法格式如下：

```
{font: font-style font-variant font-weight font-size font-family}
```

font 属性中的属性排列顺序是 font-style、font-variant、font-weight、font-size 和 font-family，各属性的属性值之间使用空格隔开，但是，如果 font-family 属性要定义多个属性值，则需要使用逗号(,)隔开。

属性排列中，font-style、font-variant 和 font-weight 这 3 个属性值是可以自由调换的。而 font-size 和 font-family 则必须按照固定的顺序出现，而且还必须都出现在 font 属性中。如果这两者的顺序不对，或缺少一个，那么整条样式规则可能就会被忽略。

【例 9.6】 设置字体的复合属性(示例文件 ch09\9.6.html)。

```
<!DOCTYPE html>
<html>
<style type=text/css>
p{
    font: normal small-caps bolder 20pt "Cambria","Times New Roman",宋体
}
</style>
<body>
<p>
众里寻他千百度,蓦然回首,那人却在灯火阑珊处。
</p>
</body>
</html>
```

在 IE 11.0 中浏览,效果如图 9-6 所示,可以看到,文字被设置成宋体并加粗。

9.1.7 设置字体颜色

在 CSS 3 样式中,通常使用 color 属性来设置颜色。其属性值通常使用下面的方式设定,如表 9-5 所示。

图 9-6 复合属性 font 的显示

表 9-5 color 属性

属 性 值	说 明
color_name	规定颜色值为颜色名称的颜色(如 red)
hex_number	规定颜色值为十六进制值的颜色(如#ff0000)
rgb_number	规定颜色值为 RGB 代码的颜色(如 rgb(255,0,0))
inherit	规定应该从父元素继承颜色
hsl_number	规定颜色值为 HSL 代码的颜色(如 hsl(0,75%,50%)),此为 CSS 3 新增加的颜色表现方式
hsla_number	规定颜色值为 HSLA 代码的颜色(如 hsla(120,50%,50%,1)),此为 CSS 3 新增加的颜色表现方式
rgba_number	规定颜色值为 RGBA 代码的颜色(如 rgba(125,10,45,0.5)),此为 CSS 3 新增加的颜色表现方式

【例 9.7】 设置字体颜色(示例文件 ch09\9.7.html)。

```
<!DOCTYPE html>
<html>
<head>
<style type="text/css">
body {color:red}
h1 {color:#00ff00}
p.ex {color:rgb(0,0,255)}
p.hs{color:hsl(0,75%,50%)}
```

```
p.ha{color:hsla(120,50%,50%,1)}
p.ra{color:rgba(125,10,45,0.5)}
</style>
</head>
<body>
<h1>《青玉案 元夕》</h1>
<p>众里寻他千百度，蓦然回首，那人却在灯火阑珊处。</p>
<p class="ex">众里寻他千百度，蓦然回首，那人却在灯火阑珊处。(该段落定义了 class="ex"。
该段落中的文本是蓝色的。)</p>
<p class="hs">众里寻他千百度，蓦然回首，那人却在灯火阑珊处。(此处使用了 CSS3 中的新增加
的 HSL 函数，构建颜色。)</p>
<p class="ha">众里寻他千百度，蓦然回首，那人却在灯火阑珊处。(此处使用了 CSS3 中的新增加
的 HSLA 函数，构建颜色。)</p>
<p class="ra">众里寻他千百度，蓦然回首，那人却在灯火阑珊处。(此处使用了 CSS3 中的新增加
的 RGBA 函数，构建颜色。)</p>
</body>
</html>
```

在 IE 11.0 中浏览，效果如图 9-7 所示，可以看到文字以不同颜色显示，并采用了不同的
颜色取值方式。

图 9-7　color 属性的显示

9.2　设置文本的高级样式

对于一些特殊要求的文本，如文字存在阴影、字体种类发生变化，如果再使用上面所介
绍的 CSS 样式进行定义，其结果就不会得到正确显示，这时就需要一些特定的 CSS 标记来完
成这些要求。

9.2.1　设置文本阴影效果

在显示字体时，有时根据需求，需要给出文字的阴影效果，以增强网页的整体吸引力，
并且为文字阴影添加颜色，这时就需要用到 CSS 3 样式中的 text-shadow 属性。实际上，在
CSS 2.1 中，W3C 就已经定义了 text-shadow 属性，但在 CSS 3 中又重新定义了它，并增加了

不透明度效果。其语法格式如下：

```
{text-shadow: none | <length> none | [<shadow>, ] * <opacity>
  或 none | <color> [, <color> ]* }
```

其属性值如表 9-6 所示。

表 9-6　text-shadow 属性

属 性 值	说　明
<color>	指定颜色
<length>	由浮点数字和单位标识符组成的长度值。可为负值。指定阴影的水平延伸距离
<opacity>	由浮点数和单位标识符组成的长度值。不可为负值。指定模糊效果的作用距离。如果仅仅需要模糊效果，将前两个 length 全部设定为 0

text-shadow 属性有 4 个属性值，最后两个是可选的，第 1 个属性值表示阴影的水平位移，可取正负值；第 2 个值表示阴影垂直位移，可取正负值；第 3 个值表示阴影的模糊半径，该值可选；第 4 个值表示阴影的颜色值，该值可选。

表示如下：

```
text-shadow:阴影水平偏移值(可取正负值);阴影垂直偏移值(可取正负值);阴影模糊值;阴影颜色
```

【例 9.8】设置文本的阴影效果(示例文件 ch09\9.8.html)。

```
<!DOCTYPE html>
<html>
<head></head>
<body>
<p align=center style="text-shadow:0.1em 2px 6px blue;font-size:80px;">
  这是 TextShadow 的阴影效果</p>
</body>
</html>
```

在 IE 11.0 中浏览，效果如图 9-8 所示，可以看到，文字居中并带有阴影显示。

图 9-8　阴影显示的结果

175

通过上面的实例，可以看出，阴影偏移由两个 length 值指定到文本的距离。第一个长度值指定到文本右边的水平距离，负值会把阴影放置在文本左边。第二个长度值指定到文本下边的垂直距离，负值会把阴影放置在文本上方。在阴影偏移之后，可以指定一个模糊半径。

9.2.2　设置文本的溢出效果

text-overflow 属性用来定义当文本溢出时是否显示省略标记，即定义省略文本的方式。并不具备其他的样式属性定义。要实现溢出时产生省略号的效果，还需要定义：强制文本在一行内显示(white-space:nowrap)及溢出内容为隐藏(overflow:hidden)，只有这样，才能实现溢出文本显示省略号的效果。

text-overflow 的语法格式如下：

```
text-overflow: clip | ellipsis
```

其属性值的含义如表 9-7 所示。

表 9-7　text-overflow 属性

属 性 值	说　明
clip	不显示省略标记(...)，而是简单的裁切
ellipsis	当对象内文本溢出时显示省略标记(...)

【例 9.9】设置文本的溢出效果(示例文件 ch09\9.9.html)。

```html
<!DOCTYPE html>
<html>
<head>
</head>
<body>
<style type="text/css">
.test_demo_clip{text-overflow:clip; overflow:hidden; white-space:nowrap;
 width:200px; background:#ccc;}
.test_demo_ellipsis{text-overflow:ellipsis; overflow:hidden;
 white-space:nowrap; width:200px; background:#ccc;}
</style>
<h2>text-overflow : clip </h2>
<div class="test_demo_clip">
    不显示省略标记，而是简单的裁切条
</div>
<h2>text-overflow : ellipsis </h2>
<div class="test_demo_ellipsis">
    显示省略标记，不是简单的裁切条
</div>
</body>
</html>
```

图 9-9　文本省略处理

在 IE 11.0 中浏览，效果如图 9-9 所示，可以看到文字在指定位置被裁切，但 ellipsis 属性被执行，以省略号形式出现。

9.2.3　设置文本的控制换行

当在一个指定区域显示一整行文字时，如果文字在一行显示不完，就需要进行换行。如果不进行换行，则会超出指定区域范围，此时可以采用 CSS 3 中新增加的 word-wrap 文本样式，来控制文本换行。

word-wrap 的语法格式如下：

```
word-wrap: normal | break-word
```

其属性值的含义比较简单，如表 9-8 所示。

表 9-8　word-wrap 属性

属 性 值	说　　明
normal	控制连续文本换行
break-word	内容将在边界内换行。如果需要，词内换行(word-break)也会发生

【例 9.10】设置文本换行(示例文件 ch09\9.10.html)。

```
<!DOCTYPE html>
<html>
<head></head>
<body>
<style type="text/css">
    div{ width:300px;word-wrap:break-word;border:1px solid #999999;}
</style>
<div>
    wordwrapbreakwordwordwrapbreakwordwordwrapbreakwordwordwrapbreakword
</div><br>
<div>This is all English,This is all English,This is all English,This is
   all English,</div>
</body>
</html>
```

在 IE 11.0 中浏览，效果如图 9-10 所示，可以看到，文字在指定位置被控制换行。

可以看出，word-wrap 属性可以控制换行，当属性取值 break-word 时，将强制换行，中文文本没有任何问题，英文语句也没有任何问题。但是对于长串的英文就不起作用，也就是说，break-word 属性是控制是否断词的，而不是断字符。

图 9-10　文本强制换行

9.2.4　保持字体尺寸不变

有时候，在同一行的文字，由于所采用的字体种类不一样或者修饰样式不一样，而导致其字体尺寸即显示大小不一样，整行文字看起来就显得杂乱。此时需要使用 CSS 3 的属性标签 font-size-adjust 处理。font-size-adjust 用来定义整个字体序列中所有字体的大小是否保持同一个尺寸。其语法格式如下：

```
font-size-adjust: none | number
```

其属性值的含义如表 9-9 所示。

表 9-9　font-size-adjust 属性

属 性 值	说　明
none	默认值。允许字体序列中每一字体遵守其自己的尺寸
number	为字体序列中的所有字体强迫指定同一尺寸

【例 9.11】保持字体尺寸不变(示例文件 ch09\9.11 html)。

```
<!DOCTYPE html>
<html>
<head></head>
<style>
.big { font-family: sans-serif; font-size: 40pt; }
.a { font-family: sans-serif; font-size: 15pt; font-size-adjust: 1; }
.b { font-family: sans-serif; font-size: 30pt; font-size-adjust: 0.5; }
</style>
<body>
  <p class="big"><span class="b">厚德载物</span></p>
  <p class="big"><span class="a">厚德载物</span></p>
</body>
</html>
```

在 IE 11.0 中浏览，效果如图 9-11 所示。

图 9-11　尺寸一致显示

9.3　美化网页中的段落

网页由文字组成，而用来表达同一个意思的多个文字组合，可以称为段落。段落是文章的基本单位，同样也是网页的基本单位。段落的放置与效果的显示会直接影响到页面的布局及风格。CSS 样式表提供了文本属性，来实现对页面中段落文本的控制。

9.3.1　设置单词之间的间隔

单词之间的间隔如果设置合理，一是会给整个网页布局节省空间；二是可以给人赏心悦目的感觉，增强阅读体验。在 CSS 中，可以使用 word-spacing 属性直接定义指定区域或者段落中字符之间的间隔。

word-spacing 属性用于设定词与词之间的间距，即增加或者减少词与词之间的间隔。其语法格式如下：

```
word-spacing: normal | length
```

其中，属性值 normal 和 length 的含义如表 9-10 所示。

表 9-10　word-spacing 属性

属 性 值	说　明
normal	默认，定义单词之间的标准间隔
length	定义单词之间的固定宽度，可以接受正值或负值

【例 9.12】设置单词之间的间隔(示例文件 ch09\9.12.html)。

```html
<!DOCTYPE html>
<html>
<head></head>
<body>
<p style="word-spacing:normal">Welcome to my home</p>
<p style="word-spacing:15px">Welcome to my home</p>
<p style="word-spacing:15px">欢迎来到我家</p>
</body>
</html>
```

在 IE 11.0 中浏览，效果如图 9-12 所示，可以看到段落中单词以不同间隔显示。

 从上面的显示结果可以看出，word-spacing 属性不能用于设定字符之间的间隔。

图 9-12　设定单词之间的间隔

9.3.2　设置字符之间的间隔

在一个网页中，词与词之间可以通过 word-spacing 进行设置，那么字符之间使用什么设置呢？在 CSS 3 中，可以通过 letter-spacing 来设置字符文本之间的距离，即在文本字符之间插入多少空间。这里允许使用负值，这会让字母之间更加紧凑。

语法格式如下：

```
letter-spacing: normal | length
```

属性值的含义如表 9-11 所示。

表 9-11　letter-spacing 属性

属 性 值	说 明
normal	默认间隔，即以字符之间的标准间隔显示
length	由浮点数和单位标识符组成的长度值，允许为负值

【例 9.13】设置字符之间的间隔(示例文件 ch09\9.13.html)。

```
<!DOCTYPE html>
<html>
<head></head>
<body>
<p style="letter-spacing:normal">Welcome to my home</p>
<p style="letter-spacing:5px">Welcome to my home</p>
<p style="letter-spacing:1ex">这里的字间距是 1ex</p>
<p style="letter-spacing:-1ex">这里的字间距是-1ex</p>
<p style="letter-spacing:1em">这里的字间距是 1em</p>
</body>
</html>
```

在 IE 11.0 中浏览，效果如图 9-13 所示，可以看到，文字以不同的间距大小显示。

注意

从上述代码中可以看出，通过 letter-spacing 定义了多个字间距的效果。应特别注意，当设置的字间距是-1ex 时，文字就会粘到一块。

图 9-13　字间距效果

9.3.3　设置文字的修饰效果

在 CSS 3 中，text-decoration 属性是文本修饰属性，该属性可以为页面提供文本的多种修饰效果，如下画线、删除线、闪烁等。

text-decoration 属性的语法格式如下：

```
text-decoration: none | underline | blink | overline | line-through
```

其属性值的含义如表 9-12 所示。

表 9-12　text-decoration 属性

属 性 值	描 述
none	默认值，对文本不进行任何修饰
underline	下画线
overline	上画线
line-through	删除线
blink	闪烁

【例 9.14】修饰文本(示例文件 ch09\9.14.html)。

```
<!DOCTYPE html>
<html>
<head></head>
<body>
  <p style="text-decoration:none">明明知道相思苦，偏偏对你牵肠挂肚！</p>
  <p style="text-decoration:underline">明明知道相思苦，偏偏对你牵肠挂肚！</p>
  <p style="text-decoration:overline">明明知道相思苦，偏偏对你牵肠挂肚！</p>
  <p style="text-decoration:line-through">明明知道相思苦，偏偏对你牵肠挂肚！</p>
  <p style="text-decoration:blink">明明知道相思苦，偏偏对你牵肠挂肚！</p>
</body>
</html>
```

在 IE 11.0 中浏览，其显示效果如图 9-14 所示。可以看到，段落中出现了下画线、上画线、删除线等。

 注意 　　blink(闪烁)效果只有 Mozilla 和 Netscape 浏览器支持，而 IE 和其他浏览器(如 Opera)中，都不支持该效果。

图 9-14　文本修饰

9.3.4　设置垂直对齐方式

在 CSS 中，可以直接使用 vertical-align 属性设定垂直对齐方式。该属性定义行内元素的基线相对于该元素所在行的基线的垂直对齐，允许指定负长度值和百分比值，这会使元素降低而不是升高。在表单元格中，这个属性会设置单元格内容的对齐方式。

vertical-align 属性的语法格式如下：

```
{vertical-align: 属性值}
```

vertical-align 属性有 8 个预设值可以使用，也可以使用百分比，如表 9-13 所示。

表 9-13　vertical-align 属性

属 性 值	说 明
baseline	默认。元素放置在父元素的基线上
sub	垂直对齐文本的下标
super	垂直对齐文本的上标
top	把元素的顶端与行中最高元素的顶端对齐
text-top	把元素的顶端与父元素字体的顶端对齐
middle	把此元素放置在父元素的中部
bottom	把元素的顶端与行中最低的元素的顶端对齐
text-bottom	把元素的底端与父元素字体的底端对齐
length	设置元素的堆叠顺序
%	使用 line-height 属性的百分比值来排列此元素。允许使用负值

【例 9.15】设置垂直对齐方式(示例文件 ch09\9.15.html)。

```
<!DOCTYPE html>
<html>
<head></head>
<body>
<p>
    世界杯<b style=" font-size:8pt;vertical-align:super">2018</b>!
    中国队<b style="font-size: 8pt;vertical-align: sub">[注]</b>!
    加油! <img src="1.gif" style="vertical-align: baseline">
</p>
<p><img src="2.gif" style="vertical-align:middle"/>
    世界杯! 中国队! 加油! <img src="1.gif" style="vertical-align:top">
</p>
<hr/>
<p><img src="2.gif" style="vertical-align:middle"/>
    世界杯! 中国队! 加油! <img src="1.gif" style="vertical-align:text-top">
</p>
<p><img src="2.gif" style="vertical-align:middle"/>
    世界杯! 中国队! 加油! <img src="1.gif" style="vertical-align:bottom">
</p>
<hr/>
<p><img src="2.gif" style="vertical-align:middle"/>
    世界杯! 中国队! 加油! <img src="1.gif" style="vertical-align:text-bottom">
</p>
<p>
    世界杯<b style=" font-size:8pt;vertical-align:100%">2008</b>!
    中国队<b style="font-size: 8pt;vertical-align: -100%">[注]</b>!
    加油! <img src="1.gif" style="vertical-align: baseline">
</p>
</body>
</html>
```

在 IE 11.0 中浏览,效果如图 9-15 所示,即文字在垂直方向以不同的对齐方式显示。

图 9-15　垂直对齐显示

上、下标在页面中有数学运算或注释标号时使用得比较多。顶端对齐有两种参照方式，一种是参照整个文本块；另一种是参照文本。底部对齐与顶端对齐方式相同，分别参照文本块和文本块中包含的文本。

提示   vertical-align 属性值还能使用百分比来设定垂直高度，该高度具有相对性，它是基于行高的值来计算的。而且百分比还能使用正负号，正百分比使文本上升，负百分比使文本下降。

9.3.5 转换文本的大小写

根据需要，将小写字母转换为大写字母，或者将大写字母转换为小写字母，在文本编辑中都是很常见的。在 CSS 样式中，text-transform 属性可用于设定文本字体的大小写转换。

text-transform 属性的语法格式如下：

```
text-transform: none | capitalize | uppercase | lowercase
```

其属性值的含义如表 9-14 所示。

表 9-14   text-transform 属性

属 性 值	说 明
none	无转换发生
capitalize	将每个单词的第一个字母转换成大写，其余无转换发生
uppercase	转换成大写
lowercase	转换成小写

因为文本转换属性仅作用于字母型文本，相对来说比较简单。

【例 9.16】转换文本的大小写(示例文件 ch09\9.16.html)。

```
<!DOCTYPE html>
<html>
<head></head>
<body style="font-size:15pt; font-weight:bold">
  <p style="text-transform:none">welcome to home</p>
  <p style="text-transform:capitalize">welcome to home</p>
  <p style="text-transform:lowercase">WELCOME TO HOME</p>
  <p style="text-transform:uppercase">welcome to home</p>
</body>
</html>
```

在 IE 11.0 中浏览，效果如图 9-16 所示。

9.3.6 设置文本的水平对齐方式

一般情况下，居中对齐适用于标题类文本，其他对齐方式可以根据页面布局来选择使用。根据需要，可以设置多种对齐，如水平方向上的居中、左对齐、右对齐或者两端对齐

图 9-16   大小写字母转换

等。在 CSS 中，可以通过 text-align 属性进行设置。

text-align 属性用于定义对象文本的对齐方式，与 CSS 2.1 相比，CSS 3 增加了 start、end 和 string 属性值。text-align 的语法格式如下：

```
{text-align: sTextAlign}
```

其属性值的含义如表 9-15 所示。

表 9-15　text-align 属性

属 性 值	说　明
start	文本向行的开始边缘对齐
end	文本向行的结束边缘对齐
left	文本向行的左边缘对齐。垂直方向的文本中，文本在 left-to-right 模式下向开始边缘对齐
right	文本向行的右边缘对齐。垂直方向的文本中，文本在 left-to-right 模式下向结束边缘对齐
center	文本在行内居中对齐
justify	文本根据 text-justify 的属性设置方法分散对齐。即两端对齐，均匀分布
match-parent	继承父元素的对齐方式，但有个例外：继承的 start 或者 end 值是根据父元素的 direction 值进行计算的，因此计算的结果可能是 left 或者 right
string	string 是一个单个的字符，按指定的字符进行对齐。此属性可以跟其他关键字同时使用，如果没有设置字符，则默认值是 end 方式
inherit	继承父元素的对齐方式

在新增加的属性值中，start 和 end 属性值主要是针对行内元素的，即在包含元素的头部或尾部显示；而 string 属性值主要用于表格单元格中，将根据某个指定的字符对齐。

【例 9.17】设置文本的水平对齐方式(示例文件 ch09\9.17.html)。

```
<!DOCTYPE html>
<html>
<head></head>
<body>
<h1 style="text-align:center">登幽州台歌</h1>
<h3 style="text-align:left">选自： </h3>
<h3 style="text-align:right">
  <img src="1.gif" />
  唐诗三百首</h3>
<p style="text-align:justify">
  前不见古人
  后不见来者
  (这是一个测试，这是一个测试，这是一个测试，)
</p>
<p style="text-align:start">念天地之悠悠</p>
<p style="text-align:end">独怆然而涕下</p>
</body>
</html>
```

在 IE 11.0 中浏览，效果如图 9-17 所示，即文字在水平方向上以不同的对齐方式显示。

注意

text-align 属性只能用于文本块，而不能直接应用到图像标记 <img>。如果要使图像与文本一样应用对齐方式，那么就必须将图像包含在文本块中。如上例，由于向右对齐方式作用于<h3>标记定义的文本块，图像包含在文本块中，所以图像能够同文本一样向右对齐。

提示

CSS 只能定义两端对齐方式，并按要求显示，但对于具体的两端对齐文本如何分配字体空间以实现文本左右两边均对齐，CSS 并不规定。这就需要设计者自行定义了。

图 9-17　水平方向的对齐效果

9.3.7　设置文本的缩进效果

在普通段落中，通常首行缩进两个字符，用来表示这是一个段落的开始。同样，在网页的文本编辑中可以通过指定属性，来控制文本缩进。CSS 的 text-indent 属性就是用来设定文本块中首行的缩进。text-indent 属性的语法格式如下：

```
text-indent: length
```

其中，length 属性值表示由百分比数值或由浮点数和单位标识符组成的长度值，允许为负值。可以这样认为，text-indent 属性可以定义两种缩进方式，一种是直接定义缩进的长度；另一种是定义缩进百分比。使用该属性，HTML 的任何标记都可以让首行以给定的长度或百分比缩进。

【例 9.18】设置文本的缩进(示例文件 ch09\9.18.html)。

```
<!DOCTYPE html>
<html>
<head></head>
<body>
<p style="text-indent:10mm">此处直接定义长度，直接缩进。</p>
<p style="text-indent:10%">此处使用百分比，进行缩进。</p>
</body>
</html>
```

在 IE 11.0 中浏览，效果如图 9-18 所示，可以看到文字以首行缩进方式显示。

图 9-18 缩进显示

如果上级标记定义了 text-indent 属性，那么子标记可以继承其上级标记的缩进长度。

9.3.8 设置文本的行高

在 CSS 中，line-height 属性用来设置行间距，即行高。其语法格式如下：

```
line-height: normal | length
```

其属性值的具体含义如表 9-16 所示。

表 9-16 line-height 属性

属 性 值	说 明
normal	默认行高，即网页文本的标准行高
length	百分比数值或由浮点数和单位标识符组成的长度值，允许为负值。其百分比取值是基于字体的高度尺寸

【例 9.19】设置文本的行高(示例文件 ch09\9.19.html)。

```
<!DOCTYPE html>
<html>
<head></head>
<body>
<div style="text-indent:10mm;">
    <p style="line-height:50px">
        世界杯(World Cup,FIFA World Cup)，国际足联世界杯，世界足球锦标赛)是世界上最
高水平的足球比赛，与奥运会、F1 并称为全球三大顶级赛事。
    </p>
    <p style="line-height:50%">
        世界杯(World Cup,FIFA World Cup)，国际足联世界杯，世界足球锦标赛)是世界上最高
水平的足球比赛，与奥运会、F1 并称为全球三大顶级赛事。
    </p>
</div>
</body>
</html>
```

在 IE 11.0 中浏览，效果如图 9-19 所示，其中，有段文字重叠在一起，即行高设置较小。

图 9-19　设定文本行高

9.3.9　文本的空白处理

在 CSS 中，white-space 属性用于设置对象内空格字符的处理方式。与 CSS 2.1 相比，CSS 3 新增了两个属性值。white-space 属性对文本的显示有着重要影响。在标记上应用 white-space 属性，可以影响浏览器对字符串或文本间空白的处理方式。

white-space 属性的语法格式如下：

```
white-space: normal | pre | nowrap | pre-wrap | pre-line
```

其属性值的含义如表 9-17 所示。

表 9-17　white-space 属性

属 性 值	说 明
normal	默认。空白会被浏览器忽略
pre	空白会被浏览器保留。其行为方式类似于 HTML 中的<pre>标签
nowrap	文本不会换行，文本会在同一行上继续，直到遇到 标签为止
pre-wrap	保留空白符序列，但是正常地进行换行
pre-line	合并空白符序列，但是保留换行符
inherit	规定应该从父元素继承 white-space 属性的值

【例 9.20】处理文本的空白(示例文件 ch09\9.20.html)。

```
<!DOCTYPE html>
<html>
<body>
  <h1 style="color:red; text-align:center;white-space:pre">
    蜂 蜜 的 功 效 与 作 用! </h1>
  <div>
    <p style="white-space:nowrap;text-indent:10mm">
        蜂蜜，是昆虫蜜蜂从开花植物的花中采得的花蜜在蜂巢中酿制的蜜。<br>
蜂蜜的成分除了葡萄糖、果糖之外还含有各种维生素、矿物质和氨基酸。1 千克的蜂蜜含有 2940 卡的
热量。蜂蜜是糖的过饱和溶液，低温时会产生结晶，生成结晶的是葡萄糖，不产生结晶的部分主要是果
糖。</p>
```

```
    <p style="white-space:pre-wrap;text-indent:10mm">
        蜂蜜的成分除了葡萄糖、果糖之外还含有各种维生素、矿物质和氨基酸。
        1千克的蜂蜜含有 2940 卡的热量。<br/>
        蜂蜜是糖的过饱和溶液，低温时会产生结晶，生成结晶的是葡萄糖，不产生结晶的部分主要是
果糖。</p>
    <p style="white-space:pre-line;text-indent:10mm">
        蜂蜜的成分除了葡萄糖、果糖之外还含有各种维生素、矿物质和氨基酸。
        1千克的蜂蜜含有 2940 卡的热量。<br/>
        蜂蜜是糖的过饱和溶液，低温时会产生结晶，生成结晶的是葡萄糖，不产生结晶的部分主要是
果糖。</p>
    </div>
</body>
</html>
```

在 IE 11.0 中浏览，效果如图 9-20 所示，可以看到文字中处理空白的不同方式。

图 9-20　处理空白

9.3.10　文本的反排

在网页文本编辑中，通常英语文档的基本方向是从左至右。如果文档中某一段的多个部分包含从右至左阅读的语言，则该语言的方向将正确地显示为从右至左，此时可以通过 CSS 提供的两个属性 unicode-bidi 和 direction 来解决这个文本反排的问题。

unicode-bidi 属性的语法格式如下：

```
unicode-bidi: normal | bidi-override | embed
```

其属性值的含义如表 9-18 所示。

表 9-18　unicode-bidi 属性

属 性 值	说　明
normal	默认值。元素不会打开一个额外的嵌入级别。对于内联元素，隐式的重新排序将跨元素边界起作用

续表

属 性 值	说 明
bidi-override	与 embed 值相同，但除了这一点外，在元素内，重新排序依照 direction 属性严格按顺序进行。此值替代隐式双向算法
embed	元素将打开一个额外的嵌入级别。direction 属性的值指定嵌入级别。重新排序在元素内是隐式进行的

direction 属性用于设定文本流的方向，其语法格式如下：

```
direction: ltr | rtl | inherit
```

其属性值的含义如表 9-19 所示。

表 9-19　direction 属性

属 性 值	说 明
ltr	文本流从左到右
rtl	文本流从右到左
inherit	文本流的值不可继承

【例 9.21】文本的反排(示例文件 ch09\9.21.html)。

```
<!DOCTYPE html>
<html>
<head>
<style type="text/css">
a {color:#000;}
</style>
</head>
<body>
<h3>文本的反排</h3>
<div style=" direction:rtl;
unicode-bidi:bidi-override;
text-align:left">
秋风吹不尽，总是玉关情。
</div>
</body>
</html>
```

图 9-21　文本反转显示

在 IE 11.0 中浏览，效果如图 9-21 所示，可以看到文字以反转形式显示。

9.4　综合案例——设置网页标题

下面创建一个网站的网页标题，主要利用文字和段落方面的 CSS 属性。具体的操作步骤如下。

step 01 分析需求。

本综合案例的要求如下：在网页的最上方显示出标题，标题下方是正文，其中正文部分

189

是文字段落部分。在设计这个网页标题时，需要将网页标题加粗，并将网页居中显示。用大号字体显示标题，用来与其下面的正文区分。上述要求使用 CSS 样式属性来实现。示例的效果如图 9-22 所示。

图 9-22　网页标题的显示

step 02　分析布局并构建 HTML。

首先需要创建一个 HTML 页面，并用 DIV 将页面划分两个层：一是网页标题层；二是正文部分。

step 03　导入 CSS 文件。

在 HTML 页面，将 CSS 文件使用 link 方式导入到 HTML 页面中。此 CSS 文件定义了这个页面的所有样式，其导入代码如下：

```
<link href="index.css" rel="stylesheet" type="text/css" />
```

step 04　完成标题样式设置。

首先设置标题的 HTML 代码，此处使用 DIV 构建，其代码如下：

```
<div>
    <h1>蜂王浆的作用与功效</h1>
    <div class="ar">搜狐网　2017 年 10 月 01 日<span></div>
</div>
```

step 05　使用 CSS 代码对其进行修饰，代码如下：

```
h1{text-align:center;color:red}
.ar{text-align:right;font-size:15px;}
.lr{text-align:left;font-size:15px;color:}
```

step 06　开发正文部分的代码和样式。

首先使用 HTML 代码完成网页正文部分，此处使用 DIV 构建，其代码如下：

```
<div>
<P>
1、　辅助降低血糖。此作用主要因其含有的胰岛素样肽类推理得来，胰岛素样肽类是治疗糖尿病的特效药物。
</P>
<P>
```

2、　抗氧化功效。此作用是蜂王浆被大众普遍肯定的作用，它对细胞的修复以及再生具有很强的作用。在蜂王浆中检测出的超氧化物歧化酶(SOD)是抗氧化的主要成分。
</P>
<P>
3、　降低血脂。蜂王浆含有人体必需的维生素达 10 种以上，能平衡脂肪代谢和糖代谢，可降低肥胖者的高血脂和高血糖，非常适合肥胖型糖尿病患者。
</P>
<P>
4、　控制血管扩张、降低血压。这个结论来自于其所含的 10-羟基-癸烯酸(王浆酸)以及王浆主要蛋白-1。
</P>
</div>

step 07 使用 CSS 样式进行修饰，代码如下：

```
p{text-indent:8mm;line-height:7mm;}
```

9.5　跟我学上机——制作新闻页面

本练习制作一个新闻页面，具体操作步骤如下。

step 01 打开记事本，在其中输入如下代码：

```
<!DOCTYPE html>
<html>
<head>
<title>新闻页面</title>
<style type="text/css">
<!--
h1{
    font-family:黑体;
    text-decoration:underline overline;
    text-align:center;
}
p{
    font-family: Arial, "Times New Roman";
    font-size:20px;
    margin:5px 0px;
    text-align:justify;
}
#p1{
    font-style:italic;
    text-transform:capitalize;
    word-spacing:15px;
    letter-spacing:-1px;
    text-indent:2em;
}
#p2{
    text-transform:lowercase;
    text-indent:2em;
    line-height:2;
}
#firstLetter{
    font-size:3em;
    float:left;
}
h1{
    background:#678;
    color:white;
```

```
}
-->
</style>
</head>
<body>
<h1>英国现两个多世纪来最多雨冬天</h1>
<p id="p1">在 3 月的第一天，阳光"重返"英国大地，也预示着春天的到来。</p>
<p id="p2">英国气象局发言人表示："今天的阳光很充足，这才像春天的感觉。这是春天的一个非
常好的开局。"前几天英国气象局发布的数据显示，刚刚过去的这个冬天是过去近 250 年来最多雨的
冬天。</p>
</body>
</html>
```

step 02 保存网页，在 IE 11.0 中预览，效果如图 9-23 所示。

图 9-23　浏览效果

9.6　疑 难 解 惑

疑问 1：字体为什么在别的电脑上不显示呢？

答：楷体很漂亮，草书也不逊色于宋体。但不是所有人的电脑都安装有这些字体，所以在设计网页时，不要为了追求漂亮美观而采用一些比较新奇的字体，否则有时往往达不到预期的效果。使用最基本的字体，才是最好的选择。

不要使用难以阅读的花哨字体。当然，某些字体可以让网站精彩纷呈，不过它们容易阅读吗？网页的主要目的是传递信息并让读者阅读，应该让读者阅读过程舒服些。不要用小字体。虽然 Firefox 有放大功能，但如果必须放大才能看清一个网站的话，用户以后估计就再也不会去访问它了。

疑问 2：网页中如何处理空白呢？

答：注意不留空白。不要用图像、文本和不必要的动画 GIF 来充斥网页，即使有足够的空间，在设计时也应该避免使用。

疑问 3：文字和图片的导航速度哪个更快呢？

答：应该使用文字做导航栏。文字导航不仅速度快，而且更稳定，因为有些用户上网时会关闭图片。在处理文本时，不要在普通文本上添加下画线或者颜色。除非特别需要，否则不要为普通文字添加下画线。不应当使浏览者将本不能点击的文字误认为能够点击。

第 10 章

使用 CSS 3
美化网页图片

一个网页如果都是文字，时间长了会给浏览者带来枯燥的感觉，而一张恰如其分的图片，会给网页带来许多生趣。图片是直观、形象的，一张好的图片会给网页带来很高的点击率。在 CSS 3 中，定义了很多属性，以便用来美化和设置图片。

10.1 图 片 缩 放

网页上显示一张图片时，默认情况下都是以图片的原始大小显示。如果要对网页进行排版，通常情况下，还需要对图片进行大小的重新设定。如果对图片设置不恰当，会造成图片的变形和失真，所以一定要保持宽度和高度属性的比例适中。对于图片大小设定，可以采用 3 种方式来完成。

10.1.1 通过描述标记 width 和 height 缩放图片

在 HTML 标记语言中，通过 img 的描述标记 width 和 height 可以设置图片的大小。width 和 height 分别表示图片的宽度和高度，可以是数值或百分比，单位可以是 px。需要注意的是，高度属性 height 和宽度属性 width 的设置方式要求相同。

【例 10.1】通过描述标记 width 和 height 缩放图片(示例文件 ch10\10.1.html)。

```
<!DOCTYPE html>
<html>
<head>
<title>缩放图片</title>
</head>
<body>
<img src="01.jpg" width=200 height=120>
</body>
</html>
```

在 IE 11.0 中浏览，效果如图 10-1 所示，可以看到，网页显示了一张图片，其宽度为 200 像素，高度为 120 像素。

图 10-1 使用描述标记来缩放图片

10.1.2 使用 CSS 3 中的 max-width 和 max-height 缩放图片

max-width 和 max-height 分别用来设置图片宽度最大值和高度最大值。在定义图片大小时，如果图片默认尺寸超过了定义的大小，就以 max-width 所定义的宽度值显示，而图片高度将同比例变化，如果定义的是 max-height，以此类推。但是，如果图片的尺寸小于最大宽度或者高度，那么图片就按原尺寸大小显示。max-width 和 max-height 的值一般是数值类型。

其语法格式举例如下：

```
img{
    max-height:180px;
}
```

【例 10.2】使用 CSS 3 中的 max-width 和 max-height 缩放图片(示例文件 ch10\10.2.html)。

```
<!DOCTYPE html>
<html>
<head>
<title>缩放图片</title>
<style>
img{
    max-height:300px;
}
</style>
</head>
<body>
<img src="01.jpg">
</body>
</html>
```

在 IE 11.0 中浏览，效果如图 10-2 所示，可以看到，网页显示了一张图片，其显示高度是 300 像素，宽度将做同比例缩放。

图 10-2   同比例缩放图片

在本例中，也可以只设置 max-width 来定义图片的最大宽度，而让高度自动缩放。

10.1.3 使用 CSS 3 中的 width 和 height 缩放图片

在 CSS 3 中，可以使用 width 和 height 属性来设置图片的宽度和高度，从而实现对图片的缩放效果。

【例 10.3】使用 CSS 3 中的 width 和 height 缩放图片(示例文件 ch10\10.3.html)。

```
<!DOCTYPE html>
<html>
<head>
<title>缩放图片</title>
</head>
<body>
```

```
<img src="01.jpg" >
<img src="01.jpg" style="width:150px;height:100px" >
</body>
</html>
```

在 IE 11.0 中浏览，效果如图 10-3 所示，可以看到，网页中显示了两张图片，第一张图片以原大小显示，第二张图片以指定大小显示。

图 10-3　用 CSS 指定图片的大小

当仅仅设置了图片的 width 属性，而没有设置 height 属性时，图片本身会自动等纵横比例缩放，如果只设定 height 属性，也是一样的道理。只有当同时设定 width 和 height 属性时才会不等比例缩放。

10.2　设置图片的对齐方式

一个凌乱的图文网页，是每一个浏览者都不喜欢看到的。而一个图文并茂、排版格式整洁简约的页面，更容易让网页浏览者接受。可见图片的对齐方式是非常重要的。下面介绍如何使用 CSS 3 属性定义图片对齐方式。

10.2.1　设置图片的横向对齐

所谓图片横向对齐，就是在水平方向上进行对齐，其对齐样式和文字对齐比较相似，都是有 3 种对齐方式，分别为"左""右"和"中"。

要定义图片的对齐方式时，不能在样式表中直接定义图片样式，需要在图片的上一个标记级别(即父标记)定义对齐方式，让图片继承父标记的对齐方式。之所以这样定义，是因为 img(图片)本身没有对齐属性，需要使用 CSS 继承父标记的 text-align 属性来定义对齐方式。

【例 10.4】设置图片的横向对齐(示例文件 ch10\10.4.html)。

```
<!DOCTYPE html>
<html>
<head>
<title>图片横向对齐</title>
</head>
<body>
<p style="text-align:left">
  <img src="02.jpg" style="max-width:140px;">
  图片左对齐
  </p>
<p style="text-align:center">
  <img src="02.jpg" style="max-width:140px;">
  图片居中对齐
  </p>
<p style="text-align:right">
  <img src="02.jpg" style="max-width:140px;">
  图片右对齐
  </p>
</body>
</html>
```

在 IE 11.0 中浏览，效果如图 10-4 所示，可以看到，网页上显示了 3 张图片，大小一样，但对齐方式分别是左对齐、居中对齐和右对齐。

图 10-4　图片的横向对齐

10.2.2　设置图片的纵向对齐

纵向对齐就是垂直对齐，即在垂直方向上与文字进行搭配使用。通过对图片的垂直方向上的设置，可以设定图片和文字的高度一致。在 CSS 3 中，对图片进行纵向设置时，通常使用 vertical-align 属性来定义。

vertical-align 属性设置元素的垂直对齐方式，即定义行内元素的基线相对于该元素所在行的基线的垂直对齐。允许指定负长度值和百分比值，负值会使元素降低。在表单元格中，这个属性会设置单元格内容的对齐方式。其语法格式为：

```
vertical-align: baseline | sub | super | top | text-top | middle
 | bottom | text-bottom | length
```

上面各参数的含义如表 10-1 所示。

表 10-1　vertical-align 属性

参数名称	说　明
baseline	将支持 valign 特性的对象的内容与基线对齐
sub	垂直对齐文本的下标
super	垂直对齐文本的上标
top	将支持 valign 特性的对象的内容与对象顶端对齐
text-top	将支持 valign 特性的对象的文本与对象顶端对齐
middle	将支持 valign 特性的对象的内容与对象中部对齐
bottom	将支持 valign 特性的对象的内容与对象底端对齐
text-bottom	将支持 valign 特性的对象的文本与对象顶端对齐
length	由浮点数和单位标识符组成的长度值或者百分数。可为负数。定义由基线算起的偏移量。基线对数值来说为 0，对百分数来说就是 0%

【例 10.5】设置图片的纵向对齐(示例文件 ch10\10.5.html)。

```
<!DOCTYPE html>
<html>
<head>
<title>图片纵向对齐</title>
<style>
img{
    max-width:100px;
}
</style>
</head>
<body>
<p>纵向对齐方式:baseline<img src=02.jpg style="vertical-align:baseline"></p>
<p>纵向对齐方式:bottom<img src=02.jpg style="vertical-align:bottom"></p>
<p>纵向对齐方式:middle<img src=02.jpg style="vertical-align:middle"></p>
<p>纵向对齐方式:sub<img src=02.jpg style="vertical-align:sub"></p>
<p>纵向对齐方式:super<img src=02.jpg style="vertical-align:super"></p>
<p>纵向对齐方式:数值定义<img src=02.jpg style="vertical-align:20px"></p>
</body>
</html>
```

在 IE 11.0 中浏览，效果如图 10-5 所示。可以看到，网页显示了 6 张图片，垂直方向上分别是 baseline、bottom、middle、sub、super 和数值定义。

图 10-5 图片的纵向对齐

 读者仔细观察图片和文字的不同对齐方式，即可深刻理解各种纵向对齐的不同之处。

10.3 图 文 混 排

一个普通的网页，最常见的方式就是图文混排：文字说明主题，图像显示新闻情境，二者结合起来相得益彰。下面介绍图片和文字的混合排版方式。

10.3.1 设置文字环绕效果

在网页中进行排版时，可以将文字设置成环绕图片的形式，即文字环绕。文字环绕应用非常广泛，如果再配合背景，可以实现绚丽的效果。

在 CSS 3 中，可以使用 float 属性定义该效果。float 属性主要定义元素在哪个方向上浮动。一般情况下，这个属性总是应用于图像，使文本围绕在图像周围，有时它也可以定义其他元素浮动。浮动元素会生成一个块级框，而不管它本身是何种元素。如果浮动非图像元素，则要指定一个明确的宽度；否则，它们会尽可能地窄。

float 属性的语法格式如下：

```
float: none | left | right
```

none 表示默认值，即对象不漂浮，left 表示文本流向对象的右边，right 表示文本流向对象的左边。

【例 10.6】设置文字环绕(示例文件 ch10\10.6.html)。

```
<!DOCTYPE html>
<html>
<head>
<title>文字环绕</title>
<style>
img{
    max-width:120px;
    float:left;
}
</style>
</head>
<body>
<p>
可爱的向日葵。
<img src="03.jpg">
向日葵，别名太阳花，是菊科向日葵属的植物。因花序随太阳转动而得名。一年生植物，高 1~3 米，
茎直立，粗壮，圆形多棱角，被白色粗硬毛，性喜温暖，耐旱，能产果实葵花籽。原产北美洲，主要分
布在我国东北、西北和华北地区，世界各地均有栽培！
向日葵，1 年生草本，高 1.0~3.5 米，对于杂交品种也有半米高的。茎直立，粗壮，圆形多棱角，为
白色粗硬毛。叶通常互生，心状卵形或卵圆形，先端锐突或渐尖，有基出 3 脉，边缘具粗锯齿，两面粗
糙，被毛，有长柄。头状花序，极大，直径 10~30 厘米，单生于茎顶或枝端，常下倾。总苞片多层，
叶质，覆瓦状排列，被长硬毛，夏季开花，花序边缘生黄色的舌状花，不结实。花序中部为两性的管状
花，棕色或紫色，结实。瘦果，倒卵形或卵状长圆形，稍扁压，果皮木质化，灰色或黑色，俗称葵花
籽。性喜温暖，耐旱。
</p>
</body>
</html>
```

在 IE 11.0 中浏览，效果如图 10-6 所示，可以看到，图片被文字所环绕，并在文字的左方显示。如果将 float 属性的值设置为 right，则图片会在文字的右方显示并被文字所环绕。

图 10-6　文字环绕的效果

10.3.2　设置图片与文字的间距

如果需要设置图片和文字之间的距离，即文字之间存在一定间距，不是紧紧地环绕，可以使用 CSS 3 中的 padding 属性来设置。

padding 属性主要用来在一个声明中设置所有内边距属性，即可以设置元素所有内边距的宽度，或者设置各边上内边距的宽度。如果一个元素既有内边距又有背景，从视觉上看可能会延伸到其他行，有可能还会与其他内容重叠。元素的背景会延伸穿过内边距。不允许指定负边距值。

padding 属性的语法格式如下：

```
padding: padding-top | padding-right | padding-bottom | padding-left
```

参数值 padding-top 用来设置距离顶部的内边距；padding-right 用来设置距离右部的内边距；padding-bottom 用来设置距离底部的内边距；padding-left 用来设置距离左部的内边距。

【例 10.7】 设置图片与文字的间距(示例文件 ch10\10.7.html)。

```
<!DOCTYPE html>
<html>
<head>
<title>文字环绕</title>
<style>
img{
    max-width:120px;
    float:left;
    padding-top:10px;
    padding-right:50px;
    padding-bottom:10px;
}
</style>
</head>
<body>
<p>
可爱的向日葵。
<img src="03.jpg">
向日葵，别名太阳花，是菊科向日葵属的植物。因花序随太阳转动而得名。一年生植物，高 1~3 米，
茎直立，粗壮，圆形多棱角，被白色粗硬毛，性喜温暖，耐旱，能产果实葵花籽。原产北美洲，主要分
布在我国东北、西北和华北地区，世界各地均有栽培！
向日葵，1 年生草本，高 1.0~3.5 米，对于杂交品种也有半米高的。茎直立，粗壮，圆形多棱角，为
白色粗硬毛。叶通常互生，心状卵形或卵圆形，先端锐突或渐尖，有基出 3 脉，边缘具粗锯齿，两面粗
糙，被毛，有长柄。头状花序，极大，直径 10~30 厘米，单生于茎顶或枝端，常下倾。总苞片多层，
叶质，覆瓦状排列，被长硬毛，夏季开花，花序边缘生黄色的舌状花，不结实。花序中部为两性的管状
花，棕色或紫色，结实。瘦果，倒卵形或卵状长圆形，稍扁压，果皮木质化，灰色或黑色，俗称葵花
籽。性喜温暖，耐旱。
</p>
</body>
</html>
```

在 IE 11.0 中浏览，效果如图 10-7 所示，可以看到，图片被文字所环绕，并且文字和图片右边的间距为 50 像素，上下各为 10 像素。

网站开发案例课堂

图 10-7 设置图片与文字的间距

10.4 综合案例——制作学校宣传单

每年暑假，高校招收学生的宣传页到处都是，下面就来制作一个学校宣传页，从而巩固图文混排的相关 CSS 知识。具体操作步骤如下。

step 01 分析需求。

本例包含两个部分：一是图片信息，介绍学校场景；二是段落信息，介绍学校的历史和理念。这两部分都放在一个 DIV 中。完成后，效果如图 10-8 所示。

图 10-8 宣传页面的效果

step 02 构建 HTML 网页。

创建 HTML 页面，页面中包含一个 DIV，DIV 中包含图片和两个段落信息。具体代码如下：

```
<html>
<head>
<title>学校宣传单</title>
</head>
<body>
<div>
    <img src="04.jpg" /><p>某大学风景优美</p><p> 学校发扬"百折不挠、艰苦创业"的办
```

学传统，坚持"质量立校、人才兴校、创新强校、文化铸校、和谐荣校"的办学理念，弘扬"爱国荣校、民主和谐、求真务实、开放创新"的精神</p>
</div>
</body>
</html>

在 IE 11.0 中浏览，效果如图 10-9 所示，可以看到，网页标题和内容被一个虚线隔开。

图 10-9　HTML 页面显示

step 03　添加 CSS 代码，修饰 DIV：

```
<style>
big{width:430px;}
</style>
```

在 HTML 代码中，将 big 引用到 DIV 中，具体代码如下：

```
<div class="big">
    <img src="xuexiao.jpg" />
    <p>某大学风景优美</p>
    <p> 学校发扬"百折不挠、艰苦创业"的办学传统，坚持"质量立校、人才兴校、创新强校、文
化铸校、和谐荣校"的办学理念，弘扬"爱国荣校、民主和谐、求真务实、开放创新"的精神</p>
</div>
```

在 IE 11.0 中浏览，效果如图 10-10 所示，可以看到，在网页中，段落以块的形式显示。

step 04　添加 CSS 代码，修饰图片：

```
img{
    width:260px;
    height:220px;
    border:#009900 2px solid;
    float:left;
    padding-right:0.5px;
}
```

在 IE 11.0 中浏览，效果如图 10-11 所示，可以看到，在网页中，图片以指定大小显示，并且带有边框，并向左面进行浮动。

图 10-10 修饰 DIV 层

step 05 添加 CSS 代码,修饰段落:

```
p{
    font-family:"宋体";
    font-size:14px;
    line-height:20px;
}
```

在 IE 11.0 中浏览,效果如图 10-12 所示,可以看到,在网页中,段落以宋体显示,大小为 14 像素,行高为 20 像素。

图 10-11 修饰图片

图 10-12 修饰段落

10.5 跟我学上机——制作简单的图文混排网页

在一个网页中,出现得最多的就是文字和图片,二者放在一起,图文并茂,能够生动地表达新闻主题。本例创建一个图片与文字的简单混排效果。具体操作步骤如下。

step 01 分析需求。

本综合案例的要求如下:在网页的最上方显示出标题,标题下方是正文,在正文部分显示图片。在设计这个网页标题时，其方法与前面的例子相同。上述要求使用 CSS 样式属性实现。效果如图 10-13 所示。

图 10-13　图文混排显示

step 02 分析布局并构建 HTML。

首先需要创建一个 HTML 页面，并用 DIV 将页面划分为两个层：一是网页标题层；二是正文部分。

step 03 导入 CSS 文件。

在 HTML 页面，将 CSS 文件使用 link 方式导入到 HTML 页面中。此 CSS 定义了这个页面的所有样式，导入代码如下：

```
<link href="CSS.css" rel="stylesheet" type="text/css" />
```

step 04 完成标题部分。

首先设置网页的标题部分，创建一个 DIV，用来放置标题。其 HTML 代码如下：

```
<div>
<h1>【3.8 节活动】《妈咪妈咪看过来——说说孕期那些事儿》</h1>
</div>
```

在 CSS 样式文件中，修饰 HTML 元素，其 CSS 代码如下：

```
h1{text-align:center;text-shadow:0.1em 2px 6px blue;font-size:18px;}
```

step 05 完成正文和图片部分。

下面设置网页正文部分，正文中包含了一张图片。其 HTML 代码如下：

```
<div>
<p>活动主题：《妈咪妈咪看过来——说说孕期那些事儿》。</p>
<p>活动时间：2017 年 2 月 28 日——2017 年 3 月 9 日 10 点</p>
<DIV class="im">
<img src="8.jpg" width="300" height="200"/>
</DIV>
<p>3 月到来，万物复苏，终于可以脱掉寒冬时厚厚的棉衣，沐浴在春风和阳光之下，迎来了 3 月第一个活动。怀孕对于每一个女性来说，都是人生经历中的最重要的一段旅程，随着孕期的进行，你会遇到很多未曾遇见的怀孕体验，而，这些体验 正在等待被你发现和分享！这，就是本次的活动主题，妈妈和准妈妈们还在等什么，Come on 快来 e 站分享出这段旅程~让帖子记录下那一撮幸福的记忆......
```

```
</p>
</div>
```

CSS 样式代码如下：

```
p{text-indent:8mm;line-height:7mm;}
.im{width:300px; float:left; border:#000000 solid 1px;}
```

10.6 疑难解惑

疑问 1：网页进行图文排版时，哪些是必须要做的？

答：在进行图文排版时，通常有如下 5 个方面需要网页设计者考虑。

(1) 首行缩进。段落的开头应该空两格，在 HTML 中空格键起不了作用。当然，可以用" "来代替一个空格，但这不是理想的方式。可以用 CSS 3 中的首行缩进，大小为 2em。

(2) 图文混排。在 CSS 3 中，可以用 float 让文字在没有清理浮动的时候，显示在图片以外的空白处。

(3) 设置背景色。设置网页背景，增加效果。此内容会在后面介绍。

(4) 文字居中。可以通过 CSS 的 text-align 属性设置文字居中。

(5) 显示边框。通过 border 为图片添加一个边框。

疑问 2：设置文字环绕时，float 元素为什么会失去作用？

答：很多浏览器在显示未指定 width 的 float 元素时会有错误。所以不管 float 元素的内容如何，一定要为其指定 width 属性。

第 11 章
使用 CSS 3 美化
网页背景与边框

　　任何一个页面，首先映入眼帘的就是网页的背景色和基调，不同类型的网站有不同的背景和基调。因此，页面中的背景通常是网站设计时一个重要的步骤。对于单个 HTML 元素，可以通过 CSS 3 属性设置元素边框的样式，包括宽度、显示风格、颜色等。本章重点介绍网页背景设置和 HTML 元素边框样式。

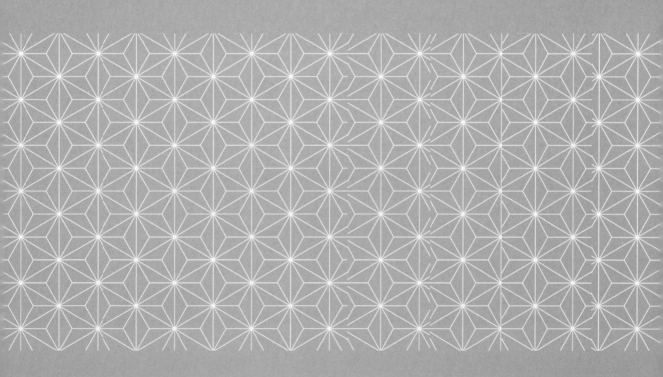

11.1 使用 CSS 3 美化背景

背景是网页设计时的重要因素之一，一个背景优美的网页，总能吸引不少访问者。

例如，喜庆类网站都是以火红背景为主题。CSS 的强大表现功能在背景设置方面同样发挥得淋漓尽致。

11.1.1 设置背景颜色

background-color 属性用于设定网页的背景色，与设置前景色的 color 属性一样，background-color 属性接收任何有效的颜色值，而对于没有设定背景色的标记，默认背景色为透明(transparent)。

background-color 属性的语法格式为：

```
{background-color: transparent | color}
```

关键字 transparent 是个默认值，表示透明。背景颜色 color 设定方法可以采用英文单词、十六进制、RGB、HSL、HSLA 和 GRBA。

【例 11.1】设置背景颜色(示例文件 ch11\11.1.html)。

```
<!DOCTYPE html>
<html>
<head>
<title>背景色设置</title>
</head>
<body style="background-color:PaleGreen; color:Blue">
  <p>
    background-color 属性设置背景色，color 属性设置字体颜色。
  </p>
</body>
</html>
```

在 IE 11.0 中浏览，效果如图 11-1 所示，可以看到，网页的背景色显示为浅绿色，而字体颜色为蓝色。

图 11-1 设置背景色

注意，在网页设计时，其背景色不要使用太艳的颜色，否则会给人喧宾夺主的感觉。background-color 属性不仅可以设置整个网页的背景颜色，同样还可以设置指定 HTML 元素的背景色，例如设置 h1 标题的背景色，设置段落 p 的背景色。可以想象，在一个网页中，可以根据需要，设置不同 HTML 元素的背景色。

【例 11.2】设置 HTML 元素的背景颜色(示例文件 ch11\11.2.html)。

```html
<!DOCTYPE html>
<html>
<head>
<title>背景色设置</title>
<style>
h1 {
    background-color:red;
    color:black;
    text-align:center;
}
p{
    background-color:gray;
    color:blue;
    text-indent:2em;
}
</style>
</head>
<body>
    <h1>颜色设置</h1>
    <p>
    background-color 属性设置背景色，color 属性设置字体颜色。
    </p>
</body>
</html>
```

在 IE 11.0 中浏览，效果如图 11-2 所示，可以看到网页中标题区域背景色为红色，段落区域背景色为灰色，并且分别为字体设置了不同的前景色。

图 11-2 设置 HTML 元素的背景色

11.1.2 设置背景图片

网页中不但可以使用背景色来填充网页背景，而且还可以使用背景图片来填充网页。通过 CSS 3 属性，可以对背景图片进行精确定位。background-image 属性用于设定标记的背景图片，通常情况下，在标记<body>中应用，将图片用于整个主体中。

background-image 属性的语法格式如下：

```
background-image: none | url(url)
```

其默认属性是无背景图,当需要使用背景图时,可以用 url 进行导入,url 可以使用绝对路径,也可以使用相对路径。

【例 11.3】设置背景图片(示例文件 ch11\11.3.html)。

```
<!DOCTYPE html>
<html>
<head>
<title>背景色设置</title>
<style>
body{
    background-image:url(01.jpg)
}
</style>
</head>
<body>
<p>夕阳无限好,只是近黄昏!</p>
</body>
</html>
```

在 IE 11.0 中浏览,效果如图 11-3 所示,可以看到,网页中显示了背景图。但如果图片大小小于整个网页的大小,此时图片为了填充网页背景色,会重复出现,并铺满整个网页。

图 11-3　设置了背景图片

在设定背景图片时,最好同时也设定背景色,这样,当背景图片因某种原因无法正常显示时,可以使用背景色来代替。当然,如果正常显示,背景图片会覆盖背景色的。

11.1.3　背景图片重复

在进行网页设计时,通常都是一个网页使用一张背景图片,如果图片的大小小于背景,会直接重复铺满整个网页,但这种方式不适用于大多数页面。

CSS 3 中,可以通过 background-repeat 属性来设置图片的重复方式,包括水平重复、垂直重复和不重复等。

background-repeat 属性用于设定背景图片是否重复平铺。各属性值如表 11-1 所示。

表 11-1 background-repeat 属性

属 性 值	描 述
repeat	背景图片水平和垂直方向都重复平铺
repeat-x	背景图片水平方向重复平铺
repeat-y	背景图片垂直方向重复平铺
no-repeat	背景图片不重复平铺

background-repeat 属性重复背景图片是从元素的左上角开始平铺，直到水平、垂直或全部页面都被背景图片覆盖。

【例 11.4】设置背景图片的重复方式(示例文件 ch11\11.4.html)。

```
<!DOCTYPE html>
<html>
<head>
<title>背景图片重复</title>
<style>
body{
    background-image:url(01.jpg);
    background-repeat:no-repeat;
}
</style>
</head>
<body>
<p>夕阳无限好，只是近黄昏！</p>
</body>
</html>
```

在 IE 11.0 中浏览，效果如图 11-4 所示，可以看到，网页中显示了背景图，但图片以默认大小显示，而且没有对整个网页背景进行填充。

这是因为代码中设置了背景图不重复平铺。

同样可以在上述代码中，设置 background-repeat 的属性值为其他值，例如可以设置值为 repeat-x，表示图片在水平方向平铺。此时，在 IE 11.0 中，效果如图 11-5 所示。

图 11-4 背景图不重复

图 11-5 水平方向平铺

211

11.1.4 背景图片显示

对一个文本较多、一屏显示不了的页面来说，如果使用的背景图片不足够覆盖整个页面，而且只将背景图片应用在页面的一个位置上，那么在浏览页面时，肯定会出现看不到背景图片的情况；再者，还可能出现背景图片初始可见，而随着页面的滚动又不可见的情况。也就是说，背景图片不能时刻随着页面的滚动而显示。

要解决上述问题，就要使用 background-attachment 属性，该属性用来设定背景图片是否随文档一起滚动。它包含两个属性值：scroll 和 fixed，并适用于所有元素，如表 11-2 所示。

表 11-2　background-attachment 属性

属 性 值	描　　述
scroll	默认值，当页面滚动时，背景图片随页面一起滚动
fixed	背景图片固定在页面的可见区域里

使用 background-attachment 属性，可以使背景图片始终处于视野范围内，以避免出现因页面滚动而消失的情况。

【例 11.5】设置背景图片的显示方式(示例文件 ch11\11.5.html)。

```
<!DOCTYPE html>
<html>
<head>
<title>背景显示方式</title>
<style>
body{
    background-image:url(01.jpg);
    background-repeat:no-repeat;
    background-attachment:fixed;
}
p{
    text-indent:2em;
    line-height:30px;
}
h1{
    text-align:center;
}
</style>
</head>
<body>
<h1>兰亭序</h1>
<p>
永和九年，岁在癸(guǐ)丑，暮春之初，会于会稽(kuài jī)山阴之兰亭，修禊(xì)事也。群贤毕至，少长咸集。此地有崇山峻岭，茂林修竹， 又有清流激湍(tuān)，映带左右。引以为流觞(shāng)曲（qū)水，列坐其次，虽无丝竹管弦之盛，一觞(shang)一咏，亦足以畅叙幽情。</p>
<p>是日也，天朗气清，惠风和畅。仰观宇宙之大，俯察品类之盛，所以游目骋(chěng)怀，足以极视听之娱，信可乐也。</p>
<p> 夫人之相与，俯仰一世。或取诸怀抱，晤言一室之内；或因寄所托，放浪形骸(hái)之外。虽趣(qǔ)舍万殊，静躁不同，当其欣于所遇，暂得于己，快然自足，不知老之将至。及其所之既倦，情随事迁，感慨系(xì)之矣。向之所欣，俯仰之间，已为陈迹，犹不能不以之兴怀。况修短随化，终期于
```

尽。古人云："死生亦大矣。"岂不痛哉！</p>
<p>每览昔人兴感之由，若合一契，未尝不临文嗟(jiē)悼，不能喻之于怀。固知一死生为虚诞，齐彭殇(shāng)为妄作。后之视今，亦犹今之视昔，悲夫！故列叙时人，录其所述。虽世殊事异，所以兴怀，其致一也。后之览者，亦将有感于斯文。</p>
</body>
</html>

在 IE 11.0 中浏览，效果如图 11-6 所示，可以看到网页 background-attachment 属性的值为 fixed 时，背景图片的位置固定，并不是相对于页面的，而是相对于页面的可视范围。

图 11-6　网页 background-attachment 属性的值为 fixed 时

11.1.5　背景图片的位置

我们知道，背景图片的位置都是从设置了 background 属性的标记(如 body 标记)的左上角开始出现的，但在实际网页设计中，可以根据需要，直接指定背景图片出现的位置。在 CSS 3 中，可以通过 background-position 属性轻松地调整背景图片的位置。

background-position 属性用于指定背景图片在页面中所处的位置。该属性值可以分为 4 类：绝对定义位置(length)、百分比定义位置(percentage)、垂直对齐值和水平对齐值。其中垂直对齐值包括 top、center 和 bottom，水平对齐值包括 left、center 和 right，如表 11-3 所示。

表 11-3　background-position 属性

属 性 值	描　　述
length	设置图片与边框水平与垂直方向的距离长度，后跟长度单位(cm、mm、px 等)
percentage	以页面元素框的宽度或高度的百分比放置图片
top	背景图片顶部居中显示
center	背景图片居中显示
bottom	背景图片底部居中显示
left	背景图片左部居中显示
right	背景图片右部居中显示

垂直对齐值还可以与水平对齐值一起使用，从而决定图片的垂直位置和水平位置。

【例 11.6】设置背景图片的位置(示例文件 ch11\11.6.html)。

```
<!DOCTYPE html>
<html>
<head>
<title>背景位置设定</title>
<style>
body{
    background-image:url(01.jpg);
    background-repeat:no-repeat;
    background-position:top right;
}
</style>
</head>
<body>
</body>
</html>
```

在 IE 11.0 中浏览，效果如图 11-7 所示，可以看到网页中显示了背景图片，它是从顶部和右边开始的。

图 11-7　设置背景图片的位置

使用垂直对齐值和水平对齐值只能格式化地放置图片，如果在页面中要自由地定义图片的位置，则需要使用确定数值或百分比。

此时在上面的代码中，将：

```
background-position:top right;
```

语句修改为：

```
background-position:20px 30px
```

在 IE 11.0 中浏览，效果如图 11-8 所示，可以看到网页中显示了背景图片，它是从左上角开始的，但并不是从(0,0)坐标位置开始的，而是从(20,30)坐标位置开始的。

图 11-8　精确指定背景图片的位置

11.1.6　背景图片的大小

在以前的网页设计中，背景图片的大小是不可以控制的，如果想要图片填充整个背景，需要事先设计一个较大的背景图片，否则只能让背景图片以平铺的方式来填充页面元素。在 CSS 3 中，新增了一个 background-size 属性，用来控制背景图片的大小，从而降低网页设计的开发成本。

background-size 属性的语法格式如下：

```
background-size: [<length> | <percentage> | auto]{1,2} | cover | contain
```

参数值的含义如表 11-4 所示。

表 11-4　background-size 属性

参　数　值	说　　　明
<length>	由浮点数和单位标识符组成的长度值。不可为负值
<percentage>	取值为 0%到 100%之间的值。不可为负值
cover	保持背景图像本身的宽高比例，将图片缩放到正好完全覆盖所定义的背景区域
contain	保持图像本身的宽高比，将图片缩放到宽度或高度正好适应所定义的背景区域

【例 11.7】设置背景图片的大小(示例文件 ch11\11.7.html)。

```
<!DOCTYPE html>
<html>
<head>
<title>背景大小设定</title>
<style>
body{
    background-image:url(01.jpg);
    background-repeat:no-repeat;
    background-size:cover;
}
</style>
```

```
</head>
<body>
</body>
</html>
```

在 IE 11.0 中浏览，效果如图 11-9 所示，可以看到，在网页中背景图片填充了整个页面。

图 11-9　设定背景图片的大小

同样，也可以用像素或百分比指定背景图片的大小。当指定为百分比时，大小会由所在区域的宽度、高度及 background-origin 的位置决定。使用示例如下：

```
background-size:900 800;
```

此时 background-size 属性可以设置 1 个或 2 个值，1 个为必填，1 个为选填。其中第 1 个值用于指定图片的宽度，第 2 个值用于指定图片的高度，如果只设定一个值，则第 2 个值默认为 auto。

11.1.7　背景的显示区域

在网页设计中，如果能改善背景图片的定位方式，使设计师能够更灵活地决定背景图应该显示的位置，会大大降低设计成本。在 CSS 3 中，新增了一个 background-origin 属性，用来完成背景图片的定位。

在默认情况下，background-position 属性总是以元素左上角原点作为背景图像定位点，而使用 background-origin 属性可以改变这种定位方式：

```
background-origin: border | padding | content
```

其参数含义如表 11-5 所示。

表 11-5　background-origin 属性

参 数 值	说 明
border	从 border 区域开始显示背景
padding	从 padding 区域开始显示背景
content	从 content 区域开始显示背景

【例 11.8】设置背景的显示区域(示例文件 ch11\11.8.html)。

```
<!DOCTYPE html>
<html>
<head>
<title>背景显示区域设定</title>
<style>
div{
    text-align:center;
    height:500px;
    width:416px;
    border:solid 1px red;
    padding:32px 2em 0;
    background-image:url(02.jpg);
    background-origin:padding;
}
div h1{
    font-size:18px;
    font-family:"幼圆";
}
div p{
    text-indent:2em;
    line-height:2em;
    font-family:"楷体";
}
</style>
</head>
<body>
<div>
<h1>神笔马良的故事</h1>
<p>从前，有个孩子名字叫马良。父亲母亲早就死了，靠他自己打柴、割草过日子。他从小喜欢学画，
可是，他连一支笔也没有啊！</p>
<p>一天，他走过一个学馆门口，看见学馆里的教师，拿着一支笔，正在画画。他不自觉地走了进去，
对教师说："我很想学画，借给我一支笔可以吗？"教师瞪了他一眼，"呸！"一口唾沫啐在他脸上，
骂道："穷娃子想拿笔，还想学画？做梦啦！"说完，就将他撵出大门来。马良是个有志气的孩子，他
说："偏不相信，怎么穷孩子连画也不能学了！"。</p>
</div>
</body>
</html>
```

在 IE 11.0 中浏览，效果如图 11-10 所示，可以看到，在网页中背景图片以指定大小在网页的左侧显示，在背景图片上显示了相应的段落信息。

11.1.8　背景图像的裁剪区域

在 CSS 3 中，新增了一个 background-clip 属性，用来定义背景图片的裁剪区域。

background-clip 属性与 background-origin 属性有几分相似，通俗地说，background-clip 属性用来判断背景是否包含边框区域，而 background-origin 属性用来决定background-position 属性定位的参考位置。

图 11-10　设置背景的显示区域

background-clip 属性的语法格式如下：

```
background-clip: border-box | padding-box | content-box | no-clip
```

其参数值的含义如表 11-6 所示。

表 11-6   background-clip 属性

参 数 值	说 明
border	从 border 区域开始显示背景
padding	从 padding 区域开始显示背景
content	从 content 区域开始显示背景
no-clip	从边框区域外裁剪背景

【例 11.9】设置背景裁剪(示例文件 ch11\11.9.html)。

```html
<!DOCTYPE html>
<html>
<head>
<title>
    背景裁剪
</title>
<style>
div{
    height:150px;
    width:200px;
    border:dotted 50px red;
    padding:50px;
    background-image:url(02.jpg);
    background-repeat:no-repeat;
    background-clip:content;
}
</style>
</head>
<body>
<div>
</div>
</body>
</html>
```

在 IE 11.0 中浏览，效果如图 11-11 所示，可以看
到，在网页中背景图像仅在内容区域内显示。

11.1.9   背景复合属性

在 CSS 3 中，background 属性依然保持了以前的用
法，即综合了以上所有与背景有关的属性(即以 back-
ground-开头的属性)，可以一次性地设定背景样式。格
式如下：

图 11-11   以内容边缘裁剪背景

```
background:[background-color] [background-image] [background-repeat]
   [background-attachment] [background-position]
   [background-size] [background-clip] [background-origin]
```

其中的属性顺序可以自由调换，并且可以选择设定。对于没有设定的属性，系统会自行为该属性添加默认值。

【例 11.10】设置背景的复合属性(示例文件 ch11\11.10.html)。

```
<!DOCTYPE html>
<html>
<head>
<title>背景的复合属性</title>
<style>
body
{
    background-color:Black;
    background-image:url(01.jpg);
    background-position:center;
    background-repeat:repeat-x;
    background-attachment:fixed;
    background-size:900 800;
    background-origin:padding;
    background-clip:content;
}
</style>
</head>
<body>
</body>
</html>
```

在 IE 11.0 中浏览，效果如图 11-12 所示，可以看到，在网页中背景以复合方式显示。

图 11-12　设置背景的复合属性

11.2　使用 CSS 3 美化边框

边框就是将元素内容及间隙包含在其中的边线，类似于表格的外边线。每一个页面元素的边框可以从 3 个方面来描述：宽度、样式和颜色，这 3 个方面决定了边框所显示出来的外观。CSS 3 中分别使用 border-style、border-width 和 border-color 这 3 个属性来设定边框的 3 个方面。

11.2.1 设置边框的样式

border-style 属性用于设定边框的样式，即风格。设定边框样式是边框最重要的部分，它主要用于为页面元素添加边框。

border-style 属性的语法格式如下：

```
border-style: none | hidden | dotted | dashed | solid | double | groove
  | ridge | inset | outset
```

CSS 3 设定了 9 种边框样式，如表 11-7 所示。

表 11-7　border-style 属性

属 性 值	描　　述
none	无边框，无论边框宽度设为多大
dotted	点线式边框
dashed	破折线式边框
solid	直线式边框
double	双线式边框
groove	槽线式边框
ridge	脊线式边框
inset	内嵌效果的边框
outset	突起效果的边框

【例 11.11】设置边框的样式(示例文件 ch11\11.11.html)。

```html
<!DOCTYPE html>

<html>
<head>
<title>边框样式</title>
<style>
h1 {
    border-style:dotted;
    color:black;
    text-align:center;
}
p{
    border-style:double;
    text-indent:2em;
}
</style>
</head>

<body>
```

```
    <h1>带有边框的标题</h1>
    <p>带有边框的段落</p>
</body>

</html>
```

在 IE 11.0 中浏览，效果如图 11-13 所示，可以看到，在网页中标题 h1 显示的时候带有边框，其边框样式为点线式边框；同样，段落也带有边框，其边框样式为双线式边框。

图 11-13　设置边框

 在没有设定边框颜色的情况下，groove、ridge、inset 和 outset 边框默认的颜色是灰色。dotted、dashed、solid 和 double 这 4 种边框的颜色则基于页面元素的 color 值。

其实，这几种边框样式还可以分别定义在一个边框中，从上边框开始，按照顺时针的方向，分别定义边框的上、右、下、左边框样式，从而形成多样式边框。

例如，有下面一条样式规则：

```
p{border-style:dotted solid dashed groove}
```

另外，如果需要单独地定义边框的一条边的样式，可以使用如表 11-8 所列的属性。

表 11-8　各边框样式属性

属　　性	描　　述
border-top-style	设定上边框的样式
border-right-style	设定右边框的样式
border-bottom-style	设定下边框的样式
border-left-style	设定左边框的样式

11.2.2　设置边框的颜色

border-color 属性用于设置边框的颜色，如果不想与页面元素的颜色相同，则可以使用该属性为边框定义其他颜色。border-color 属性的语法格式如下：

```
border-color: color
```

color 表示指定颜色，其颜色值通过十六进制和 RGB 等方式获取。与边框样式属性一样，border-color 属性可以为边框设定一种颜色，也可以同时设定 4 个边的颜色。

【例 11.12】设置边框颜色(示例文件 ch11\11.12.html)。

```
<!DOCTYPE html>
<html>
<head>
<title>设置边框颜色</title>
<style>
p{
    border-style:double;
    border-color:red;
    text-indent:2em;
}
</style>
</head>
<body>
    <p>边框颜色设置</p>
    <p style="border-style:solid; border-color:red blue yellow green">
    分别定义边框颜色</p>
</body>
</html>
```

在 IE 11.0 中浏览，效果如图 11-14 所示，可以看到，在网页中第一个段落的边框颜色设置为红色；第二个段落的边框颜色分别设置为红、蓝、黄和绿。

图 11-14　设置边框颜色

除了上面设置 4 个边框颜色的方法外，还可以使用如表 11-9 所列出的属性单独为相应的边框设定颜色。

表 11-9　各边框颜色属性

属　　性	描　　述
border-top-color	设定上边框颜色
border-right-color	设定右边框颜色
border-bottom-color	设定下边框颜色
border-left-color	设定左边框颜色

11.2.3　设置边框的线宽

在 CSS 3 中，可以通过设定边框宽度来增强边框的效果。border-width 属性就是用来设定边框宽度的，其语法格式如下：

```
border-width: medium | thin | thick | length
```

其中预设有 3 种属性值：medium、thin 和 thick，另外，还可以自行设置宽度，如表 11-10 所示。

表 11-10 border-width 属性

属 性 值	描　　述
medium	默认值，中等宽度
thin	比 medium 细
thick	比 medium 粗
length	自定义宽度

【例 11.13】设置边框宽度(示例文件 ch11\11.13.html)。

```
<!DOCTYPE html>
<html>
<head>
<title>设置边框宽度</title>
</head>
<body>
    <p style="border-style:dotted; border-width:medium;">边框颜色设置</p>
    <p style="border-style:dashed;border-width:thin;">边框颜色设置</p>
    <p style="border-style:solid; border-width:12px;">分别定义边框颜色</p>
</body>
</html>
```

在 IE 11.0 中浏览，效果如图 11-15 所示，可以看到，在网页中 3 个段落边框以不同的粗细显示。border-width 属性其实是 border-top-width、border-right-width、border-bottom-width 和 border-left-width 这 4 个属性的综合属性，分别用于设定上边框、右边框、下边框、左边框的宽度。

图 11-15 设置边框宽度

【例 11.14】分别设置 4 个边框的宽度(示例文件 ch11\11.14.html)。

```
<!DOCTYPE html>
<html>
<head>
<title>边框宽度设置</title>
```

```
<style>
p{
    border-style:solid;
    border-color:#ff00ee;
    border-top-width:medium;
    border-right-width:thin;
    bottom-width:thick;
    border-left-width:15px;
}
</style>
</head>
<body>
    <p>边框宽度设置</p>
</body>
</html>
```

在 IE 11.0 中浏览,效果如图 11-16 所示,可以看到,在网页中段落的 4 个边框以不同的宽度显示。

图 11-16   分别设置 4 个边框的宽度

11.2.4   设置边框的复合属性

border 属性集合了上面所介绍的 3 种属性,为页面元素设定边框的宽度、样式和颜色。其语法格式如下:

```
border: border-width | border-style | border-color
```

其中,3 个属性的顺序可以自由调换。

【例 11.15】设置边框的复合属性(示例文件 ch11\11.15.html)。

```
<!DOCTYPE html>
<html>
<head>
<title>边框复合属性设置</title>
</head>
<body>
    <p style="border:dashed red 12px">边框复合属性设置</p>
</body>
</html>
```

在 IE 11.0 中浏览,效果如图 11-17 所示,可以看到,在网页中段落边框样式以破折线显示,颜色为红色,宽度为 12 像素。

图 11-17 设置边框的复合属性

11.3 设置边框的圆角效果

在 CSS 3 标准没有指定之前，如果想要实现圆角效果，需要花费很大精力，但在 CSS 3 标准推出之后，网页设计者可以使用 border-radius 轻松地实现圆角效果。

11.3.1 设置圆角边框

在 CSS 3 中，可以使用 border-radius 属性定义边框的圆角效果，从而大大降低了圆角开发成本。border-radius 的语法格式如下：

```
border-radius: none | <length>{1,4} [ / <length>{1,4} ]?
```

其中，none 为默认值，表示元素没有圆角。<length>表示由浮点数和单位标识符组成的长度值，不可为负值。

【例 11.16】设置圆角边框(示例文件 ch11\11.16.html)。

```
<!DOCTYPE html>
<html>
<head>
<title>圆角边框设置</title>
<style>
p{
    text-align:center;
    border:15px solid red;
    width:100px;
    height:50px;
    border-radius:10px;
}
</style>
</head>
<body>
    <p>这是一个圆角边框</p>
</body>
</html>
```

在 IE 11.0 中浏览，效果如图 11-18 所示，可以看到，在网页中段落边框以圆角显示，其半径为 10 像素。

图 11-18　定义圆角边框

11.3.2　指定两个圆角半径

border-radius 属性可以包含两个参数值：第一个参数表示圆角的水平半径，第二个参数表示圆角的垂直半径，两个参数通过斜线(/)隔开。

如果仅含一个参数值，则第二个值与第一个值相同，表示的是一个 1/4 的圆。如果参数值中包含 0，则这个值就是矩形，不会显示为圆角。

【例 11.17】指定两个圆角半径(示例文件 ch11\11.17.html)。

```html
<!DOCTYPE html>
<html>
<head>
<title>圆角边框设置</title>
<style>
.p1{
    text-align:center;
    border:15px solid red;
    width:100px;
    height:50px;
    border-radius:5px/50px;
}
.p2{
    text-align:center;
    border:15px solid red;
    width:100px;
    height:50px;
    border-radius:50px/5px;
}
</style>
</head>
<body>
    <p class=p1>这是一个圆角边框 A</p>
    <p class=p2>这也是一个圆角边框 B</p>
</body>
</html>
```

在 IE 11.0 中浏览，效果如图 11-19 所示。可以看到，在网页中显示了两个圆角边框，第一个段落圆角半径为 5px/50px；第二个段落圆角半径为 50px/5px。

图 11-19　定义不同半径的圆角边框

11.3.3　绘制四个不同角的圆角边框

在 CSS 3 中，要实现四个不同角的圆角边框，其方法有两种：一种是使用 border-radius 属性；另一种是使用 border-radius 衍生属性。

1. 使用 border-radius 属性

利用 border-radius 属性可以绘制四个不同角的圆角边框，如果直接给 border-radius 属性赋 4 个值，这 4 个值将按照 top-left、top-right、bottom-right、bottom-left 的顺序来设置。如果 bottom-left 值省略，其圆角效果将与 top-right 效果相同；如果 bottom-right 值省略，其圆角效果将与 top-left 效果相同；如果 top-right 的值省略，其圆角效果将与 top-left 效果相同。如果为 border-radius 属性设置 4 个值的集合参数，则每个值表示每个角的圆角半径。

【例 11.18】绘制四个不同角的圆角边框(示例文件 ch11\11.18.html)。

```
<!DOCTYPE html>
<html>
<head>
<title>设置圆角边框</title>
<style>
.div1{
    border:15px solid blue;
    height:100px;
    border-radius:10px 30px 50px 70px;
}
.div2{
    border:15px solid blue;
    height:100px;
    border-radius:10px 50px 70px;
}
.div3{
    border:15px solid blue;
    height:100px;
    border-radius:10px 50px;
}
</style>
</head>
<body>
```

```
<div class=div1></div><br>
<div class=div2></div><br>
<div class=div3></div>
</body>
</html>
```

在 IE 11.0 中浏览，效果如图 11-20 所示。

图 11-20　设置四个角的圆角边框

可以看到，在网页中，第一个 DIV 层设置了四个不同的圆角边框；第二个 DIV 层设置了三个不同的圆角边框；第三个 DIV 层设置了两个不同的圆角边框。

2. 使用 border-radius 衍生属性

除了上面设置圆角边框的方法外，还可以使用如表 11-11 所列出的属性，单独为相应的边框设置圆角。

表 11-11　定义不同角的圆角

属　　性	描　　述
border-top-right-radius	定义右上角的圆角
border-bottom-right-radius	定义右下角的圆角
border-bottom-left-radius	定义左下角的圆角
border-top-left-radius	定义左上角的圆角

【例 11.19】绘制指定的圆角边框(示例文件 ch11\11.19.html)。

```
<!DOCTYPE html>
<html>
<head>
<title>圆角边框设置</title>
<style>
```

```
.div{
    border:15px solid blue;
    height:100px;
    border-top-left-radius:70px;
    border-bottom-right-radius:40px;
}
</style>
</head>
<body>
<div class=div></div><br>
</body>
</html>
```

在 IE 11.0 中浏览，效果如图 11-21 所示，可以看到，在网页中设置了两个圆角边框，分别使用 border-top-left-radius 和 border-bottom-right-radius 指定。

图 11-21　绘制指定的圆角边框

11.3.4　绘制不同种类的边框

border-radius 属性可以根据不同的半径值，来绘制不同的圆角边框。同样也可以利用 border-radius 来定义边框内部的圆角，即内圆角。需要注意的是，外部圆角边框的半径称为外半径，内边半径等于外边半径减去对应边的宽度，即把边框内部的圆的半径称为内半径。

通过外半径和边框宽度的不同设置，可以绘制出不同形状的内边框。例如，绘制内直角、小内圆角、大内圆角和圆。

【例 11.20】绘制不同种类的边框(示例文件 ch11\11.20.html)。

```
<!DOCTYPE html>
<html>
<head>
<title>圆角边框设置</title>
<style>
.div1{
    border:70px solid blue;
    height:50px;
    border-radius:40px;
}
.div2{
    border:30px solid blue;
    height:50px;
    border-radius:40px;
}
.div3{
```

```
    border:10px solid blue;
    height:50px;
    border-radius:60px;
}
.div4{
    border:1px solid blue;
    height:100px;
    width:100px;
    border-radius:50px;
}
</style>
</head>
<body>
<div class=div1></div><br>
<div class=div2></div><br>
<div class=div3></div><br>
<div class=div4></div><br>
</body>
</html>
```

在 IE 11.0 中浏览，效果如图 11-22 所示。可以看到，在网页中，第一个边框内角为直角；第二个边框内角为小圆角；第三个边框内角为大圆角；第四个边框为圆。

图 11-22　绘制不同种类的边框

　　　　当边框宽度设置大于圆角外半径时，即内半径为 0，则会显示内直角，而不是圆直角，所以以内外边曲线的圆心必然是一致的，见上例中第一种边框的设置。如果边框宽度小于圆角半径，则内半径小于 0，则会显示小幅圆角效果，见上例中第二个边框设置。如果边框宽度设置远远小于圆角半径，则内半径远远大于 0，会显示大幅圆角效果，见上例中第三个边框设置。如果设置元素相同，同时设置圆角半径为元素大小的一半，则会显示圆，见上例中的第四个边框设置。

11.4 综合案例——制作简单的公司主页

打开各种类型的商业网站，最先映入眼帘的就是首页，也称为主页。作为一个网站的门户，主页一般要求版面整洁、美观大方。结合前面学习的背景和边框知识，下面创建一个简单的商业网站。

具体操作步骤如下。

step 01 分析需求。

在本例中，主页包括 3 个部分，一部分是网站 Logo，一部分是导航栏，最后一部分是主页的显示内容。网站 Logo 此处使用了一个背景图来代替，导航栏使用表格来实现，内容列表使用无序列表来实现。完成后，效果如图 11-23 所示。

step 02 构建基本 HTML。

为了划分不同的区域，HTML 页面需要包含不同的 DIV 层，每一层代表一个内容。一个 DIV 包含背景图；一个 DIV 包含导航栏；一个 DIV 包含整体内容，又可以划分两个不同的层。其具体代码如下：

```
<!DOCTYPE html>
<html>
<head>
<title>公司主页</title>
</head>
<body>
<center>
<div>
    <div class="div1" align=center></div>
    <div class=div2>
        <table width=99%>
            <tr align=center>
                <td>首页</td>
                <td>最新消息</td>
                <td>产品展示</td>
                <td>销售网络</td>
                <td>人才招聘</td>
                <td>客户服务</td>
            </tr>
        </table>
    </div>
    <div class=div3>
        <div class=div4>
            <ul>最新消息
                <li>公司举办 2017 科技辩论大赛</li>
                <li>企业安全知识大比武</li>
                <li>优秀员工评比活动规则</li>
                <li>人才招聘信息</li>
            </ul>
        </div>
        <div class=div5>
            <ul>成功案例
```

```
                <li>上海装修建材公司</li>
                <li>美衣服饰有限公司</li>
                <li>天力科技有限公司</li>
                <li>美方豆制品有限公司</li>
            </ul>
        </div>
    </div>
</div>
</center>
</body>
</html>
```

在 IE 11.0 中浏览，效果如图 11-24 所示，网页中显示了导航栏和两个列表信息。

图 11-23　商业网站的主页

图 11-24　基本的 HTML 结构

step 03　添加 CSS 代码，设置背景 Logo：

```
<style>
.div1{
    height:100px;
    width:820px;
    background-image:url(03.jpg);
    background-repeat:no-repeat;
    background-position:center;
    background-size:cover;
}
</style>
```

在 IE 11.0 中浏览，效果如图 11-25 所示，可以看到，在网页顶部显示了一个背景图，此背景覆盖整个 DIV 层，并不重复。并且背景图片居中显示。

step 04　添加 CSS 代码，设置导航栏：

```
.div2{
    width:820px;
    background-color:#d2e7ff;
}
table{
    font-size:12px;
    font-family:"幼圆";
}
```

在 IE 11.0 中浏览，效果如图 11-26 所示，可以看到，在网页中导航栏的背景色为浅蓝色，表格中，文字大小为 12 像素，字体类型是幼圆。

图 11-25　设置背景图

图 11-26　设置导航栏

step 05　添加 CSS 代码，设置内容样式：

```
.div3{
    width:820px;
    height:320px;
    border-style:solid;
    border-color:#ffeedd;
    border-width:10px;
    border-radius:60px;
}
.div4{
    width:810px;
    height:150px;
    text-align:left;
    border-bottom-width: 2px;
    border-bottom-style:dotted;
    border-bottom-color:#ffeedd;
}
.div5{
    width:810px;
    height:150px;
    text-align:left;
}
```

在 IE 11.0 中浏览，效果如图 11-27 所示，可以看到，在网页中内容显示在一个圆角边框中，两个不同的内容块中间使用虚线隔开。

step 06　添加 CSS 代码，设置列表样式：

```
ul{
    font-size:15px;
    font-family:"楷体";
}
```

在 IE 11.0 中浏览,效果如图 11-28 所示,可以看到,在网页中列表文字大小为 15 像素,字体为楷体。

图 11-27　CSS 修饰边框

图 11-28　美化列表信息

11.5　跟我学上机——制作简单的生活资讯主页

本练习来制作一个简单的生活资讯主页。具体操作步骤如下。

step 01 打开记事本文件,在其中输入如下代码:

```
<html>
<head>
<title>生活资讯</title>
<style>
.da{border:#0033FF 1px solid;}
.title{color:blue;font-size:25px;text-align:center}
.xtitle{
    text-align:center;
    font-size:13px;
    color:gray;
}
img{
    border-top-style:solid;
    border-right-style:dashed;
    border-bottom-style:solid;
    border-left-style:dashed;
}
.xiao{border-bottom:#CCCCCC 1px dashed;}
</style>
</head>
<body>
<div class=da>
    <div class=xiao>
        <p class=title>做一碗喷香的煲仔饭,锅巴是它的灵魂</p>
        <p  class=xtitle>2017-01-25 09:38 来源:生活网</p>
    </div>
    <div>
```

```
<p align=center>
<img src=04.jpg border=1 width="200" height="150"/>
<p>
<p style="text-indent:10mm;font-size:15px;">
首先，把米泡好，然后在砂锅里抹上一层油，不要抹多，因为之后还要放。香喷喷的土猪油最好，没有
的话尽量用味道不大的油比如葵花籽油，色拉油什么的，如果用橄榄油花生油之类的话会有一股味道，
这个看个人接受能力了。之后就跟知友说的一样，放米放水。水一定不能多放。因为米已经吸饱了水。
具体放多少水看个人喜好了，如果不清楚的话就多做几次。总会成功的。</p>
<p>
<p style="text-indent:10mm;font-size:15px;">
然后盖上锅盖，大火，水开了之后换中火。等锅里的水变成类似于稀饭一样黏稠，没剩多少(请尽量少
开几次锅盖，这个也需要经验)的时候，放一勺油，这一勺油的用处是让米饭更香更亮更好吃，最重要
的一点是这样能！出！锅！巴！</p>
<p>
<p style="text-indent:10mm;font-size:15px;">
最后把配菜啥的放进去(青菜我习惯用水焯一遍就直接放到做好的饭里)，淋上酱汁。然后火稍微调小
一点，盖上盖子再焖一会，等菜快熟了的时候关火，不开盖，焖 5 分钟左右，就搞定了。</p>
    </div>
</div>
</body>
</html>
```

step 02 保存网页，在 IE 11.0 中预览，效果如图 11-29 所示。

图 11-29　网页的效果

11.6　疑 难 解 惑

疑问 1：我的背景图片为什么不显示呢？是不是路径有问题呀？

答：在一般情况下，设置图片路径的代码如下：

```
background-image:url(logo.jpg);
background-image:url(../logo.jpg);
background-image:url(../images/logo.jpg);
```

对于第一种情况 url(logo.jpg)，要看此图片是不是与 CSS 文件在同一目录中。

对于第二和第三种情况，是尽量不推荐使用的，因为网页文件可能存在于多级目录中，不同级目录的文件位置注定了相对路径是不一样的。而这样就让问题复杂化了，很可能图片在这个文件中显示正常，换了一级目标，图片就找不到了。

有一种方法可以轻松解决这一问题，即建立一个公共文件目录，例如 image，用来存放一些公用的图片文件，将图片文件也直接存于该目录中，然后在 CSS 文件中，可以使用下列方式调用：

```
url(images/logo.jpg)
```

疑问 2：用小图片进行背景平铺好吗？

答：不要使用过小的图片做背景平铺。这是因为，宽高 1px 的图片平铺出一个宽高 200px 的区域，需要计算 200×200=40000 次，很占用 CPU 资源。

疑问 3：边框样式 border:0 会占用资源吗？

答：推荐的写法是 border:none，虽然 border:0 只是定义边框宽度为零，但边框样式、颜色还是会被浏览器解析，会占用资源的。

第 12 章
使用 CSS 3 美化
超级链接和鼠标

　　超链接是网页的灵魂，各个网页都是通过超链接进行相互访问的，超链接可以实现页面跳转。通过 CSS 3 属性定义，可以设置出美观大方、具有不同外观和样式的超链接，从而增强网页样式特效。

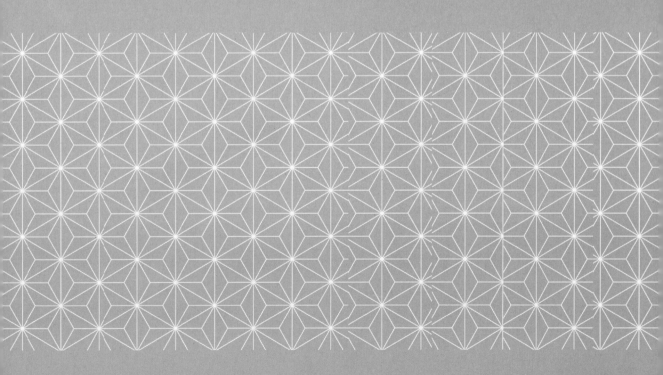

12.1 使用 CSS 3 来美化超链接

一般情况下，超级链接是由\<a>\</a>标记组成的，超级链接可以是文字或图片。添加了超级链接的文字具有自己的样式，从而与其他文字有区别，其中默认链接样式为蓝色文字、有下画线。不过，通过 CSS 3 属性，可以修饰超级链接，从而实现美观的效果。

12.1.1 改变超级链接的基本样式

通过 CSS 3 的伪类，可以改变超级链接的基本样式，使用伪类，可以很方便地为超级链接定义在不同状态下的样式效果，伪类是 CSS 本身定义的一种类。

对于超级链接伪类，其详细信息如表 12-1 所示。

表 12-1 超级链接伪类

伪 类	用 途
a:link	定义 a 对象在未被访问前的样式
a:hover	定义 a 对象在鼠标悬停时的样式
a:active	定义 a 对象被用户激活时的样式(在鼠标单击与释放之间发生的事件)
a:visited	定义 a 对象在链接地址已被访问过时的样式

【例 12.1】用伪类修饰超级链接(示例文件 ch12\12.1.html)。

```
<!DOCTYPE html>
<html>
<head>
<title>超级链接样式</title>
<style>
a{
    color:#545454;
    text-decoration:none;
}
a:link{
    color:#545454;
    text-decoration:none;
}
a:hover{
    color:#f60;
    text-decoration:underline;
}
a:active{
    color:#FF6633;
    text-decoration:none;
}
</style>
</head>
<body>
<center>
```

```
<a href=#>返回首页</a>|<a href=#>成功案例</a>
<center>
</body>
</html>
```

在 IE 11.0 中浏览，效果如图 12-1 所示，可以看到，对于这两个超级链接，当鼠标指针停留在第一个超级链接上方时，显示颜色为黄色，并带有下画线；另一个超级链接没有被访问时不带有下画线，颜色显示为灰色。

图 12-1 用伪类修饰超级链接

从上面的介绍可以知道，伪类只是提供一种途径，来修饰超级链接，而对超级链接真正起作用的，其实还是文本、背景、边框等属性。

12.1.2 设置带有提示信息的超级链接

在网页显示的时候，有时一个超级链接并不能说明这个链接背后的含义，通常还要为这个链接加上一些介绍性信息，即提示信息。此时可以通过超级链接 a 提供描述标记 title，达到这个效果。title 属性的值即为提示内容，当浏览器的光标停留在超级链接上时，会出现提示内容，并且不会影响页面排版的整洁。

【例 12.2】设置带有提示信息的超级链接(示例文件 ch12\12.2.html)。

```
<!DOCTYPE html>
<html>
<head>
<title>超级链接样式</title>
<style>
a{
    color:#005799;
    text-decoration:none;
}
a:link{
    color:#545454;
    text-decoration:none;
}
a:hover{
    color:#f60;
    text-decoration:underline;
}
a:active{
    color:#FF6633;
    text-decoration:none;
}
</style>
</head>
<body>
<a href="" title="这是一个优秀的团队">了解我们</a>
</body>
</html>
```

在 IE 11.0 中浏览，效果如图 12-2 所示，可以看到，当鼠标指针停留在超级链接上方时，显示颜色为黄色，带有下画线，并且有一个提示信息"这是一个优秀的团队"。

图 12-2　超级链接的提示信息

12.1.3　设置超级链接的背景图

一个普通超级链接，要么是文本显示，要么是图片显示，显示方式很单一。此时可以将图片作为背景图添加到超级链接里，这样超级链接会具有更加精美的效果。超级链接如果要添加背景图片，通常使用 background-image 来完成。

【例 12.3】设置超级链接的背景图(示例文件 ch12\12.3.html)。

```html
<!DOCTYPE html>
<html>
<head>
<title>设置超级链接的背景图</title>
<style>
a{
    background-image:url(01.jpg);
    width:90px;
    height:30px;
    color:#005799;
    text-decoration:none;
}
a:hover{
    background-image:url(02.jpg);
    color:#006600;
    text-decoration:underline;
}
</style>
</head>
<body>
<a href="#">品牌特卖</a>
<a href="#">服饰精选</a>
<a href="#">食品保健</a>
</body>
</html>
```

在 IE 11.0 中浏览，效果如图 12-3 所示，可以看到，显示了 3 个超级链接，当鼠标指针停留在一个超级链接上时，其背景图就会显示蓝色并带有下画线；而当鼠标指针不在超级链接上时，背景图显示浅蓝色，并且不带有下画线。

图 12-3　为超级链接添加背景图

在上面的代码中，使用 background-image 引入背景图，text-decoration 设置超级链接是否具有下画线。

12.1.4　设置超级链接的按钮效果

有时，为了增强超级链接的效果，会将超级链接模拟成表单按钮，即当鼠标指针移到一个超级链接上的时候，超级链接的文章或图片就会像被按下一样，有一种凹陷的效果。其实现方式通常是利用 CSS 中的 a:hover，当鼠标指针经过链接时，将链接向下、向右各移一像素，这时候，显示效果就像按钮被按下了一样。

【例 12.4】设置超级链接的按钮效果(示例文件 ch12\12.4.html)。

```html
<!DOCTYPE html>
<html>
<head>
<title>设置超级链接的按钮效果</title>
<style>
a{
    font-family:"幼圆";
    font-size:2em;
    text-align:center;
    margin:3px;
}
a:link,a:visited{
    color:#ac2300;
    padding:4px 10px 4px 10px;
    background-color:#ccd8db;
    text-decoration:none;
    border-top:1px solid #EEEEEE;
    border-left:1px solid #EEEEEE;
    border-bottom:1px solid #717171;
    border-right:1px solid #717171;
}
a:hover{
    color:#821818;
    padding:5px 8px 3px 12px;
    background-color:#e2c4c9;
    border-top:1px solid #717171;
    border-left:1px solid #717171;
    border-bottom:1px solid #EEEEEE;
    border-right:1px solid #EEEEEE;
}
</style>
</head>
<body>
<a href="#">首页</a>
<a href="#">团购</a>
<a href="#">品牌特卖</a>
<a href="#">服饰精选</a>
<a href="#">食品保健</a>
</body>
</html>
```

在 IE 11.0 中浏览，效果如图 12-4 所示，可以看到显示了 5 个超级链接，当鼠标指针停留在一个超级链接上时，其背景色显示为黄色并具有凹陷的感觉；而当鼠标指针不在超级链接上时，背景图显示为浅灰色。

图 12-4　超级链接的按钮效果

在上述 CSS 代码中，需要对 a 标记进行整体控制，同时加入了 CSS 的两个伪类属性。对于普通超链接和单击过的超链接采用同样的样式，并且边框的样式模拟按钮效果。而对于鼠标指针经过时的超级链接，相应地改变文本颜色、背景色、位置和边框，从而模拟出按钮被按下的效果。

12.2　使用 CSS 3 美化鼠标特效

对于经常操作计算机的人们来说，当鼠标移动到不同地方或执行不同操作时，鼠标样式是不同的，这些就是鼠标特效。例如，当需要伸缩窗口时，将鼠标放置在窗口边沿处，鼠标会变成双向箭头状；当系统繁忙时，鼠标会变成漏斗状。如果要在网页中实现这种效果，可以通过 CSS 属性定义实现。

12.2.1　使用 CSS 3 控制鼠标箭头

在 CSS 3 中，鼠标的箭头样式可以通过 cursor 属性来实现。cursor 属性包含 18 个属性值，对应鼠标的 18 个样式，而且还能够通过 URL 链接地址自定义鼠标指针，如表 12-2 所示。

表 12-2　鼠标样式(cursor 属性)

属 性 值	说　明
auto	自动，按照默认状态自行改变
crosshair	精确定位十字
default	默认鼠标指针
hand	手形
move	移动
help	帮助
wait	等待
text	文本
n-resize	箭头朝上双向
s-resize	箭头朝下双向
w-resize	箭头朝左双向

属 性 值	说 明
e-resize	箭头朝右双向
ne-resize	箭头右上双向
se-resize	箭头右下双向
nw-resize	箭头左上双向
sw-resize	箭头左下双向
pointer	指示
url (url)	自定义鼠标指针

【例 12.5】设置鼠标特效(示例文件 ch12\12.5.html)。

```
<!DOCTYPE html>
<html>
<head>
<title>鼠标特效</title>
</head>
<body>
<h2>CSS 控制鼠标箭头</h2>
<div style="font-size:10pt;color:DarkBlue">
    <p style="cursor:hand">手形</p>
    <p style="cursor:move">移动</p>
    <p style="cursor:help">帮助</p>
    <p style="cursor:n-resize">箭头朝上双向</p>
    <p style="cursor:ne-resize">箭头右上双向</p>
    <p style="cursor:wait">等待</p>
</div>
</body>
</html>
```

在 IE 11.0 中浏览，效果如图 12-5 所示，可以看到多个鼠标样式提示信息。当鼠标放到一个帮助文字上时，鼠标会以问号"?"显示，从而起到提示作用。读者可以将鼠标放在不同的文字上，查看不同的鼠标样式。

图 12-5　鼠标样式

12.2.2　设置鼠标变幻式超链接

知道了如何控制鼠标样式，就可以轻松地制作出鼠标指针样式变幻的超级链接效果，即鼠标放到超级链接上时，可以看到超级链接的颜色、背景图片发生变化，并且鼠标样式也发生变化。

【例 12.6】设置鼠标变幻式超链接(示例文件 ch12\12.6.html)。

```html
<!DOCTYPE html>
<html>
<head>
<title>鼠标手势</title>
<style>
a{
    display:block;
    background-image:url(03.jpg);
    background-repeat:no-repeat;
    width:100px;
    height:30px;
    line-height:30px;
    text-align:center;
    color:#FFFFFF;
    text-decoration:none;
}
a:hover{
    background-image:url(02.jpg);
    color:#FF0000;
    text-decoration:none;
}
.help{
    cursor:help;
}
.text{cursor:text;}
</style>
</head>
<body>
<a href="#" class="help">帮助我们</a>
<a href="#" class="text">招聘信息</a>
</body>
</html>
```

在 IE 11.0 中浏览，效果如图 12-6 所示，可以看到，当鼠标放到"帮助我们"工具栏上时，其鼠标样式以问号显示，字体颜色显示为红色，背景色为蓝天白云。当鼠标不放到工具栏上时，背景图片为绿色，字体颜色为白色。

图 12-6　鼠标变幻效果

12.2.3　设置网页页面滚动条

当一个网页内容较多的时候，浏览器窗口不能在一屏内完全显示，就会给浏览者提供滚动条，以方便读者浏览相关的内容。对于 IE 浏览器，可以单独设置滚动条样式，从而满足网站整体样式设计。滚动条主要由 3dlight、highlight、face、arrow、shadow 和 darkshadow 几个部分组成，其具体含义如表 12-3 所示。

表 12-3　滚动条属性的设置

Scrollbar 属性	CSS 版本	兼 容 性	描　述
scrollbar-3dlight-color	IE 专有属性	IE 5.5+	设置或检索滚动条亮边框颜色
scrollbar-highlight-color	IE 专有属性	IE 5.5+	设置或检索滚动条 3D 界面的亮边 (ThreedHighlight)颜色
scrollbar-face-color	IE 专有属性	IE 5.5+	设置或检索滚动条 3D 表面(ThreeFace) 的颜色
scrollbar-arrow-color	IE 专有属性	IE 5.5+	设置或检索滚动条方向箭头的颜色
scrollbar-shadow-color	IE 专有属性	IE 5.5+	设置或检索滚动条 3D 界面的暗边 (ThreedShadow)颜色
scrollbar-darkshadow-color	IE 专有属性	IE 5.5+	设置或检索滚动条暗边框 (ThreedDarkShadow)颜色
scrollbar-base-color	IE 专有属性	IE 5.5+	设置或检索滚动条基准颜色。其他界面颜色将据此自动调整

【例 12.7】设置滚动条(示例文件 ch12\12.7.html)。

```
<!DOCTYPE html>
<html>
<head>
<title>设置滚动条</title>
<style>
body{
    overFlow-x:hidden;
    overFlow-y:scroll;
    scrollBar-face-color:green;
    scrollBar-highLight-color:red;
    scrollBar-3dLight-color:orange;
    scrollBar-darkshadow-color:blue;
    scrollBar-shadow-color:yellow;
    scrollBar-arrow-color:purple;
    scrollBar-track-color:black;
    scrollBar-base-color:pink;
}
p{
    text-indent:2em;
}
</style>
</head>
<body>
<h1 align=center>岳阳楼记</h1>
<p>
庆历四年春，滕子京谪守巴陵郡。越明年，政通人和，百废具兴。乃重修岳阳楼，增其旧制，刻唐贤今
```

```
人诗赋于其上。属(zhǔ)予作文以记之。</p>
<p>
予观夫巴陵胜状,在洞庭一湖。衔远山,吞长江,浩浩汤汤(shāngshāng),横无际涯。朝晖夕阴,气
象万千。此则岳阳楼之大观也,前人之述备矣。然则北通巫峡,南极潇湘,迁客骚人,多会于此,览物
之情,得无异乎?</p>
<p>
若夫霪雨霏霏,连月不开,阴风怒号,浊浪排空。日星隐曜,山岳潜形。商旅不行,樯倾楫摧。薄暮冥
冥,虎啸猿啼。登斯楼也,则有去国怀乡,忧谗畏讥,满目萧然,感极而悲者矣。</p>
<p>
至若春和景明,波澜不惊,上下天光,一碧万顷。沙鸥翔集,锦鳞游泳。岸芷汀(tīng)兰,郁郁青
青。而或长烟一空,皓月千里,浮光跃金,静影沉璧,渔歌互答,此乐何极!登斯楼也,则有心旷神
怡,宠辱偕忘,把酒临风,其喜洋洋者矣。</p>
<p>
嗟夫!予尝求古仁人之心,或异二者之为。何哉?不以物喜,不以己悲;居庙堂之高,则忧其民,处江
湖之远,则忧其君。是进亦忧,退亦忧。然则何时而乐耶?其必曰"先天下之忧而忧,后天下之乐而
乐"乎?噫!微斯人,吾谁与归?</p>
<p>时六年九月十五日。</p>
</body>
</html>
```

在 IE 11.0 中浏览,效果如图 12-7 所示,可以看到,页面显示了一个绿色滚动条,滚动
条边框显示黄色,箭头显示为紫色。

图 12-7　CSS 设置滚动条

 注意　　overFlow-x:hidden 代码表示隐藏 X 轴方向上的代码,overFlow-y:scroll 表示显示 y
轴方向上的代码。非常遗憾的是,目前这种滚动设计只限于 IE 浏览器,其他浏览器对
此并不支持。相信不久的将来,这会纳入 CSS 3 的样式属性中。

12.3　综合案例 1——图片版本的超级链接

在网上购物,已经成为一种时尚,人们足不出户就可以购买到称心如意的东西。在网上
查看所购买的东西,通常都是通过图片。购买者首先查看图片上的物品是否让自己满意,
如果满意,直接单击图片进入到详细信息介绍页面。这些页面中通常都是以图片作为超级链
接的。

本例将结合前面学习的知识，创建一个图片版本的超级链接。具体操作步骤如下。

step 01 分析需求。

单独为一个物品进行介绍，至少要包含两个部分：一是图片；二是文字。图片是作为超级链接存在的，可以进入下一个页面；文字主要是介绍物品的。完成后，其实际效果如图 12-8 所示。

step 02 构建基本的 HTML 页面。

创建一个 HTML 页面，需要创建一个段落 p，来包含图片 img 和介绍信息。具体代码如下：

```
<!DOCTYPE html>
<html>
<head>
<title>图片版本超级链接</title>
</head>
<body>
<p><a href="#" title="单击图片，会进入更详细页面介绍"><img src=xuelian.jpg></a>
雪莲是一种珍贵的中药,在中国的新疆,西藏,青海,四川,云南等地都有出产.中医将雪莲花全草入药,
主治雪盲,牙痛,阳痿,月经不调等病症.此外,中国民间还有用雪莲花泡酒来治疗风湿性关节炎和妇科病
的方法.不过,由于雪莲花中含有有毒成分秋水仙碱,所以用雪莲花泡的酒切不可多服.</p>
</body>
</html>
```

在 IE 11.0 中浏览，效果如图 12-9 所示，可以看到，页面中显示了一张图片，作为超级链接，下面带有文字介绍。

图 12-8 图片版本的超级链接　　　　　　　　图 12-9 创建基本链接

step 03 添加 CSS 代码，修饰 img 图片：

```
<style>
img{
    width:120px;
    height:100px;
    border:1px solid #ffdd00;
    float:left;
}
</style>
```

在 IE 11.0 中浏览，效果如图 12-10 所示，可以看到，页面中图片变为小图片，其宽度为
120 像素，高度为 100 像素，带有边框，文字在图片的右部出现。

step 04 添加 CSS 代码，修饰段落样式：

```
p{
    width:200px;
    height:200px;
    font-size:13px;
    font-family:"幼圆";
    text-indent:2em;
}
```

在 IE 11.0 中浏览，效果如图 12-11 所示，可以看到，页面中图片变为小图片，段落文字
大小为 13 像素，字体为幼圆，段落首行缩进了 2em。

图 12-10　设置图片样式

图 12-11　设置段落样式

12.4　综合案例 2——关于鼠标特效

在浏览网页时，看到的鼠标指针的形状有箭头、手形和 I 字形，但在 Windows 环境下可
以看到的鼠标指针种类要比这个多得多。CSS 弥补了 HTML 语言在这方面的不足，可以通过
cursor 属性设置各种样式的鼠标，并且可以自定义鼠标。本例通过样式呈现鼠标特效并自定义
一个鼠标。

step 01 分析需求。

所谓鼠标特效，在于背景图片、文字和鼠标指针发生变化，从而吸引人们的注意力。本
例创建 3 个超级链接，并设定它们的样式，即可达到效果。示例完成后，在 IE 浏览器中的效
果如图 12-12 和图 12-13 所示。

图 12-12　IE 鼠标特效

图 12-13　自定义鼠标特效

step 02 创建 HTML，实现基本超级链接：

```
<!DOCTYPE html>
<html>
<head>
<title>鼠标特效</title>
</head>
<body>
<center>
  <a href="#">产品帮助</a>
  <a href="#">下载产品</a>
  <a href="#">自定义鼠标</a>
</center>
</body>
</html>
```

在 IE 11.0 中浏览，效果如图 12-14 所示，可以看到 3 个超级链接，颜色为蓝色，并带有下画线。

step 03 添加 CSS 代码，修饰整体样式：

```
<style type="text/css">
*{
    margin:0px;
    padding:0px;
}
body{
    font-family:"宋体";
    font-size:12px;
}
</style>
```

在 IE 11.0 中浏览，效果如图 12-15 所示，可以看到，超级链接颜色不变，字体大小为 12 像素，字体为宋体。

图 12-14　创建超级链接

图 12-15　设置全局样式

step 04 添加 CSS 代码，修饰链接基本样式：

```
a, a:visited {
  line-height:20px;
  color:#000000;
  background-image:url(nav02.jpg);
  background-repeat:no-repeat;
  text-decoration:none;
}
```

在 IE 11.0 中浏览，效果如图 12-16 所示，可以看到，超级链接引入了背景图片，不带有下画线，并且颜色为黑色。

step 05 添加 CSS 代码，修饰悬浮样式：

```
a:hover {
    font-weight: bold;
    color: #FFFFFF;
}
```

在 IE 11.0 中浏览，效果如图 12-17 所示，可以看到，当鼠标放到超级链接上时，文字颜色变为白色，字体加粗。

图 12-16　设置链接的基本样式

图 12-17　设置悬浮样式

step 06 添加 CSS 代码，设置鼠标指针：

```
<a href="#" style="cursor:help;">产品帮助</a>
<a href="#" style="cursor:wait;">下载产品</a>
<a href="#" style="CURSOR:url('12.ico')">自定义鼠标</a>
```

在 IE 11.0 中浏览，效果如图 12-18 所示，可以看到，当鼠标放到超级链接上时，鼠标指针变为问号，提示帮助。

图 12-18　设置鼠标指针

12.5　跟我学上机——制作一个简单的导航栏

网站的每个页面中基本都存放着一个导航栏，作为浏览者跳转的入口。导航栏一般是由超级链接创建的。对于导航栏的样式，可以采用 CSS 来设置。导航栏样式变化的基础是在文字、背景图片和边框方面的变化。

结合前面学习的知识，创建一个实用导航栏。具体操作步骤如下。

step 01 分析需求。

一个导航栏，通常需要创建一些超级链接，然后对这些超级链接进行修饰。这些超级链接可以是横排，也可以是竖排。链接上可以导入背景图片，文字上可以加下划线等。完成后，其效果如图 12-19 所示。

step 02 构建 HTML，创建超级链接：

```
<!DOCTYPE html>
<html>
<head>
<title>制作导航栏</title>
</head>
<body>
<a href="#">最新消息</a>
<a href="#">产品展示</a>
<a href="#">客户中心</a>
<a href="#">联系我们</a>
</body>
</html>
```

在 IE 11.0 中浏览，效果如图 12-20 所示，可以看到，页面中创建了 4 个超级链接，其排列方式是横排，颜色为蓝色，带有下画线。

图 12-19 导航栏的效果

图 12-20 创建超级链接

step 03 添加 CSS 代码，修饰超级链接的基本样式：

```
<style type="text/css">
<!--
a, a:visited {
    display: block;
    font-size: 16px;
    height: 50px;
    width: 80px;
    text-align: center;
    line-height: 40px;
    color: #000000;
    background-image: url(20.jpg);
    background-repeat: no-repeat;
    text-decoration: none;
}
-->
</style>
```

在 IE 11.0 中浏览,效果如图 12-21 所示,可以看到,页面中的 4 个超级链接排列方式变为竖排,并且每个链接都导入了一张背景图片,超级链接高度为 50 像素,宽度为 80 像素,文字颜色为黑色,不带有下画线。

step 04 添加 CSS 代码,修饰链接的鼠标悬浮样式:

```css
a:hover {
    font-weight: bolder;
    color: #FFFFFF;
    text-decoration: underline;
    background-image: url(hover.gif);
}
```

在 IE 11.0 中浏览,效果如图 12-22 所示,可以看到,当鼠标放到导航栏上的一个超级链接上时,其背景图片发生了变化,文字带有下画线。

图 12-21　设置链接的基本样式

图 12-22　设置鼠标悬浮样式

12.6　疑 难 解 惑

疑问 1: 丢失标记中的结尾斜线,会造成什么后果呢?

答:会造成页面排版失效。结尾斜线也是造成页面失效比较常见的原因。我们会很容易地忽略结尾斜线之类的东西,特别是在 image 标签等元素中。在严格的 DOCTYPE 中,这是无效的。要在 img 标签结尾处加上"/",以解决此问题。

疑问 2: 设置了超级链接的激活状态,怎么看不到结果呢?

答:当前激活状态 a:active 一般被显示的情况非常少,因此很少使用。因为当用户单击一个超级链接之后,焦点很容易就会从这个链接上转移到其他地方,如新打开的窗口等。此时该超级链接就不再是"当前激活"状态了。

疑问 3: 有的鼠标效果在不同浏览器中怎么不一样呢?

答:很多时候,浏览器调用的鼠标是操作系统的鼠标效果,因此同一用户浏览器之间的差别很小,但不同操作系统的用户之间还是存在差异的。例如,有些鼠标效果可以在 IE 浏览器中显示,但无法在 Firefox(火狐)浏览器中显示。

第 13 章
使用 CSS 3 美化表格和表单的样式

  表格和表单是网页中常见的元素。表格通常用来显示二维关系数据和排版，从而实现页面整齐和美观的效果。而表单作为客户端与服务器交流的窗口，可以获取客户端信息，并反馈服务器端信息。本章介绍如何使用 CSS 3 来美化表格和表单。

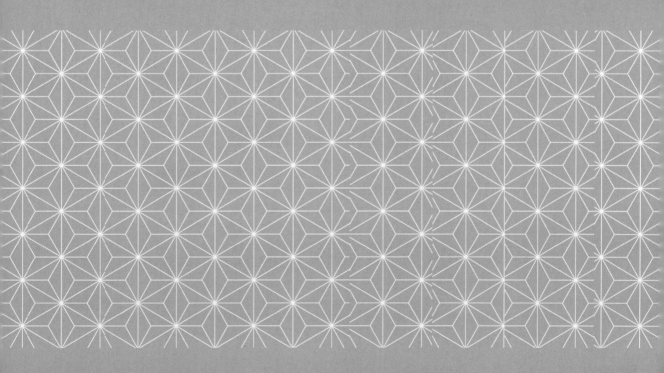

13.1 美化表格的样式

在传统的网页设计中，表格一直占有比较重要的地位，使用表格排版网页，可以使网页更美观、条理更清晰，更易于维护和更新。

13.1.1 设置表格边框的样式

在显示表格数据时，通常都带有表格边框，用来界定不同单元格的数据。当 table 表格的描述标记 border 值大于 0 时，显示边框；如果 border 的值为 0，则不显示边框。边框显示之后，可以使用 CSS 3 的 border-collapse 属性对边框进行修饰。其语法格式如下：

```
border-collapse: separate | collapse
```

其中，separate 是默认值，表示边框会被分开，不会忽略 border-spacing 和 empty-cells 属性。而 collapse 属性表示边框会合并为一个单一的边框，会忽略 border-spacing 和 empty-cells 属性。

【例 13.1】设置表格边框的样式(示例文件 ch13\13.1.html)。

```
<!DOCTYPE html>
<html>
<head>
<title>家庭季度支出表</title>
<style>
<!--
.tabelist{
    border:1px solid #429fff;    /* 表格边框 */
    font-family:"楷体";
    border-collapse:collapse;    /* 边框重叠 */
}
.tabelist caption{
    padding-top:3px;
    padding-bottom:2px;
    font-weight:bolder;
    font-size:15px;
    font-family:"幼圆";
    border:2px solid #429fff;    /* 表格标题边框 */
}
.tabelist th{
    font-weight:bold;
    text-align:center;
}
.tabelist td{
    border:1px solid #429fff;    /* 单元格边框 */
    text-align:right;
    padding:4px;
}
-->
</style>
</head>
```

```
<body>
<table class="tabelist">
    <caption class="tabelist">2017 季度 07-09</caption>
    <tr>
        <th>月份</th>
        <th>07 月</th>
        <th >08 月</th>
        <th>09 月</th>
    </tr>
    <tr>
        <td>收入</td>
        <td>8000</td>
        <td>9000</td>
        <td>7500</td>
    </tr>
    <tr>
        <td>吃饭</td>
        <td>600</td>
        <td>570</td>
        <td>650</td>
    </tr>
    <tr>
        <td>购物</td>
        <td>1000</td>
        <td>800</td>
        <td>900</td>
    </tr>
    <tr>
        <td>买衣服</td>
        <td>300</td>
        <td>500</td>
        <td>200</td>
    </tr>
    <tr>
        <td>看电影</td>
        <td>85</td>
        <td>100</td>
        <td>120</td>
    </tr>
    <tr>
        <td>买书</td>
        <td>120</td>
        <td>67</td>
        <td>90</td>
    </tr>
</table>
</body>
</html>
```

　　在 IE 11.0 中浏览，效果如图 13-1 所示，可以看到表格带有边框显示，其边框宽度为 1 像素，用直线显示，并且边框进行了合并。表格标题"2017 季度 07-09"也带有边框显示，文字大小为 150 像素，字体是幼圆并加粗显示。表格中每个单元格都以 1 像素、直线的方式显示边框，并将显示对象右对齐。

图 13-1　表格样式的修饰

13.1.2　设置表格边框的宽度

在 CSS 3 中，用户可以使用 border-width 属性设置表格边框的宽度，从而美化边框宽度。如果需要单独设置某一个边框的宽度，可以使用 border-width 的衍生属性进行设置，如 border-top-width 和 border-left-width 等。

【例 13.2】设置表格边框的宽度(示例文件 ch13\13.2.html)。

```html
<!DOCTYPE html>
<html>
<head>
<title>表格边框宽度</title>
<style>
table{
    text-align:center;
    width:500px;
    border-width:6px;
    border-style:double;
    color:blue;
}
td{
    border-width:3px;
    border-style:dashed;
}
</style>
</head>
<body>
<table border=1 cellspacing="3" cellpadding="0">
  <tr>
    <td>姓名</td>
    <td class=tds>性别</td>
    <td>年龄</td>
  </tr>
  <tr>
    <td>张三</td>
    <td>男</td>
    <td>31</td>
  </tr>
```

```
   <tr>
     <td>李四 </td>
     <td>男</td>
     <td>18</td>
   </tr>
</table>
</body>
</html>
```

在 IE 11.0 中浏览，效果如图 13-2 所示，可以看到，表格带有边框，宽度为 6 像素，双线式，表格中文字的颜色为蓝色。单元格边框宽度为 3 像素，显示样式是破折线。

图 13-2　设置表格的宽度

13.1.3　设置表格边框的颜色

通常使用 CSS 3 的 color 属性设置表格中的文本颜色，使用 background-color 属性设置表格的背景色。如果为了突出表格中的某一个单元格，还可以使用 background-color 属性来设置某一个单元格的颜色。

【例 13.3】设置表格边框的颜色(示例文件 ch13\13.3.html)。

```
<!DOCTYPE html>
<html>
<head>
<title>设置表格边框颜色</title>
<style>
*{
    padding:0px;
    margin:0px;
}
body{
    font-family:"黑体";
    font-size:20px;
}
table{
    background-color:yellow;
    text-align:center;
    width:500px;
    border:1px solid green;
}
td{
    border:1px solid green;
```

```
    height:30px;
    line-height:30px;
}
.tds{
    background-color:blue;
}
</style>
</head>
<body>
<table cellspacing="3" cellpadding="0">
  <tr>
    <td>姓名</td>
    <td class=tds>性别</td>
    <td>年龄</td>
  </tr>
  <tr>
    <td>张三</td>
    <td>男</td>
    <td>32</td>
  </tr>
  <tr>
    <td>小丽</td>
    <td>女</td>
    <td>28</td>
  </tr>
</table>
</body>
</html>
```

在 IE 11.0 中浏览，效果如图 13-3 所示，可以看到，表格带有边框，边框样式显示为绿色，表格背景色为黄色，其中一个单元格的背景色为蓝色。

图 13-3 设置边框的背景色

13.2 美化表单样式

表单可以用来向 Web 服务器发送数据，经常用于主页页面——用户输入信息然后发送到服务器中。

13.2.1 美化表单中的元素

在网页中，表单元素的背景色默认都是白色的，这样的背景色不能美化网页，所以可以使用颜色属性来定义表单元素的背景色。表单元素的背景色可以使用 background-color 属性来定义，使用示例如下：

```
input{background-color: #ADD8E6;}
```

上面的代码设置了 input 表单元素的背景色，都是统一的颜色。

【例 13.4】美化表单元素(示例文件 ch13\13.4.html)。

```
<!DOCTYPE html>
<HTML>
<head>
<style>
<!--
input{                              /* 所有 input 标记 */
    color: #cad9ea;
}
input.txt{                          /* 文本框单独设置 */
    border: 1px inset #cad9ea;
    background-color: #ADD8E6;
}
input.btn{                          /* 按钮单独设置 */
    color: #00008B;
    background-color: #ADD8E6;
    border: 1px outset #cad9ea;
    padding: 1px 2px 1px 2px;
}
select{
    width: 80px;
    color: #00008B;
    background-color: #ADD8E6;
    border: 1px solid #cad9ea;
}
textarea{
    width: 200px;
    height: 40px;
    color: #00008B;
    background-color: #ADD8E6;
    border: 1px inset #cad9ea;
}
-->
</style>
</head>
<BODY>
<h3>注册页面</h3>
<table border="1" width="45%">
<form method="post">
    <tr>
        <td width="30%">昵称:</td>
        <td><input class=txt>1—20 个字符<div id="qq"></div></td>
    </tr>
    <tr>
        <td>密码:</td>
        <td><input type="password" >长度为 6~16 位</td>
    </tr>
```

```
    <tr>
        <td>确认密码:</td>
        <td><input type="password" ></td>
    </tr>
    <tr>
        <td>真实姓名：</td>
        <td><input name="username1"></td>
    </tr>
    <tr>
        <td>性别:</td>
        <td><select><option>男</option><option>女</option></select></td>
    </tr>
    <tr>
        <td>E-mail 地址:</td>
        <td><input value="sohu@sohu.com"></td>
    </tr>
    <tr>
        <td>备注:</td>
        <td><textarea cols=35 rows=10></textarea></td>
    </tr>
    <tr>
        <td><input type="button" value="提交" class=btn /></td>
        <td><input type="reset" value="重填"/></td>
    </tr>
</form>
</table>
</BODY>
</HTML>
```

在 IE 11.0 中浏览，效果如图 13-4 所示，可以看到，表单中的"昵称"输入框、"性别"下拉列表框和"备注"文本框中都显示了指定的背景色。

图 13-4　美化表单元素

在上面的代码中，首先使用 input 标记选择符定义 input 表单元素的文字输入颜色，然后定义了两个类: txt 和 btn。txt 用来修饰输入框的样式，btn 用来修饰按钮的样式。最后定义了 select 和 textarea 的样式，其样式定义主要涉及边框和背景色。

13.2.2 美化提交按钮

通过设置表单元素的背景色，可以在一定程度上起到美化提交按钮的效果。例如，可以使用 background-color 属性，将其值设置为 transparent(透明色)，就是最常见的一种美化提交按钮的方式。使用示例如下：

```
background-color:transparent;        /* 背景色透明 */
```

【例 13.5】美化提交按钮(示例文件 ch13\13.5.html)。

```
<!DOCTYPE html>
<html>
<head>
<title>美化提交按钮</title>
<style>
<!--
form{
    margin:0px;
    padding:0px;
    font-size:14px;
}
input{font-size:14px; font-family:"幼圆";}
.t{
    border-bottom:1px solid #005aa7;     /* 下划线效果 */
    color:#005aa7;
    border-top:0px; border-left:0px;
    border-right:0px;
    background-color:transparent;        /* 背景色透明 */
}
.n{
    background-color:transparent;        /* 背景色透明 */
    border:0px;                          /* 边框取消 */
}
-->
</style>
</head>
<body>
<center>
    <h1>签名页</h1>
    <form method="post">
        值班主任: <input id="name" class="t">
        <input type="submit" value="提交上一级签名>>" class="n">
    </form>
</center>
</body>
</html>
```

在 IE 11.0 中浏览，效果如图 13-5 所示，可以看到，输入框只显示一个下边框，其他边框被去掉了，提交按钮只显示文字，而常见的矩形形式被去掉了。

图 13-5　表单元素边框的设置

13.2.3　美化下拉菜单

在网页设计中，有时为了突出效果，会对文字进行加粗、添加颜色等设定。使用 CSS 3 的 font 相关属性，如 font-size、font-weight 等，就可以美化下拉菜单文字。对于颜色，可以采用 color 和 background-color 属性进行设置。

【例 13.6】美化下拉菜单(示例文件 ch13\13.6.html)。

```html
<!DOCTYPE html>
<html>
<head>
<title>美化下拉菜单</title>
<style>
<!--
.blue{
    background-color:#7598FB;
    color:#000000;
    font-size:15px;
    font-weight:bolder;
    font-family:"幼圆";
}
.red{
    background-color:#E20A0A;
    color:#ffffff;
    font-size:15px;
    font-weight:bolder;
    font-family:"幼圆";
}
.yellow{
    background-color:#FFFF6F;
    color:#000000;
    font-size:15px;
    font-weight:bolder;
    font-family:"幼圆";
}
.orange{
    background-color:orange;
    color:#000000;
    font-size:15px;
    font-weight:bolder;
```

```
    font-family:"幼圆";
}
-->
</style>
</head>
<body>
<form method="post">
   <p>
   <label for="color">选择暴雪预警信号级别:</label>
   <select name="color" id="color">
      <option value="">请选择</option>
      <option value="blue" class="blue">暴雪蓝色预警信号</option>
      <option value="yellow" class="yellow">暴雪黄色预警信号</option>
      <option value="orange" class="orange">暴雪橙色预警信号</option>
      <option value="red" class="red">暴雪红色预警信号</option>
   </select>
   </p>
   <p><input type="submit" value="提交"></p>
</form>
</body>
</html>
```

在 IE 11.0 中浏览，效果如图 13-6 所示，可以看到下拉菜单中的每个菜单项分别显示不同的背景色。

图 13-6　设置下拉菜单的样式

13.3　综合案例——制作用户登录页面

本例将结合前面学习的知识，创建一个简单的登录表单，具体操作步骤如下。

step 01 分析需求。

创建一个登录表单，需要包含 3 种表单元素，1 个名称输入框、1 个密码输入框和 2 个按钮；然后添加一些 CSS 代码，对表单元素进行修饰。完成后的效果如图 13-7 所示。

step 02 创建 HTML 网页，实现表单：

```
<!DOCTYPE html>
<html>
<head>
```

```
<title>用户登录</title>
</head>
<body>
<div>
<h1>用户登录</h1>
<form action="" method="post">
    姓名：<input type="text" id=name />
    密码：<input type="password" id=password name="ps" />
    <input type=submit value="提交" class=button>
    <input type=reset value="重置" class=button>
</form>
</div>
</body>
</html>
```

在上面的代码中，创建了一个 DIV 层，用来包含表单及其元素。在 IE 11.0 中浏览，效果如图 13-8 所示，可以看到表单中包含 2 个输入框和 2 个按钮，输入框用来获取姓名和密码，按钮分别为"提交"按钮和"重置"按钮。

图 13-7 登录表单

图 13-8 创建登录表单

step 03 添加 CSS 代码，修饰标题和层：

```
<style>
h1{font-size:20px;}
div{width:200px;padding:1em 2em 0 2em;font-size:12px;}
</style>
```

在上面的代码中，设置了标题大小为 20 像素，DIV 层的宽度为 200 像素，层中文字大小为 12 像素。在 IE 11.0 中浏览，效果如图 13-9 所示，可以看到标题变小了，并且密码输入框换行显示，布局与原来相比更加美观、合理。

step 04 添加 CSS 代码，修饰输入框和按钮：

```
#name,#password{
    border:1px solid #ccc;
    width:160px;
    height:22px;
    padding-left:20px;
    margin:6px 0;
    line-height:20px;
```

```
}
.button{margin:6px 0;}
```

在 IE 11.0 中浏览，效果如图 13-10 所示，可以看到，输入框的长度变短、边框变小，并且表单元素之间距离增大，页面布局更加合理。

图 13-9　设置层的大小　　　　　　　　　图 13-10　用 CSS 修饰输入框

13.4　跟我学上机——制作用户注册页面

本练习将使用表单内的各种元素开发一个网站的注册页面，并用 CSS 样式美化这个页面的效果。其具体操作步骤如下。

step 01　分析需求。

注册表单非常简单，通常包含 3 个部分，需要在页面上方给出标题，标题下方是正文部分，即表单元素，最下方是表单元素"提交"按钮。在设计这个页面时，需要把"用户注册"标题设置成 h1 大小，正文使用 p 来限制表单元素。完成后，实际效果如图 13-11 所示。

step 02　构建 HTML 页面，实现基本表单：

```
<!DOCTYPE html>
<html>
<head><title>注册页面</title></head>
<body>
<h1 align=center>用户注册</h1>
<form method="post">
  <p>姓    名:
  <input type="text" class=txt size="12" maxlength="20"
   name="username" />
  </p>
  <p>性    别:
  <input type="radio" value="male" />男
  <input type="radio" value="female" />女
  </p>
  <p>年    龄:
  <input type="text" class=txt name="age" />
  </p>
```

```
    <p>联系电话:
    <input type="text" class=txt name="tel" />
    </p>
    <p>电子邮件:
    <input type="text" class=txt name="email" />
    </p>
    <p>联系地址:
    <input type="text"  class=txt name="address" />
    </p>
    <p>
    <input type="submit" name="submit" value="提交" class=but />
    <input type="reset" name="reset" value="清除" class=but />
    </p>
</form>
</body>
</html>
```

在 IE 11.0 中浏览，效果如图 13-12 所示，可以看到，创建的注册表单包含一个标题"用户注册"，以及"姓名""性别""年龄""联系电话""电子邮件""联系地址"输入框和"提交"按钮等。其显示样式为默认样式。

图 13-11　注册页面　　　　　　　　　图 13-12　注册表单的显示

step 03 添加 CSS 代码，修饰全局样式和表单样式：

```
<style>
*{
    padding:0px;
    margin:0px;
}
body{
    font-family:"宋体";
    font-size:12px;
}
```

```
form{
    width:300px;
    margin:0 auto 0 auto;
    font-size:12px;
    color:#999;
}
</style>
```

在 IE 11.0 中浏览，效果如图 13-13 所示，可以看到，页面中的文字变小，表单元素之间的距离变小。

step 04 添加 CSS 代码，修饰段落、输入框和按钮：

```
form p {
    margin:5px 0 0 5px;
    text-align:center;
}
.txt{
    width:200px;
    background-color:#CCCCFF;
    border:#6666FF 1px solid;
    color:#0066FF;
}
.but{
    border:0px#93bee2solid;
    border-bottom:#93bee21pxsolid;
    border-left:#93bee21pxsolid;
    border-right:#93bee21pxsolid;
    border-top:#93bee21pxsolid;
    background-color:#3399CC;
    cursor:hand;
    font-style:normal;
    color:#cad9ea;
}
```

在 IE 11.0 中浏览，效果如图 13-14 所示，可以看到，表单元素带有背景色，其输入文字颜色为蓝色，边框颜色为浅蓝色。按钮带有边框，按钮上的文字颜色为浅色。

图 13-13　用 CSS 修饰表单样式

图 13-14　设置输入框和按钮样式

13.5 疑 难 解 惑

疑问 1: 构建一个表格时需要注意哪些方面?

答: 在 HTML 页面中构建表格框架时, 应该尽量遵循表格的标准标记, 养成良好的编写习惯, 并适当地利用 Tab、空格和空行来提高代码的可读性, 从而降低后期的维护成本。特别是使用 table 表格来布局一个较大的页面时, 需要在关键位置加上注释。

疑问 2: 在使用表格时, 会发生一些变形, 这是由什么原因引起的?

答: 其中一个原因是表格排列的设置在不同分辨率下所出现的错位。例如, 在 800 像素×600 像素分辨率下, 一切正常, 而在 1024 像素×800 像素分辨率下, 则会出现多个表格, 或者有的居中, 有的居左排列或居右排列的情况。

表格有左、中、右 3 种排列方式, 如果未特别进行设置, 则默认为居左排列。在 800 像素×600 像素分辨率下, 表格恰好与编辑区域同样宽, 不容易察觉, 而在 1024 像素×800 像素分辨率下, 就出现了问题。解决办法比较简单, 即都设置为居中、居左或居右。

疑问 3: 使用 CSS 修饰表单元素时, 采用默认值好还是使用 CSS 修饰好呢?

答: 不同浏览器之间显示的差异, 其中一个原因就是各个浏览器对部分 CSS 属性采用的默认值不同导致的, 通常的解决办法就是指定该值, 而不让浏览器使用默认值。

第 14 章

使用 CSS 3 美化
网页菜单

网页菜单是网站中必不可少的元素之一。通过网页菜单，可以在页面上自由跳转。网页菜单的风格往往影响网站的整体风格，所以网页设计者会花费大量的时间和精力制作各式各样的网页菜单，来吸引浏览者。利用 CSS 3 属性和项目列表，可以制作出美观大方的网页菜单。

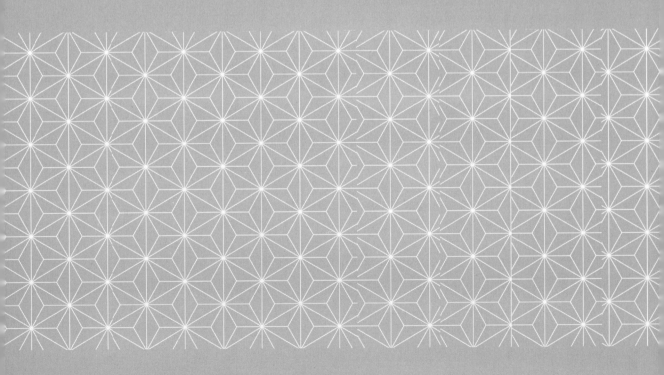

14.1 使用 CSS 3 美化项目列表

在 HTML 5 中，项目列表用来罗列显示一系列相关的文本信息，包括有序、无序、自定义列表等，当引入 CSS 3 后，就可以使用 CSS 3 来美化项目列表了。

14.1.1 美化无序列表

无序列表<ul>是网页中常见的元素之一，使用<li>标记罗列各个项目，并且每个项目前面都带有特殊符号，如黑色实心圆等。在 CSS 3 中，可以通过 list-style-type 属性来定义无序列表前面的项目符号。

对于无序列表，list-style-type 语法的格式如下：

```
list-style-type: disc | circle | square | none
```

list-style-type 参数值的含义如表 14-1 所示。

表 14-1 list-style-type 属性(无序列表的常用符号)

参 数	说 明
disc	实心圆
circle	空心圆
square	实心方块
none	不使用任何标号

可以通过表里的参数为 list-style-type 设置不同的特殊符号，从而改变无序列表的样式。

【例 14.1】美化无序列表(示例文件 ch14\14.1.html)。

```
<!DOCTYPE html>
<html>
<head>
<title>美化无序列表</title>
<style>
* {
    margin:0px;
    padding:0px;
    font-size:12px;
}
p {
    margin:5px 0 0 5px;
    color:#3333FF;
    font-size:14px;
    font-family:"幼圆";
}
div{
    width:300px;
    margin:10px 0 0 10px;
    border:1px #FF0000 dashed;
```

```
}
div ul {
    margin-left:40px;
    list-style-type: disc;
}
div li {
    margin:5px 0 5px 0;
    color:blue;
    text-decoration:underline;
}
</style>
</head>
<body>
<div class="big01">
  <p>娱乐焦点</p>
  <ul>
    <li>换季肌闹 "公主病" 美肤急救快登场 </li>
    <li>来自 12 星座的你 认准罩门轻松瘦</li>
    <li>男人 30 "豆腐渣" 如何延缓肌肤衰老</li>
    <li>打造天生美肌 名媛爱物强 K 性价比！</li>
    <li>夏裙又有新花样 拼接图案最时髦</li>
  </ul>
</div>
</body>
</html>
```

在 IE 11.0 中浏览，效果如图 14-1 所示，可以看到显示了一个导航栏，导航栏中存在着不同的导航信息，每条导航信息前面都有实心圆。

图 14-1　用无序列表制作导航菜单

　　在上面的代码中，使用 list-style-type 设置了无序列表的特殊符号为实心圆，border 设置层 div 的边框为红色、虚线显示，宽度为 1 像素。

14.1.2　美化有序列表

有序列表标记<ol>可以创建具有顺序的列表，如在每条信息前面加上 1、2、3、4 等。如果要改变有序列表前面的符号，同样需要利用 list-style-type 属性，只不过属性值不同。

对于有序列表，list-style-type 的语法格式如下：

```
list-style-type: decimal | lower-roman | upper-roman | lower-alpha
 | upper-alpha | none
```

其中 list-style-type 参数值的含义如表 14-2 所示。

表 14-2   list-style-type 属性(有序列表的常用符号)

参　　数	说　　明
decimal	阿拉伯数字带圆点
lower-roman	小写罗马数字
upper-roman	大写罗马数字
lower-alpha	小写英文字母
upper-alpha	大写英文字母
none	不使用项目符号

注
意

　　　除了列表里的这些常用符号，list-style-type 还具有很多不同的参数值。由于不经
常使用，这里不再罗列。

【例 14.2】美化有序列表(示例文件 ch14\14.2.html)。

```
<!DOCTYPE html>
<html>
<head>
<title>美化有序列表</title>
<style>
* {
   margin:0px;
   padding:0px;
   font-size:12px;
}
p {
   margin:5px 0 0 5px;
   color:#3333FF;
   font-size:14px;
   font-family:"幼圆";
   border-bottom-width:1px;
   border-bottom-style:solid;

}
div{
   width:300px;
   margin:10px 0 0 10px;
   border:1px #F9B1C9 solid;
}
div ol {
   margin-left:40px;
   list-style-type: decimal;
}
div li {
   margin:5px 0 5px 0;
```

```
    color:blue;
}
</style>
</head>
<body>
<div class="big">
  <p>娱乐焦点</p>
  <ol>
    <li>换季肌闹"公主病"美肤急救快登场 </li>
    <li>来自 12 星座的你 认准罩门轻松瘦</li>
    <li>男人 30"豆腐渣" 如何延缓肌肤衰老</li>
    <li>打造天生美肌 名媛爱物强 K 性价比！</li>
    <li>夏裙又有新花样 拼接图案最时髦</li>
  </ol>
</div>
</body>
</html>
```

在 IE 11.0 中浏览，效果如图 14-2 所示，可以看到，显示了一个导航栏，导航信息前面都带有相应的数字，表示其顺序。导航栏有红色边框，并用一条蓝线将题目和内容隔开。

图 14-2 用有序列表制作菜单

在上面的代码中，使用 list-style-type: decimal 语句定义了有序列表前面的符号。严格来说，无论是<ul>标记还是<ol>标记，都可以使用相同的属性值，而且效果完全相同，即二者通过 list-style-type 可以通用。

14.1.3 美化自定义列表

自定义列表是列表项目中比较特殊的一个列表，相对于无序和有序列表，使用次数很少。引入 CSS 3 的一些相关属性，可以改变自定义列表的显示样式。

【例 14.3】美化自定义列表(示例文件 ch14\14.3.html)。

```
<!DOCTYPE html>
<html>
<head>
<style>
*{margin:0; padding:0;}
body{font-size:12px; line-height:1.8; padding:10px;}
dl{clear:both; margin-bottom:5px;float:left;}
```

```
dt,dd{padding:2px 5px;float:left; border:1px solid #3366FF;width:120px;}
dd{position:absolute; right:5px;}
h1{clear:both;font-size:14px;}
</style>
</head>
<body>
<h1>日志列表</h1>
<div>
  <dl> <dt><a href="#">我多久没有笑了</a></dt> <dd>(0/11)</dd> </dl>
  <dl> <dt><a href="#">12道营养健康菜谱</a></dt> <dd>(0/8)</dd> </dl>
  <dl> <dt><a href="#">太有才了</a></dt> <dd>(0/6)</dd> </dl>
  <dl> <dt><a href="#">怀念童年</a></dt> <dd>(2/11)</dd> </dl>
  <dl> <dt><a href="#">三字经</a></dt> <dd>(0/9)</dd> </dl>
  <dl> <dt><a href="#">我的小小心愿</a></dt> <dd>(0/2)</dd> </dl>
  <dl> <dt><a href="#">想念你，你可知道</a></dt> <dd>(0/1)</dd>
</dl>
</div>
</body>
</html>
```

在 IE 11.0 中浏览，效果如图 14-3 所示，可以看到一个日志导航菜单，每个选项都有蓝色边框，并且后面带有浏览次数等。

图 14-3　用自定义列表制作导航菜单

在上面的代码中，通过使用 border 属性设置边框的相关属性，用 font 相关属性设置文本的大小、颜色等。

14.1.4　制作图片列表

使用 list-style-image 属性，可以将每项前面的项目符号替换为任意图片。list-style-image 属性用来定义作为一个有序或无序列表项标志的图像。图像相对于列表项内容的放置位置通常使用 list-style-position 属性控制。其语法格式如下：

```
list-style-image: none | url(url)
```

其中，none 表示不指定图像，url 表示使用绝对路径和相对路径指定背景图像。

【例 14.4】 制作图片导航栏(示例文件 ch14\14.4.html)。

```html
<!DOCTYPE html>
<html>
<head>
<title>图片符号</title>
<style>
<!--
ul{
    font-family:Arial;
    font-size:20px;
    color:#00458c;
    list-style-type:none;                       /* 不显示项目符号 */
}
li{
    list-style-image:url(01.jpg);
    padding-left:25px;                          /* 设置图标与文字的间隔 */
    width:350px;
}
-->
</style>
</head>
<body>
<p>娱乐焦点</p>
<ul>
    <li>换季肌闹"公主病"美肤急救快登场 </li>
    <li>来自 12 星座的你 认准罩门轻松瘦</li>
    <li>男人 30"豆腐渣" 如何延缓肌肤衰老</li>
    <li>打造天生美肌 名媛爱物强 K 性价比! </li>
    <li>夏裙又有新花样 拼接图案最时髦</li>
</ul>
</body>
</html>
```

在 IE 11.0 中浏览，效果如图 14-4 所示，可以看到一个导航栏，每个导航菜单前面都有一个小图标。

图 14-4　制作图片导航栏

> 提示　在上面的代码中，用 list-style-image:url(01.jpg)语句定义列表前显示的图片，实际上，还可以用 background:url(01.jpg) no-repeat 语句完成这个效果，只不过 background 对图片大小的要求比较苛刻。

14.1.5　缩进图片列表

使用图片作为列表符号显示时，图片通常显示在列表的外部，实际上，还可以将图片列表中的文本信息对齐，从而显示另外一种效果。在 CSS 3 中，可以通过 list-style-position 来设置图片的显示位置。list-style-position 属性的语法格式如下：

```
list-style-position: outside | inside
```

其属性值的含义如表 14-3 所示。

表 14-3　list-style-position 属性(列表缩进属性)

属 性 值	说　明
outside	列表项目标记放置在文本以外，且环绕文本不根据标记对齐
inside	列表项目标记放置在文本以内，且环绕文本根据标记对齐

【例 14.5】缩进图片列表(示例文件 ch14\14.5.html)。

```html
<!DOCTYPE html>
<html>
<head>
<title>图片位置</title>
<style>
.list1{list-style-position:inside;}
.list2{list-style-position:outside;}
.content{
    list-style-image:url(01.jpg);
    list-style-type:none;
    font-size:20px;
}
</style>
</head>
<body>
<ul class=content>
<li class=list1>换季肌闹"公主病"美肤急救快登场。</li>
<li class=list2>换季肌闹"公主病"美肤急救快登场。</li>
</ul>
</body>
</html>
```

在 IE 11.0 中浏览，效果如图 14-5 所示。可以看到两个图片列表，第一个图片列表选项中的图片与文字对齐，即放在文本信息以内；第二个图片列表选项中的图片没有与文字对齐，而是放在文本信息以外。

图 14-5　图片缩进

14.1.6　列表的复合属性

在前面的小节中，分别使用 list-style-type 定义了列表的项目符号，使用 list-style-image 定义了列表的图片符号，使用 list-style-position 定义了图片的显示位置。实际上，在对项目列表进行操作时，可以直接使用一个复合属性 list-style，将前面 3 个属性放在一起设置。

list-style 属性的语法格式如下：

```
{list-style: style}
```

其中，style 指定或接收表 14-4 所示值(任意次序，最多 3 个)的字符串。

表 14-4　list-style 属性

属 性 值	说　　明
图像	可供 list-style-image 属性使用的图像值的任意范围
位置	可供 list-style-position 属性使用的位置值的任意范围
类型	可供 list-style-type 属性使用的类型值的任意范围

【例 14.6】设置列表的复合属性(示例文件 ch14\14.6.html)。

```
<!DOCTYPE html>
<html>
<head>
<title>复合属性</title>
<style>
#test1{list-style:square inside url("01.jpg");}
#test2{list-style:none;}
</style>
</head>
<body>
<ul>
<li id=test1>换季肌闹"公主病"美肤急救快登场。</li>
<li id=test2>换季肌闹"公主病"美肤急救快登场。</li>
</ul>
</body>
</html>
```

在 IE 11.0 中浏览，效果如图 14-6 所示，可以看到两个列表选项，一个列表选项中带有图片，一个列表选项中没有符号和图片显示。

图 14-6　用复合属性指定列表

list-style 属性是复合属性。在指定类型和图像值时，除非将图像值设置为 none 或无法显示 URL 所指向的图像，否则图像值的优先级较高。例如在上面的例子中，类 test1 同时设置了符号为方块符号和图片，但只显示了图片。

 list-style 属性也适用于 display 属性被设置为 list-item 的所有元素。要显示圆点符号，必须显式设置这些元素的 margin 属性。

14.2　使用 CSS 3 制作网页菜单

使用 CSS 3 除了可以美化项目列表外，还可以制作网页中的菜单，并设置不同的显示效果。

14.2.1　制作无须表格的菜单

在使用 CSS 3 制作导航条和菜单之前，需要将 list-style-type 的属性值设置为 none，即去掉列表前的项目符号。下面通过一个示例，介绍如何完成一个菜单导航条的制作。具体操作步骤如下。

step 01 首先创建 HTML 文档，并实现一个无序列表，列表中的选项表示各个菜单。具体代码如下：

```
<!DOCTYPE html>
<html>
<head>
<title>无须表格菜单</title>
</head>
<body>
<div>
    <ul>
        <li><a href="#">网站首页</a></li>
        <li><a href="#">产品大全</a></li>
        <li><a href="#">下载专区</a></li>
        <li><a href="#">购买服务</a></li>
        <li><a href="#">服务类型</a></li>
    </ul>
</div>
</body>
</html>
```

在上面的代码中，创建了一个 div 层，在层中放置了一个 ul 无序列表，列表中的各个选项就是将来所使用的菜单。在 IE 11.0 中浏览，效果如图 14-7 所示，可以看到，无序列表中的每个选项都带有一个实心圆。

图 14-7 显示项目列表

step 02 利用 CSS 相关属性，对 HTML 中的元素进行修饰，如 div 层、ul 列表和 body 页面。具体代码如下：

```
<style>
<!--
body{
    background-color:#84BAE8;
}
div{
    width:200px;
    font-family:"黑体";
}
div ul{
    list-style-type:none;
    margin:0px;
    padding:0px;
}
-->
</style>
```

上面的代码设置了网页背景色、层大小和文字字体，最重要的就是设置了列表<ul>的属性，将项目符号设置为不显示。

图 14-8 链接列表

在 IE 11.0 中浏览，效果如图 14-8 所示，可以看到，项目列表变成了一个普通的超级链接列表，无项目符号，并带有下画线。

step 03 使用 CSS 3 对列表中的各个选项进行修饰，例如去掉超级链接下的下画线，并增加 li 标记下的边框线，从而增强菜单的实际效果。

```
div li{
    border-bottom:1px solid #ED9F9F;
}
```

```
div li a{
    display:block;
    padding:5px 5px 5px 0.5em;
    text-decoration:none;
    border-left:12px solid #6EC61C;
    border-right:1px solid #6EC61C;
}
```

在 IE 11.0 中浏览，效果如图 14-9 所示，可以看到，在每个选项中，超级链接的左侧显示蓝色条、右侧显示蓝色线，每个链接下方显示一个黄色边框。

step 04 ▶ 使用 CSS 3 设置动态菜单效果，即当鼠标悬停在导航菜单上时，显示另外一种样式，具体代码如下：

```
div li a:link, div li a:visited{
    background-color:#F0F0F0;
    color:#461737;
}
div li a:hover{
    background-color:#7C7C7C;
    color:#ffff00;
}
```

上面的代码设置了链接样式、访问后的链接样式和鼠标悬停时的链接样式。在 IE 11.0 中浏览，效果如图 14-10 所示，可以看到，鼠标悬停在菜单上时，会显示灰色。

图 14-9 导航菜单

图 14-10 动态导航菜单

14.2.2 制作水平和垂直菜单

在实际网页设计中，根据题材或业务需求不同，垂直导航菜单有时不能满足要求，这时就需要将导航菜单水平显示。例如常见的百度首页，其导航菜单就是水平显示的。通过 CSS 属性，不但可以创建垂直导航菜单，还可以创建水平导航菜单。

具体操作步骤如下。

step 01 ▶ 建立 HTML 项目列表结构，将要创建的菜单项都以列表选项的形式显示出来。

具体代码如下：

```
<!DOCTYPE html>
<html>
<head>
<title>制作水平和垂直菜单</title>
```

```
<style>
<!--
body{
    background-color:#84BAE8;
}
div {
    font-family:"幼圆";
}
div ul {
    list-style-type:none;
    margin:0px;
    padding:0px;
}
</style>
</head>
<body>
<div id="navigation">
<ul>
    <li><a href="#">网站首页</a></li>
    <li><a href="#">产品大全</a></li>
    <li><a href="#">下载专区</a></li>
    <li><a href="#">购买服务</a></li>
    <li><a href="#">服务类型</a></li>
</ul>
</div>
</body>
</html>
```

在 IE 11.0 中浏览，效果如图 14-11 所示，可以看到，显示的是一个普通的超级链接列表，与上一个例子中显示的基本一样。

step 02　目前是垂直显示导航菜单，需要利用 CSS 的 float 属性将其设置为水平显示，并设置选项 li 和超级链接的基本样式。具体代码如下：

图 14-11　链接列表

```
div li {
    border-bottom:1px solid #ED9F9F;
    float:left;
    width:150px;
}
div li a{
    display:block;
    padding:5px 5px 5px 0.5em;
    text-decoration:none;
    border-left:12px solid #EBEBEB;
    border-right:1px solid #EBEBEB;
}
```

当 float 属性值为 left 时，导航栏为水平显示。其他设置基本与上个例子相同。在 IE 11.0 中浏览，效果如图 14-12 所示。

可以看到，各个链接选项水平地排列在当前页面上。

图 14-12　列表水平显示

step 03　设置超级链接<a>的样式，与前面一样，也是设置鼠标动态效果。具体代码如下：

```
div li a:link, div li a:visited{
    background-color:#F0F0F0;
    color:#461737;
}
div li a:hover{
    background-color:#7C7C7C;
    color:#ffff00;
}
```

在 IE 11.0 中浏览，效果如图 14-13 所示，可以看到，当鼠标指针放到菜单上时，会变换为另一种样式。

图 14-13　水平菜单显示

14.3　综合案例——模拟 SOSO 导航栏

本例将结合本章学习的制作菜单知识，轻松实现搜搜导航栏的制作。具体操作步骤如下。

step 01　分析需求。

该例包含 3 个部分：第一个部分是 SOSO 图标；第二个部分是水平菜单导航栏，这是本例的重点；第三个部分是表单部分，包含一个输入框和按钮。该例实现后的效果如图 14-14 所示。

step 02　创建 HTML 网页，实现基本的 HTML 元素。

图 14-14　模拟搜搜导航栏

对于本例，需要利用 HTML 标记实现搜搜图标、导航的项目列表、下方的搜索输入框和按钮等。具体代码如下：

```html
<!DOCTYPE html>
<html>
<head>
<title>搜搜</title>
</head>
<body>
<div style="text-align:center" margin:0 auto; >
    <img src="logo.png" >
</div>
<div>
<ul>
    <li id=h></li>
    <li><a href="#">网页</a></li>
    <li><a href="#">图片</a></li>
    <li><a href="#">视频</a></li>
    <li><a href="#">音乐</a></li>
    <li><a href="#">搜吧</a></li>
    <li><a href="#">问问</a></li>
    <li><a href="#">团购</a></li>
    <li><a href="#">新闻</a></li>
    <li><a href="#">地图</a></li>
    <li id="more"><a href="#">更 多 &gt;&gt;</a></li>
</ul>
</div>
<p style="height:44px;"> </p>
<div style="text-align:center id=s>
<form action="/q?" id="flpage" name="flpage">
    <input type="text" value="" size=50px;/>
    <input type="submit" value="搜搜">
</form>
</div>
</center>
</body>
</html>
```

在 IE 11.0 中浏览，效果如图 14-15 所示。可以看到，上面显示了一张图片，即搜搜图标；中间显示了一列项目列表，每个选项都是超级链接；下面是一个表单，包含输入框和按钮。

step 03 添加 CSS 代码，修饰项目列表。

框架完成后，就可以修改项目列表的相关样式了，即列表水平显示，同时定义整个 DIV 层属性，例如设置背景色、宽度、底部边框、字体大小等。具体代码如下：

```css
<style>
<!--
p{margin:0px; padding:0px;}
#div{
    margin:0px auto;
```

图 14-15 页面框架

```
    font-size:12px;
    padding:0px;
    border-bottom:1px solid #00c;
    background:#eee;
    width:800px;height:18px;
}
div li{
    float:left;
    list-style-type:none;
    margin:0px;padding:0px;
    width:40px;
}
</style>
```

在上面的代码中，float 设置菜单栏水平显示，list-style-type 设置列表不显示项目符号。

在 IE 11.0 中浏览，效果如图 14-16 所示，可以看到，页面的整体效果和搜搜首页比较相似。下面就可以在细节上做修改了。

step 04 添加 CSS 代码，修饰超级链接：

```
div li a{
    display:block;
    text-decoration:underline;
    padding:4px 0px 0px 0px;
    margin:0px;
    font-size:13px;
}
div li a:link, div li a:visited{
    color:#004276;
}
```

上面的代码设置了超级链接，即导航栏中菜单选项中的相关属性，例如超级链接以块显示、文本带有下画线，文字大小为 13 像素，并设定了访问过的超级链接的颜色。在 IE 11.0 中浏览，效果如图 14-17 所示，可以看到文字颜色发生了改变，文字变小了。

图 14-16　水平菜单栏　　　　　　　　　　图 14-17　设置菜单样式

step 05 添加 CSS 代码，定义对齐方式和表单样式：

```
div li#h{width:180px;height:18px;}
div li#more{width:85px;height:18px;}
#s{
    text-align:center;
```

```
    margin:0 auto;
    background-color:#006EB8;
    width:430px;
}
```

在上述代码中，h 定义了水平菜单最前方空间的大小，more 定义了更多的长度和宽度，s 定义了表单的背景色和宽度。在 IE 11.0 中浏览，效果如图 14-18 所示，可以看到，水平导航栏与表单对齐，表单背景色为蓝色。

step 06 添加 CSS 代码，修饰访问默认项：

```
<a href="#" style="text-decoration:none;color:#020202;font-size:14px;">网页
</a>
```

此代码段设置了被访问时的默认样式。在 IE 11.0 中浏览，效果如图 14-19 所示，可以看到，"网页"菜单选项的颜色为黑色，不带下画线。

图 14-18 定义对齐方式

图 14-19 搜搜页面的最终效果

14.4 跟我学上机——将段落转变成列表

CSS 的功能非常强大，可以变换不同的样式。可以用列表代替 table 制作表格，同样也可以让一个段落 p 模拟项目列表。

下面利用前面介绍的 CSS 知识，将段落变换为一个列表。具体操作步骤如下。

step 01 创建 HTML 网页，实现基本段落。

从上面的分析可以看出，HTML 中需要包含一个 DIV 层，几个段落。具体代码如下：

```
<!DOCTYPE html>
<html>
<head>
<title>模拟列表</title>
</head>
<body>
<div class="big">
  <p class="one">·换季肌闹"公主病"美肤急救快登场。</p>
  <p> ·来自 12 星座的你 认准罩门轻松瘦。</p>
  <p class="one">·男人 30 需谨慎 如何延缓肌肤衰老。</p>
  <p> ·打造天生美肌 名媛爱物强 K 性价比！</p>
  <p class="one"> ·夏裙又有新花样 拼接图案最时髦</p>
</div>
</body>
</html>
```

在 IE 11.0 中浏览，效果如图 14-20 所示，可以看到，显示了 5 个段落，每个段落前面都有特殊符号"•"。

图 14-20　段落显示

step 02　添加 CSS 代码，修饰整个 DIV 层：

```
<style>
.big {
    width:450px;
    border:#990000 1px solid;
}
</style>
```

此处创建了一个类选择器，其属性定义了层的宽度，层带有边框，以直线形式显示。在 IE 11.0 中浏览，效果如图 14-21 所示，可以看到，段落周围显示了一个矩形区域，其边框显示为红色。

图 14-21　设置 DIV 层

step 03　添加 CSS 代码，修饰段落属性：

```
p {
    margin:10px 0 5px 0;
    font-size:14px;
    color:#025BD1;
}
.one {
```

```
text-decoration:underline;
font-weight:800;
color:#009900;
}
```

上面的代码定义了段落 p 的通用属性，即文字大小和颜色，并使用类选择器定义了特殊属性，带有下画线，具有不同的颜色。在 IE 11.0 中的浏览效果如图 14-22 所示，可以看到，其文字颜色发生了变化，并带有下画线。

图 14-22　修饰段落属性

14.5　疑 难 解 惑

疑问 1：使用项目列表和 table 表格都可以制作表单，项目列表有哪些优势？

答：采用项目列表制作水平菜单时，如果没有设置<ul>标记的宽度属性 width，那么当浏览器的宽度缩小时，菜单会自动换行，这是采用<table>标记制作的菜单所无法实现的，所以项目列表被经常用于实现各种变换效果。

疑问 2：使用 IE 浏览器打开一个项目列表，设定的项目符号为何没有出现？

答：IE 浏览器对项目列表符号的支持不好，只支持一部分项目符号，这时可以采用 Firefox 浏览器。

Firefox 浏览器对项目列表符号的支持力度比较大。

疑问 3：使用 url 引入图像时，加引号好，还是不加引号好？

答：不加引号好，需要将带引号的修改为不带引号的。例如：

```
background:url("xxx.gif")
```

改为

```
background:url(xxx.gif)
```

因为对部分浏览器来说，加引号反而会引发错误。

第 15 章

使用滤镜美化
网页元素

    随着网页设计技术的发展，人们已经不满足于单调地展示页面布局并显示文本，而是希望在页面中能够加入一些多媒体特效而使页面丰富起来。使用滤镜能够实现这些需求，它能够产生各种各样的图片特效，从而大大地提高页面的吸引力。

网站开发案例课堂

15.1　滤　镜　概　述

CSS 3 Filter(滤镜)属性提供了实现模糊和改变元素颜色的功能。特别是对于图像，能产生很多绚丽的效果。CSS 3 的 Filter 常用于调整图像的渲染、背景或边框显示效果，如灰度、模糊、饱和、老照片等。如图 15-1 所示为通过 CSS 3 滤镜产生的各种绚丽的效果。

图 15-1　使用 CSS 3 产生的各种滤镜效果

目前，并不是所有的浏览器都支持 CSS 3 的滤镜，具体支持情况如表 15-1 所示。

表 15-1　常见浏览器对 CSS 3 滤镜的支持情况

名　称	图　标	支持滤镜的情况
Chrome 浏览器		18.0 及以上版本支持 CSS 3 滤镜
IE 浏览器		不支持 CSS 3 滤镜
Mozilla Firefox 浏览器		35.0 及以上版本支持 CSS 3 滤镜
Opera 浏览器		15.0 及以上版本支持 CSS 3 滤镜
Safari 浏览器		6.0 及以上版本支持 CSS 3 滤镜

使用 CSS 3 滤镜的语法如下：

```
filter: none | blur() | brightness() | contrast() | drop-shadow() |
grayscale() | hue-rotate() | invert() | opacity() | saturate() | sepia() |
url();
```

如果想一次添加多个滤镜效果，可以使用空格分隔多个滤镜。上述各个滤镜参数的含义如表 15-2 所示。

表 15-2　CSS 滤镜参数的含义

参数名称	效　果
blur()	设置图像的高斯模糊效果
brightness()	设置图形的明暗度效果
contrast()	设置图像的对比度
drop-shadow()	设置图像的一个阴影效果
grayscale()	将图像转换为灰度图像
hue-rotate()	给图像应用色相旋转
invert()	反转输入图像
opacity()	转化图像的透明程度
saturate()	转换图像饱和度
sepia()	将图像转换为深褐色

15.2　设置基本滤镜效果

下面学习常用滤镜的设置方法和技巧。读者需要特别注意不同的滤镜其参数含义的区别。

15.2.1　高斯模糊(blur)滤镜

blur 滤镜用于设置图像的高斯模糊效果。blur 滤镜的语法格式如下：

```
filter : blur (px)
```

其中 px 的值越大，图像越模糊。

【例 15.1】　高斯模糊效果(示例文件 ch15\15.1.html)。

```
<!DOCTYPE html>
<html>
<head>
<style>
img {
    width: 40%;
    height: auto;
}
.blur {
-webkit-filter: blur(4px);filter: blur(4px);
}
</style>
</head>
<body>
原始图:
```

```
<img src="1.jpg" alt="原始图" width="300" height="300">
高斯模糊效果:
<img class="blur" src="1.jpg" alt="高斯模糊图" width="300" height="300">
</body>
</html>
```

在 Mozilla Firefox 52.0 中浏览,效果如图 15-2 所示,可以看到右侧的图片是模糊图片。

图 15-2　模糊效果

15.2.2　明暗度(brightness)滤镜

brightness 滤镜用于设置图像的明暗度效果。brightness 滤镜的语法格式如下:

```
filter : brightness(%)
```

如果参数值是 0%,图像会全黑;参数值是 100%,则图像无变化;参数值超过 100%;图像会比原来更亮。

【例 15.2】　设置图像不同的明暗度(示例文件 ch15\15.2.html)。

```
<!DOCTYPE html>
<html>
<head>
<style>
img {
    width: 40%;
    height: auto;
}

.aa{
-webkit-filter: brightness(200%);filter: brightness(200%);
}
.bb{
-webkit-filter: brightness(30%);filter: brightness(30%);
}
</style>
</head>
<body>
图像变亮效果:
<img class="aa" src="2.jpg" alt="变亮图" width="300" height="300">
```

```
图像变暗效果:
<img class="bb" src="2.jpg" alt="变暗图" width="300" height="300">
</body>
</html>
```

在 Mozilla Firefox 52.0 中浏览,效果如图 15-3 所示,可以看到左侧图像变亮,右侧图像变暗。

图 15-3　调整图像明暗度效果

15.2.3　对比度(contrast)滤镜

contrast 滤镜用于设置图像的对比度效果。contrast 滤镜的语法格式如下:

```
filter :contrast (%)
```

如果参数值是 0%,图像会全黑。如果值是 100%,图像不变。

【例 15.3】　设置图像不同的对比度(示例文件 ch15\15.3.html)。

```
<!DOCTYPE html>
<html>
<head>
<style>
img {
    width: 40%;
    height: auto;
}

.aa{
-webkit-filter: contrast(200%);filter: contrast(200%);
}
.bb{
-webkit-filter: contrast(30%);filter: contrast(30%);
}
</style>
</head>
<body>
增加对比度效果:
<img class="aa" src="3.jpg" alt="变亮图" width="300" height="300">
```

减少对比度效果:
```
<img class="bb" src="3.jpg" alt="变暗图" width="300" height="300">
</body>
</html>
```

在 Mozilla Firefox 52.0 中浏览，效果如图 15-4 所示，可以看到左侧图像对比度增加，右侧图像对比度降低。

图 15-4　调整图像的对比度效果

15.2.4　阴影(drop-shadow)滤镜

drop-shadow 滤镜用于设置图像的阴影效果。使元素内容在页面上产生投影，从而实现立体的效果。drop-shadow 滤镜的语法格式如下:

```
filter : drop-shadow(h-shadow v-shadow blur spread color)
```

其中，参数 h-shadow 和 v-shadow 用于设置水平和垂直方向的偏移量；blur 用于设置阴影的模糊度；spread 用于设置阴影的大小，正值会使阴影变大，负值会使阴影缩小；color 用于设置阴影的颜色。

【例 15.4】 为图像添加不同的阴影效果(示例文件 ch15\15.4.html)。

```
<!DOCTYPE html>
<html>
<head>
<style>
img {
    width: 40%;
    height: auto;
}
.aa{
-webkit-filter:drop-shadow(15px 15px 20px red);filter:drop-shadow(15px 15px
20px red);
}
.bb{
-webkit-filter:drop-shadow(30px 30px 10px blue);filter:drop-shadow(30px
30px 10px blue);
}
</style>
```

```
</head>
<body>
添加阴影效果：
<img class="aa" src="4.jpg" alt="红色阴影图" width="300" height="300">
<img class="bb" src="4.jpg" alt="蓝色阴影图" width="300" height="300">
</body>
</html>
```

在 Mozilla Firefox 52.0 中浏览，效果如图 15-5 所示，可以看到左侧图像添加红色阴影效果，右侧图像添加蓝色阴影效果。

图 15-5　为图像添加阴影效果

15.2.5　灰度(grayscale)滤镜

grayscale 滤镜能够轻松地将彩色图片变为黑白图片。grayscale 滤镜的语法格式如下：

```
filter :grayscale(%)
```

参数值定义转换的比例。如果参数值为 0%，则图形无变化；如果参数值为 100%，则完全转为灰度图像。

【例 15.5】 为图像添加不同的灰度效果(示例文件 ch15\15.5.html)。

```
<!DOCTYPE html>
<html>
<head>
<style>
img {
    width: 40%;
    height: auto;
}

.aa{
-webkit-filter:grayscale(100%);filter:grayscale(100%);
}
.bb{
-webkit-filter:grayscale(30%);filter:grayscale(30%);
}
```

```
</style>
</head>
<body>
不同的灰度效果:
<img class="aa" src="5.jpg" width="300" height="300">
<img class="bb" src="5.jpg" width="300" height="300">
</body>
</html>
```

在 Mozilla Firefox 52.0 中浏览，效果如图 15-6 所示，可以看到左侧图像完全转化为灰度图，右侧图像 30%转换为灰度图。

图 15-6　为图像添加灰度效果

15.2.6　反相(invert)滤镜

invert 滤镜可以把对象的可视化属性全部翻转，包括色彩、饱和度和亮度值，使图片产生一种"底片"或负片的效果。其语法格式如下：

```
filter:invert(%)
```

参数值定义反相的比例。如果参数值为 100%，则图片完全反相；如果参数值为 0%，则图像无变化。

【例 15.6】　为图像添加不同的反相效果(示例文件 ch15\15.6.html)。

```
<!DOCTYPE html>
<html>
<head>
<style>
img {
    width: 40%;
    height: auto;
}
.aa{
-webkit-filter:invert(100%);filter: invert(100%);
}
.bb{
-webkit-filter:invert(50%);filter: invert(50%);
}
</style>
</head>
```

```
<body>
不同的反相效果:
<img class="aa" src="2.jpg" width="300" height="300">
<img class="bb" src="2.jpg" width="300" height="300">
</body>
</html>
```

在 Mozilla Firefox 52.0 中浏览, 效果如图 15-7 所示, 可以看到左侧图像是完全反相效果, 右侧图像是 50%反相效果。

图 15-7　为图像添加反相效果

15.2.7　透明度(opacity)滤镜

opacity 滤镜用于设置图像的透明度效果。其语法格式如下:

```
filter:opacity (%)
```

参数值定义透明度的比例。如果参数值为 100%, 则图片无变化; 如果参数值为 0%, 则图像完全透明。

【例 15.7】　设置图像不同的透明度(示例文件 ch15\15.7.html)。

```
<!DOCTYPE html>
<html>
<head>
<style>
img {
    width: 40%;
    height: auto;
}

.aa{
-webkit-filter:opacity(30%);filter:opacity(30%);
}
.bb{
-webkit-filter:opacity(80%);filter:opacity(80%);
}
</style>
</head>
```

```
<body>
不同的透明度效果:
<img class="aa" src="1.jpg" width="300" height="300">
<img class="bb" src="1.jpg" width="300" height="300">
</body>
</html>
```

在 Mozilla Firefox 52.0 中浏览,效果如图 15-8 所示,可以看到左侧图像的透明度为30%,右侧图像的透明度为80%。

图 15-8　设置图像的不同透明度效果

15.2.8　饱和度(saturate)滤镜

saturate 滤镜用于设置图像的饱和度效果。其语法格式如下:

```
filter:saturate(%)
```

参数值定义饱和度的比例。如果参数值为 100%,则图片无变化;如果参数值为 0%,则图像完全不饱和。

【例 15.8】 为图像设置不同的饱和度(示例文件 ch15\15.8.html)。

```
<!DOCTYPE html>
<html>
<head>
<style>
img {
    width: 40%;
    height: auto;
}

.aa{
-webkit-filter:saturate(30%);filter:saturate (30%);
}
.bb{
-webkit-filter:saturate (80%);filter:saturate(80%);
}
</style>
</head>
<body>
```

```
不同的饱和度效果:
<img class="aa" src="2.jpg" width="300" height="300">
<img class="bb" src="2.jpg" width="300" height="300">
</body>
</html>
```

在 Mozilla Firefox 52.0 中浏览，效果如图 15-9 所示，可以看到左侧图像的饱和度为 30%，右侧图像的饱和度为 80%。

图 15-9 设置图像的不同饱和度效果

15.2.9 深褐色(sepia)滤镜

sepia 滤镜用于将图像转换为深褐色。其语法格式如下：

```
filter: sepia(%)
```

参数值定义转换的比例。参数值为100%则完全是深褐色的，参数值为0%则图像无变化。

【例 15.9】 添加深褐色滤镜效果(示例文件 ch15\15.9.html)。

```
<!DOCTYPE html>
<html>
<head>
<style>
img {
    width: 40%;
    height: auto;
}

.aa{
-webkit-filter:sepia (50%);filter:sepia (50%);
}
.bb{
-webkit-filter:sepia (100%);filter:sepia (100%);
}
</style>
</head>
<body>
不同的饱和度效果:
<img class="aa" src="3.jpg" width="300" height="300">
```

```
<img class="bb" src="3.jpg" width="300" height="300">
</body>
</html>
```

在 Mozilla Firefox 52.0 中浏览，效果如图 15-10 所示，可以看到左侧的图像转换了 50%深褐色，右侧的图像转换了 100%深褐色。

图 15-10　转换图像为深褐色的效果

15.3　综合案例 1——使用复合滤镜效果

上一节中，仅仅对图像添加了单个滤镜效果。如果想添加多个滤镜效果，可以将各个滤镜参数用空格分隔开。其中需要注意的是：滤镜参数的顺序非常重要，不同的顺序将产生不同的最终效果。

【例 15.10】　添加复合滤镜效果(示例文件 ch15\15.10.html)。

```
<!DOCTYPE html>
<html>
<head>
<style>
img {
    width: 40%;
    height: auto;
}

.aa{
-webkit-filter:contrast(200%) saturate(50%);filter:contrast(200%) saturate(50%);
}
.bb{
-webkit-filter:saturate(50%) contrast(200%);filter:saturate(50%) contrast(200%);
}
</style>
</head>
<body>
不同顺序的复合滤镜效果:
<img class="aa" src="2.jpg" width="300" height="300">
<img class="bb" src="2.jpg" width="300" height="300">
```

```
</body>
</html>
```

在 Mozilla Firefox 52.0 中浏览，效果如图 15-11 所示，可以看到不同的添加顺序，结果并不一样。

图 15-11　不同顺序的复合滤镜效果

15.4　综合案例 2——使用滤镜制作动画效果

通过综合使用滤镜，可以产生一些奇特的动画效果。这里制作一个电闪雷鸣的动画效果。此案例中使用了明暗度滤镜、对比度滤镜和深褐色滤镜。

【例 15.11】　使用滤镜制作动画效果(示例文件 ch15\15.11.html)。

```
<!DOCTYPE html>
<html>
<head>
<style>
body {
  text-align: center;
}

img {
  max-width: 100%;
  width: 610px;
}

img {
  -webkit-animation: haunted 4s infinite;
  animation: haunted 4s infinite;
}

@keyframes haunted {
  0% {
    -webkit-filter: brightness(20%);
    filter: brightness(20%);
  }
  48% {
```

```
  -webkit-filter: brightness(20%);
  filter: brightness(20%);
}
50% {
  -webkit-filter: sepia(1) contrast(2) brightness(200%);
  filter: sepia(1) contrast(2) brightness(200%);
}
60% {
  -webkit-filter: sepia(1) contrast(2) brightness(200%);
  filter: sepia(1) contrast(2) brightness(200%);
}
62% {
  -webkit-filter: brightness(20%);
  filter: brightness(20%);
}
96% {
  -webkit-filter: brightness(20%);
  filter: brightness(20%);
}
96% {
  -webkit-filter: brightness(400%);
  filter: brightness(400%);
}
}
</style>
</head>
<body>
使用滤镜产生动画效果:
<img src="6.jpg">
</body>
</html>
```

在上述代码中,@keyframes 主要用于规定动画的规则。在 Mozilla Firefox 52.0 中浏览,效果如图 15-12 所示,可以看到完成的动画效果。

图 15-12 动画效果

15.5 跟我学上机——制作色相旋转(hue-rotate)滤镜

hue-rotate 滤镜可以控制显示颜色变化，给图像应用色相旋转的效果。其语法格式如下：

```
filter: hue-rotate(angle)
```

参数 angle 值设定图像会被调整的色环角度值。若值为 0deg，则图像无变化。若值未设置，默认值是 0deg。该值虽然没有最大值，超过 360deg 的值相当于又绕一圈。

【例 15.12】 为图像添加色相旋转效果(示例文件 ch15\15.12.html)。

```html
<!DOCTYPE html>
<html>
<head>
<style>
img {
    width: 40%;
    height: auto;
}

.aa{
-webkit-filter: hue-rotate(120deg);filter: hue-rotate(120deg);
}
.bb{
-webkit-filter: hue-rotate(260deg);filter: hue-rotate(260deg);
}
</style>
</head>
<body>
不同的色相旋转效果：
<img class="aa" src="3.jpg" width="300" height="300">
<img class="bb" src="3.jpg" width="300" height="300">
</body>
</html>
```

在 Mozilla Firefox 52.0 中浏览，效果如图 15-13 所示，可以看到不同的色相旋转效果。

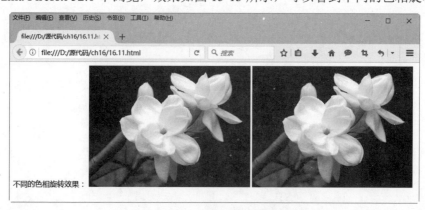

图 15-13 不同的色相旋转效果

15.6 疑难解惑

疑问 1：怎么对一个 html 对象添加多个滤镜效果呢？

答：在使用滤镜时，若使用多个滤镜，则每个滤镜之间用空格分隔开；一个滤镜中的若干个参数用逗号分隔；filter 属性和其他样式属性并用时以分号分隔。

疑问 2：如何实现图像的光照效果？

答：Light 滤镜是一个高级滤镜，需要结合 JavaScript 使用。该滤镜用来产生类似于光照灯效果，并调节亮度以及颜色。语法格式如下：

```
{filter:Light(enabled=bEnabled)}
```

但是这种滤镜效果只能在 IE 9.0 或者更早期的版本中实现。IE 10.0 或者后期的版本将不再支持这种效果。

第 III 篇

高级提升技能

第 16 章

CSS 3 中的动画效果

在 CSS 3 版本之前，用户如果想在网页中实现图像过渡和动画效果，只有使用 Flash 或者 JavaScript 脚本。在 CSS 3 中，用户可以轻松地通过新增的属性实现图像的过渡和动画效果。同时，还可以通过改变网页元素的形状、大小、位置等，从而产生 2D 或 3D 的效果。在 CSS 3 转换效果中，用户可以移动、反转、旋转和拉伸网页元素，从而产生各种各样绚丽的效果。

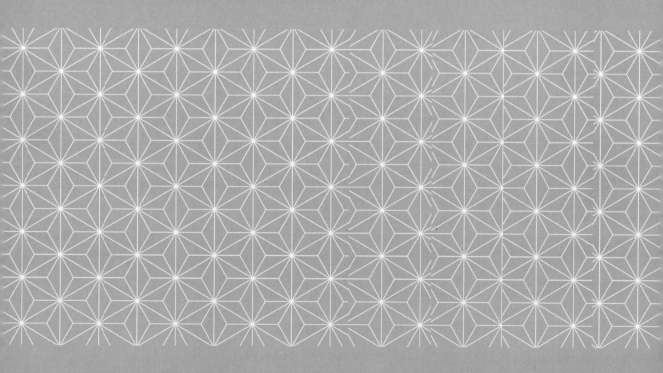

16.1 了解过渡效果

在 CSS 3 中，过渡效果主要是指网页元素从一种样式逐渐改变为另一种样式的效果。能实现过渡效果的属性如下。

(1) transition：过渡属性的简写版，用于在一个属性中设置下面 4 个过渡属性。

(2) transition-delay：用于规定过渡的 CSS 属性的名称。

(3) transition-duration：用于定义过渡效果花费的时间。

(4) transition-property：用于规定过渡效果的时间曲线。

(5) transition-timing-function：规定过渡效果何时开始。

CSS 3 中过渡效果的属性在浏览器中的支持情况如表 16-1 所示。

表 16-1 常见浏览器对过渡属性的支持情况

名 称	图 标	支持情况
Chrome 浏览器		26.0 及以上版本支持过渡属性
IE 浏览器		IE 10.0 及以上版本支持过渡属性
Mozilla Firefox 浏览器		16.0 及以上版本支持过渡属性
Opera 浏览器		15.0 及以上版本支持过渡属性
Safari 浏览器		6.1 及以上版本支持过渡属性

16.2 添加过渡效果

用户要实现过渡效果，不仅要添加效果的 CSS 属性，还需要指定过渡效果的持续时间。下面通过一个案例来学习如何添加过渡效果。

【例 16.1】 添加过渡效果(示例文件 ch16\16.1.html)。

```
<!DOCTYPE html>
<html>
<head>
<title>过渡效果</title>
<style>
div
{
    width:100px;
    height:100px;
    background:blue;
    transition:width,height 3s;
    -webkit-transition:width,height 3s; /* Safari */
}
div:hover
{
    width:300px;
```

```
        height:200px;
}
</style>
</head>
<body>
<p><b>鼠标移动到 div 元素上，查看过渡效果。</b></p>
<div></div>
</body>
</html>
```

在 IE 11.0 中浏览，效果如图 16-1 所示。将鼠标放置在 div 块上，div 块的高度和宽度都发生了变化，过渡后的效果如图 16-2 所示。

图 16-1　过渡前的效果　　　　　　　　　图 16-2　过渡后的效果

上面的案例使用了简写的 transition 属性，用户也可以使用全部的属性。将上面的代码修改如下即可：

```
<!DOCTYPE html>
<html>
<head>
<title>过渡效果</title>
<style>
div
{
    width:100px;
    height:100px;
    background:blue;
    transition-property:width,height;
    transition-duration:3s;
    transition-timing-function:linear;
    transition-delay:0s;
    /* Safari */
    -webkit-transition-property:width,height;
    -webkit-transition-duration:3s;
    -webkit-transition-timing-function:linear;
    -webkit-transition-delay:0s;
}
div:hover
```

```
{
    width:300px;
    height:200px;
}
</style>
</head>
<body>
<p><b>鼠标移动到 div 元素上, 查看过渡效果。</b></p>
<div></div>
</body>
</html>
```

修改后的运行结果和上面的例子结果一样, 只是它们的写法不同而已。

16.3 了解动画效果

通过 CSS 3 提供的动画功能, 用户可以制作很多具有动感效果的网页, 从而取代网页动画图像。

在添加动画效果之前, 用户需要了解有关动画的属性。

(1) @keyframes: 规定动画的规则。包括一个 CSS 样式和动画, 将逐步从目前的样式更改为新的样式。

(2) animation: 除了 animation-play-state 属性以外, 其他所有动画属性的简写。

(3) animation-name: 定义@keyframes 动画的名称。

(4) animation-duration: 规定动画完成一个周期所花费的秒或毫秒。默认是 0。

(5) animation-timing-function: 规定动画的速度曲线。默认是 ease。

(6) animation-delay: 规定动画何时开始。默认是 0。

(7) animation-iteration-count: 规定动画被播放的次数。默认是 1。

(8) animation-direction: 规定动画是否在下一周期逆向地播放。默认是 normal。

(9) animation-play-state: 规定动画是否正在运行或暂停。默认是 running。

在 CSS 3 中, 动画效果其实就是使元素从一种样式逐渐变化为另一种样式的效果。在创建动画时, 首先需要创建动画规则@keyframes, 然后将@keyframes 绑定到指定的选择器上。

创建动画规则, 至少需要规定动画的名称和持续的时间, 然后将动画规则绑定到选择器上, 否则动画不会有任何效果。

在规定动画规则时, 可使用关键字 from 和 to 来规定动画的初始时间和结束时间, 也可以使用百分比来规定变化发生的时间, 0%是动画的开始, 100%是动画的完成。

例如, 下面定义一个动画规则, 将实现网页背景从蓝色转换为红色的动画效果。具体代码如下:

```
@keyframes colorchange
{
    from {background:blue;}
    to {background: red;}
}
```

```
@-webkit-keyframes colorchange /* Safari 与 Chrome */
{
    from {background:blue;}
    to {background: red;}
}
```

动画规则定义完成后，就可以将其规则绑定到指定的选择器上，然后指定动画持续的时间即可。例如将 colorchange 动画捆绑到 div 元素，动画持续时间设置为 10 秒。具体代码如下：

```
div
{
    animation:colorchange 10s;
    -webkit-animation:colorchange 10s; /* Safari 与 Chrome */
}
```

注
意

　　这里需要注意的是，必须要指定动画持续的时间，否则将无动画效果，因为动画默认的持续时间为 0。

16.4　添加动画效果

　　下面的案例将添加一个不仅改变背景色，还改变位置的动画效果。这里定义了 0%～50%～100%三个时间上的样式和位置。

　　【例 16.2】　添加动画效果(示例文件 ch16\16.2.html)。

```
<!DOCTYPE html>
<html>
<head>
<title>过渡效果</title>
<style>
div
{
    width:100px;
    height:100px;
    background:blue;
    position:relative;
    animation:mydht 10s;
    -webkit-animation:mydh 10s; /* Safari and Chrome */
}

@keyframes mydh
{
    0%   {background: red; left:0px; top:0px;}
    50%  {background: blue; left:100px; top:200px;}
    100% {background: red; left:200px; top:0px;}
}

@-webkit-keyframes mydh /* Safari 与 Chrome */
{
    0%   {background: red; left:0px; top:0px;}
```

```
    50% {background: blue; left:100px; top:200px;}
    100% {background: red; left:200px; top:0px;}
}
</style>
</head>
<body>
<p><b>查看动画效果</b></p>
<div> </div>
</body>
</html>
```

在 IE 11.0 中浏览,过渡前的效果如图 16-3 所示。动画过渡中的效果如图 16-4 所示。动画过渡后的效果如图 16-5 所示。

图 16-3　过渡前的效果

图 16-4　过渡中的效果

图 16-5　过渡后的效果

16.5　了解 2D 转换效果

在 CSS 3 中,2D 转换效果主要是指网页元素的形状、大小和位置从一个状态转换到另外一个状态。其中 2D 转换中的属性如下。

(1) transform：用于指定转换元素的方法。

(2) transform-origin：用于更改转换元素的位置。

CSS 3 中 2D 转换效果的属性，在浏览器中的支持情况如表 16-2 所示。

表 16-2　常见浏览器对 2D 转换属性的支持情况

名　　称	图　标	支持情况
Chrome 浏览器		36.0 及以上版本
IE 浏览器		IE 10.0 及以上版本
Mozilla Firefox 浏览器		16.0 及以上版本
Opera 浏览器		23.0 及以上版本
Safari 浏览器		3.2 及以上版本

2D 转换中的方法含义如下。

(1) translate()：定义 2D 移动效果，沿着 X 轴或 Y 轴移动元素。

(2) rotate()：定义 2D 旋转效果，在参数中规定角度。

(3) scale()：定义 2D 缩放转换效果，改变元素的宽度和高度。

(4) skew()：定义 2D 倾斜效果，沿着 X 轴或 Y 轴倾斜元素。

(5) matrix()：定义 2D 转换效果，包含 6 个参数，可以一次定义旋转、缩放、移动和倾斜综合效果。

16.6　添加 2D 转换效果

下面讲述如何添加不同类型的 2D 转换效果，主要包括移动、旋转、缩放、倾斜等。

16.6.1　添加移动效果

使用 translate()方法，定义 X 轴、Y 轴和 Z 轴的参数，可以将当前元素移动到指定位置。

例如，将指定元素沿着 X 轴移动 30 像素，然后沿着 Y 轴移动 60 像素。其代码如下：

```
translate(30px, 60px)
```

下面通过案例来对比移动转换前后的效果。

【例 16.3】　添加移动效果(示例文件 ch16\16.3.html)。

```
<!DOCTYPE html>
<html>
<head>
<title>3D 移动效果</title>
<style>
div
{
    width:140px;
    height:100px;
    background-color:#FFB5B5;
```

```
    border:1px solid black;
}
div#div2
{
    transform:translate(150px,50px);
    -ms-transform:translate(150px,50px); /* IE 9 */
    -webkit-transform:translate(150px,50px); /* Safari and Chrome */
}
</style>
</head>
<body>
<div>自在飞花轻似梦，无边丝雨细如愁。</div>
<div id="div2">自在飞花轻似梦，无边丝雨细如愁。</div>
</body>
</html>
```

在 IE 11.0 中浏览，效果如图 16-6 所示。可以看出移动前和移动后的不同效果。

图 16-6　2D 移动效果

16.6.2　添加旋转效果

使用 rotate()方法，可以将一个网页元素按指定的角度添加旋转效果，如果指定的角度是正值，则网页元素按顺时针旋转；如果指定的角度为负值，则网页元素按逆时针旋转。

例如，将网页元素顺时针旋转 60 度。其代码如下：

```
rotate(60deg)
```

【例 16.4】　添加旋转效果(示例文件 ch16\16.4.html)。

```
<!DOCTYPE html>
<html>
<head>
<title>2D 旋转效果</title>
<style>
div
{
    width:100px;
    height:75px;
    background-color: #FFB5B5;
    border:1px solid black;
}
div#div2
{
    transform:rotate(45deg);
    -ms-transform:rotate(45deg); /* IE 9 */
    -webkit-transform:rotate(45deg); /* Safari and Chrome */
}
```

```
</style>
</head>
<body>
<div>侯门一入深如海，从此萧郎是路人</div>
<div id="div2">侯门一入深如海，从此萧郎是路人</div>
</body>
</html>
```

在 IE 11.0 中浏览，效果如图 16-7 所示。可以看出旋转前和旋转后的不同效果。

图 16-7　2D 旋转效果

16.6.3　添加缩放效果

使用 scale()方法，可以将一个网页元素按指定的参数进行缩放。缩放后的大小取决于指定的宽度和高度。

例如，将指定元素的宽度增加为原来的 4 倍，高度增加为原来的 3 倍。其代码如下：

```
scale(4,3)
```

【例 16.5】　添加缩放效果(示例文件 ch16\16.5.html)。

```
<!DOCTYPE html>
<html>
<head>
<title>2D 缩放效果</title>
<style>
div {
    margin: 50px;
    width: 100px;
    height: 100px;
    background-color:#FFB5B5;
    border: 1px solid black;
    border: 1px solid black;
}
div#div2
{
    -ms-transform: scale(2,2); /* IE 9 */
    -webkit-transform: scale(2,2); /* Safari */
    transform: scale(2,2); /* 标准语法 */
```

```
}

</style>
</head>
<body>
<div>春云吹散湘帘雨，絮黏蝴蝶飞还住。人在玉楼中，楼高四面风。</div>
缩放后的效果：
<div id="div2">春云吹散湘帘雨，絮黏蝴蝶飞还住。人在玉楼中，楼高四面风。</div>
</body>
</html
```

在 IE 11.0 中浏览，效果如图 16-8 所示。可以看出缩放前和缩放后的不同效果。

图 16-8　2D 缩放效果

16.6.4　添加倾斜效果

使用 skew()方法可以为网页元素添加倾斜效果。其语法格式如下：

```
transform:skew(<angle> [,<angle>]);
```

这里包含了两个角度值，分别表示 X 轴和 Y 轴倾斜的角度。如果第二个参数为空，则默认为 0，参数为负表示向相反方向倾斜。

例如：将网页元素围绕 X 轴倾斜 30 度，围绕 Y 轴倾斜 40 度。其代码如下：

```
skew(30deg,40deg)
```

另外，如果仅仅在 X 轴(水平方向)倾斜。方法如下：

```
skewX(<angle>);
```

如果仅仅在 Y 轴(垂直方向)倾斜。方法如下：

```
skewY(<angle>);
```

【例 16.6】　添加倾斜效果(示例文件 ch16\16.6.html)。

```
<!DOCTYPE html>
<html>
<head>
<title>2D 倾斜效果</title>
<style>
div {
    margin: 50px;
    width: 100px;
    height: 100px;
    background-color:#FFB5B5;
    border: 1px solid black;
    border: 1px solid black;
}
div#div2
{
    transform:skew(30deg,150deg);
    -ms-transform:skew(30deg,15deg); /* IE 9 */
    -moz-transform:skew(30deg,15deg); /* Firefox */
    -webkit-transform:skew(30deg,15deg); /* Safari and Chrome */
    -o-transform:skew(30deg,40deg); /* Opera */
}
</style>
</head>
<body>
<div>窗含西岭千秋雪，门泊东吴万里船。</div>
倾斜后的效果：
<div id="div2">窗含西岭千秋雪，门泊东吴万里船。</div>
</body>
</html>
```

在 IE 11.0 中浏览，效果如图 16-9 所示。可以看出倾斜前和倾斜后的不同效果。

图 16-9　2D 倾斜效果

16.7 添加 3D 转换效果

在 CSS 3 中，3D 转换效果主要是指网页元素在三维空间内进行转换的效果。其中 3D 转换中的属性如下。

(1) transform：用于指定转换元素的方法。

(2) transform-origin：用于更改转换元素的位置。

(3) transform-style：规定被嵌套元素如何在 3D 空间中显示。

(4) perspective：规定 3D 元素的透视效果。

(5) perspective-origin：规定 3D 元素的底部位置。

(6) backface-visibility：定义元素在不面向屏幕时是否可见。如果在旋转元素后，又不希望看到其背面时，该属性很有用。

CSS 3 中 3D 转换效果的属性，在浏览器中的支持情况如表 16-3 所示。

表 16-3 常见浏览器对 3D 转换属性的支持情况

名　称	图　标	支持情况
Chrome 浏览器		36.0 及以上版本
IE 浏览器		10.0 及以上版本
Mozilla Firefox 浏览器		16.0 及以上版本
Opera 浏览器		23.0 及以上版本
Safari 浏览器		4.0 及以上版本

3D 转换中的方法含义如下。

(1) translate3d(x,y,z)：定义 3D 移动效果，沿着 X 轴或 Y 轴或 Z 轴移动元素。

(2) rotate3d(x,y,z,angle)：定义 3D 旋转效果，在参数中规定角度。

(3) scale3d(x,y,z)：定义 3D 缩放转换效果。

(4) perspective(n)：定义 3D 元素的透视效果。

(5) matrix3d()：定义 3D 转换效果，包含 6 个参数，可以定义旋转、缩放、移动和倾斜综合效果。

添加 3D 转换效果与 2D 转换效果的方法类似，下面以 3D 旋转效果为例进行讲解。

【例 16.7】 沿 X 轴旋转效果(示例文件 ch16\16.7.html)。

```
<!DOCTYPE html>
<html>
<head>
<title>3D 旋转效果</title>
<style>
div
{
    width:100px;
    height:75px;
```

```
     background-color: #FFB5B5;
     border:1px solid black;
}
div#div2
{
       transform:rotateX(60deg);
       -webkit-transform:rotateX(60deg); /* Safari and Chrome */}
</style>
</head>
<body>
<div>侯门一入深如海，从此萧郎是路人</div>
<div id="div2">侯门一入深如海，从此萧郎是路人</div>
</body>
</html>
```

在 IE 11.0 中浏览，效果如图 16-10 所示。可以看出旋转前和旋转后的不同效果。

图 16-10　沿 X 轴旋转效果

【例 16.8】　沿 Y 轴旋转效果(示例文件 ch16\16.8.html)。

```
<!DOCTYPE html>
<html>
<head>
<title>3D 旋转效果</title>
<style>
div
{
     width:100px;
     height:75px;
     background-color: #FFB5B5;
     border:1px solid black;
}
div#div2
{
       transform:rotateY(60deg);
       -webkit-transform:rotateY(60deg); /* Safari and Chrome */}
</style>
</head>
<body>
<div>侯门一入深如海，从此萧郎是路人</div>
<div id="div2">侯门一入深如海，从此萧郎是路人</div>
</body>
</html>
```

在 IE 11.0 中浏览，效果如图 16-11 所示。可以看出旋转前和旋转后的不同效果。

图 16-11　沿 Y 轴旋转效果

16.8　综合案例——添加综合过渡效果

用户可以一次性添加多个样式的过渡效果，添加的属性由逗号分隔即可。

【例 16.9】　添加多个样式的过渡效果(示例文件 ch16\16.9.html)。

```
<!DOCTYPE html>
<html>
<head>
<title>过渡效果</title>
<style>
div
{
    width:100px;
    height:100px;
    background:blue;
    -webkit-transition:width 3s,height 3s,background 3s, -webkit-transform 3s;
    transition: width 3s, height 3s, background 3s, transform 3s;
}
div:hover {
    width: 300px;
    height: 200px;
        background:red;
    -webkit-transform: rotate(180deg); /* Chrome, Safari, Opera */
    transform: rotate(180deg);
}
</style>
</head>
<body>
<p><b>鼠标移动到 div 元素上，查看过渡效果。</b></p>
<div>锄禾日当午，汗滴禾下土</div>
</body>
</html>
```

在 IE 11.0 中浏览，效果如图 16-12 所示。将鼠标放置在 DIV 块上，DIV 块的高度和宽度都发生了变化，背景颜色由浅蓝色变为浅红色，而且进行了 180 度的旋转操作，过渡后的效果如图 16-13 所示。

图 16-12 过渡前的效果

图 16-13 过渡后的效果

16.9 跟我学上机——添加综合变幻效果

使用 matrix()方法可以为网页元素添加移动、旋转、缩放和倾斜效果。其语法格式如下：

```
transform: matrix(n,n,n,n,n,n)
```

这里包含了 6 个参数值，使用这 6 个值的矩阵可以添加不同的 2D 转换效果。

【例 16.10】 添加综合变幻效果(示例文件 ch16\16.10.html)。

```
<!DOCTYPE html>
<html>
<head>
<title>2D 综合变幻效果</title>
<style>
div {
    margin: 50px;
    width: 100px;
    height: 100px;
    background-color:#FFB5B5;
    border: 1px solid black;
    border: 1px solid black;
}
div#div2
{
    transform:matrix(0.888,0.6,-0.6,0.888,0,0);
    -ms-transform:matrix(0.888,0.6,-0.6,0.888,0,0); /* IE 9 */
    -webkit-transform:matrix(0.888,0.6,-0.6,0.888,0,0);  /* Safari  and
Chrome */
}
</style>
</head>
<body>
<div>众芳摇落独暄妍，占尽风情向小园。</div>
变换后的效果：
<div id="div2">众芳摇落独暄妍，占尽风情向小园。</div>
</body>
</html
```

在 IE 11.0 中浏览效果如图 16-14 所示。可以看出转换前和转换后的不同效果。

图 16-14　2D 转换效果

16.10　疑难解惑

疑问 1：添加了动画效果后，为什么在 IE 浏览器中没有效果呢？

答：首先需要仔细检查代码，在设置参数时有没有多余的空格。确认代码无误后，可以查看 IE 浏览器的版本，如果浏览器的版本为 IE 9.0 或者更低的版本，则需要升级到 IE 10.0 或者更新的版本，才能查看添加的动画效果。

疑问 2：定义动画的时间用百分比还是用关键字 from 和 to？

答：一般情况下，使用百分比和使用关键字 from 和 to 的效果是一样的，但是以下两种情况，用户需要考虑使用百分比来定义时间。

(1) 定义多于两种以上的动画状态时，需要使用百分比来定义动画时间。

(2) 考虑到在多种浏览器上查看动画效果时，使用百分比的方式会获得更好的兼容效果。

疑问 3：如何实现 3D 网页对象沿 Z 轴旋转？

答：使用 translateZ(n)方法可以将网页对象沿着 Z 轴做 3D 旋转。例如：将网页对象沿着 Z 轴做 60 度旋转，代码如下：

```
transform:rotateZ(60deg)
```

疑问 4：如何能在 IE 9.0 中显示 3D 转换效果？

答：如果想让 3D 转换效果也能在 IE 9.0 中正常显示，需要在转换属性前添加-ms-。例如，在添加移动效果中的代码如下：

```
-ms-transform:translate(150px,50px);  /* IE 9 */
```

第 17 章

HTML 5 中的
文件与拖放

在 HTML 5 中,专门提供了一个页面层调用的 API 文件,通过调用这个 API 文件中的对象、方法和接口,可以很方便地访问文件的属性或读取文件内容。另外,在 HTML 5 中,还可以将文件进行拖放,即抓取对象以后拖到另一个位置。任何元素都能够被拖放,常见的拖放元素为图片、文字等。

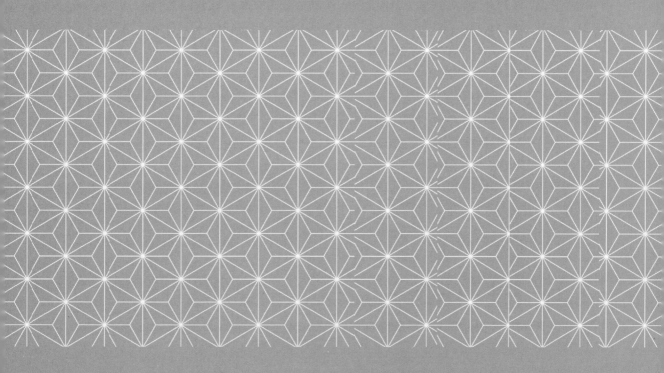

17.1 选 择 文 件

在 HTML 5 中,可以创建一个 file 类型的<input>元素实现文件的上传功能,只是在 HTML 5 中,该类型的<input>元素新添加了一个 multiple 属性,如果将属性的值设置为 true,则可以在一个元素中实现多个文件的上传。

17.1.1 选择单个文件

在 HTML 5 中,当需要创建一个 file 类型的<input>元素上传文件时,可以定义只选择一个文件。

【例 17.1】通过 file 对象选择单个文件(示例文件 ch17\17.1.html)。

```
<!DOCTYPE html>
<html>
<head>
<title>文件</title>
</head>
<body>
    <form>
    <h3>请选择文件: </h3>
    </p><input type="file" id="fileload" /></p><!--单个文件进行上传-->
    </form>
</body>
</html>
```

在 IE 11.0 浏览器中预览,效果如图 17-1 所示,在其中单击【浏览】按钮,打开【选择要加载的文件】对话框,在其中只能选择一个要加载的文件,如图 17-2 所示。

图 17-1 预览效果   图 17-2   只能选择一个要加载的文件

17.1.2 选择多个文件

在 HTML 5 中,除了可以选择单个文件外,还可以通过添加元素的 multiple 属性,实现选择多个文件的功能。

【例 17.2】通过 file 对象选择多个文件(示例文件 ch17\17.2.html)。

```
<!DOCTYPE HTML>
<html>
<body>
<form>
选择文件: <input type="file" multiple="multiple" />
</form>
<p>在浏览文件时可以选取多个文件。</p>
</body>
</html>
```

在 IE 11.0 浏览器中预览，效果如图 17-3 所示，在其中单击【浏览】按钮，打开【选择要加载的文件】对话框，在其中可以选择多个要加载的文件，如图 17-4 所示。

图 17-3　预览效果

图 17-4　可以选择多个要加载的文件

17.2　使用 FileReader 接口读取文件

使用 Blob 接口可以获取文件的相关信息，如文件名称、大小、类型，但如果想要读取或浏览文件，则需要通过 FileReader 接口。该接口不仅可以读取图片文件，还可以读取文本或二进制文件；同时，根据该接口提供的事件与方法，可以动态侦察文件读取时的详细状态。

17.2.1　检测浏览器是否支持 FileReader 接口

FileReader 接口主要用来把文件读入到内存，并且读取文件中的数据。FileReader 接口提供了一个异步 API，使用该 API 可以在浏览器主线程中异步访问文件系统，读取文件中的数据。到目前为止，并不是所有浏览器都实现了 FileReader 接口。这里提供一种方法可以检查浏览器是否对 FileReader 接口提供支持。具体代码如下：

```
if(typeof FileReader == 'undefined'){
    result.InnerHTML="<p>你的浏览器不支持 FileReader 接口！</p>";
    //使选择控件不可操作
```

```
        file.setAttribute("disabled","disabled");
}
```

17.2.2　FileReader 接口的方法

FileReader 接口有 4 个方法，其中 3 个用来读取文件，1 个用来中断读取。无论读取成功或失败，方法并不会返回读取结果，这一结果存储在 result 属性中。FileReader 接口的方法及其描述如表 17-1 所示。

表 17-1　FileReader 接口的方法及其描述

方 法 名	参　数	描　述
readAsText	File，[encoding]	将文件以文本方式读取，读取的结果即是这个文本文件中的内容
readAsBinaryString	File	这个方法将文件读取为二进制字符串，通常我们将它送到后端，后端可以通过这段字符串存储文件
readAsDataURL	File	该方法将文件读取为一串 Data Url 字符串，该方法事实上是将小文件以一种特殊格式的 URL 地址形式直接读入页面。这里的小文件通常是指图像与 html 等格式的文件
abort	(none)	终端读取操作

17.2.3　使用 readAsDataURL 方法预览图片

通过 fileReader 接口中的 readAsDataURL()方法，可以获取 API 异步读取的文件数据，另存为数据 URL，将该 URL 绑定<img>元素的 src 属性值，就可以实现图片文件预览的效果。如果读取的不是图片文件，将给出相应的提示信息。

【例 17.3】使用 readAsDataURL 方法预览图片(示例文件 ch17\17.3.html)。

```
<!DOCTYPE html>
<html>
<head>
<title>使用 readAsDataURL 方法预览图片</title>
</head>
<body>
<script type="text/javascript">
var result=document.getElementById("result");
var file=document.getElementById("file");

//判断浏览器是否支持 FileReader 接口
if(typeof FileReader == 'undefined'){
    result.InnerHTML="<p>你的浏览器不支持 FileReader 接口! </p>";
    //使选择控件不可操作
    file.setAttribute("disabled","disabled");
```

```
}
function readAsDataURL(){
    //检验是否为图像文件
    var file = document.getElementById("file").files[0];
    if(!/image\/\w+/.test(file.type)){
        alert("这个不是图片文件，请重新选择！");
        return false;
    }
    var reader = new FileReader();
    //将文件以 Data URL 形式读入页面
    reader.readAsDataURL(file);
    reader.onload=function(e){
        var result=document.getElementById("result");
        //显示文件
        result.innerHTML='<img src="' + this.result +'" alt="" />';
    }
}
</script>
<p>
    <label>请选择一个文件：</label>
    <input type="file" id="file" />
    <input type="button" value="读取图像" onclick="readAsDataURL()" />
</p>
<div id="result" name="result"></div>
</body>
</html>
```

　　在 IE 11.0 浏览器中预览，效果如图 17-5 所示，在其中单击"浏览"按钮，打开"选择要加载的文件"对话框，在其中选择需要预览的图片文件，如图 17-6 所示。

　　　　　图 17-5　预览效果　　　　　　　　　　　　图 17-6　选择要读取的图片文件

　　选择完毕后，在"选择要加载的文件"对话框中单击"打开"按钮，返回到 IE 11.0 浏览器窗口中，然后单击"读取图像"按钮，即可在页面的下方显示添加的图片，如图 17-7 所示。

　　如果在"选择要加载的文件"对话框中选择的不是图片文件，当在 IE 11.0 浏览器窗口中单击"读取图像"按钮后，就会给出相应的提示信息，如图 17-8 所示。

图 17-7　显示图片　　　　　　　　　　　　　　图 17-8　信息提示框

17.2.4　使用 readAsText 方法读取文本文件

使用 FileReader 接口中的 readAsText()方法，可以将文件以文本编码的方式进行读取，即可读取上传文本文件的内容；其实现的方法与读取图片基本相似，只是读取文件的方式不一样。

【例 17.4】使用 readAsText 方法读取文本文件(示例文件 ch17\17.4.html)。

```
<!DOCTYPE html>
<html>
<head>
<title>使用 readAsText 方法读取文本文件</title>
</head>
<body>
<script type="text/javascript">
var result=document.getElementById("result");
var file=document.getElementById("file");

//判断浏览器是否支持 FileReader 接口
if(typeof FileReader == 'undefined'){
    result.InnerHTML="<p>你的浏览器不支持 FileReader 接口！</p>";
    //使选择控件不可操作
    file.setAttribute("disabled","disabled");
}
function readAsText(){
    var file = document.getElementById("file").files[0];
    var reader = new FileReader();
    //将文件以文本形式读入页面
    reader.readAsText(file,"gb2312");
    reader.onload=function(f){
        var result=document.getElementById("result");
        //显示文件
        result.innerHTML=this.result;
    }
```

```
}
</script>
<p>
    <label>请选择一个文件：</label>
    <input type="file" id="file" />
    <input type="button" value="读取文本文件" onclick="readAsText()" />
</p>
<div id="result" name="result"></div>
</body>
</html>
```

在 IE 11.0 浏览器中预览，效果如图 17-9 所示，在其中单击"浏览"按钮，打开"选择要加载的文件"对话框，在其中选择需要读取的文本文件，如图 17-10 所示。

图 17-9　预览效果

图 17-10　选择要读取的文本文件

选择完毕后，在"选择要加载的文件"对话框中单击"打开"按钮，返回到 IE 11.0 浏览器窗口中，然后单击"读取文本文件"按钮，即可在页面的下方读取文本文件中的信息，如图 17-11 所示。

图 17-11　读取文本信息

17.3　使用 HTML 5 实现文件的拖放

HTML 5 实现拖放效果，常用的实现方法是利用 HTML 5 新增加的事件 drag 和 drop。

17.3.1　认识文件拖放的过程

在 HTML 5 中实现文件的拖放主要有以下 4 个步骤。

1. 设置元素为可拖放

首先，为了使元素可拖动，把 draggable 属性设置为 true，具体代码如下：

```
<img draggable="true" />
```

2. 拖动什么

实现拖放的第二步就是设置拖动的元素，常见的元素有图片、文字、动画等。实现拖放功能的是 ondragstart 和 setData()，即规定当元素被拖动时，会发生什么。

例如：在上面的例子中，ondragstart 属性调用了一个函数 drag(event)，它规定了被拖动的数据。

dataTransfer.setData()方法设置被拖数据的数据类型和值，具体代码如下：

```
function drag(ev)
{
ev.dataTransfer.setData("Text",ev.target.id);
}
```

在这个例子中，数据类型是 Text，值是可拖动元素的 id ("drag1")。

3. 放到何处

实现拖放功能的第三步就是将可拖放元素放到何处，实现该功能的事件是 ondragover，在默认情况下，无法将数据/元素放置到其他元素中。如果需要设置允许放置，用户必须阻止对元素的默认处理方式。

这就需要通过调用 ondragover 事件的 event.preventDefault()方法，具体代码如下：

```
event.preventDefault()
```

4. 进行放置

当放置被拖数据时，就会发生 drop 事件。在上面的例子中，ondrop 属性调用了一个函数，具体代码如下：

```
function drop(ev)
{
ev.preventDefault();
var data=ev.dataTransfer.getData("Text");
ev.target.appendChild(document.getElementById(data));
}
```

17.3.2　浏览器支持情况

不同的浏览器版本对拖放技术的支持情况是不同的，如表 17-2 所示是常见浏览器对拖放技术的支持情况。

表 17-2　浏览器对拖放技术的支持情况

浏览器名称	支持拖放技术的版本
Internet Explorer	Internet Explorer 9 及更高版本
Firefox	Firefox 3.6 及更高版本
Opera	Opera 12.0 及更高版本
Safari	Safari 5 及更高版本
Chrome	Chrome 5 及更高版本

17.3.3　在网页中拖放图片

下面给出一个简单的拖放实例，该实例主要实现的功能就是把一张图片拖放到一个矩形当中。

【例 17.5】将图片拖放至矩形当中(示例文件 ch17\17.5.html)。

```html
<!DOCTYPE HTML>
<html>
<head>
<style type="text/css">
#div1 {width:150px;height:150px;padding:10px;border:1px solid #aaaaaa;}
</style>
<script type="text/javascript">
function allowDrop(ev)
{
ev.preventDefault();
}
function drag(ev)
{
ev.dataTransfer.setData("Text",ev.target.id);
}
function drop(ev)
{
ev.preventDefault();
var data=ev.dataTransfer.getData("Text");
ev.target.appendChild(document.getElementById(data));
}
</script>
</head>
<body>
<p>请把图片拖放到矩形中：</p>
<div id="div1" ondrop="drop(event)" ondragover="allowDrop(event)"></div>
<br />
<img id="drag1" src="images/2.gif" draggable="true" ondragstart="drag(event)"
/>
</body>
</html>
```

将上述代码保存为.html 格式，在 IE 11.0 浏览器中预览，效果如图 17-12 所示。

可以看到当选中图片后，在不释放鼠标的情况下，可以将其拖放到矩形框中，如图 17-13 所示。

图 17-12　预览效果

图 17-13　拖放图片

代码解释如下。

- 调用 preventDefault()来避免浏览器对数据的默认处理(drop 事件的默认行为是以链接形式打开)。
- 通过 dataTransfer.getData("Text")方法获得被拖的数据。该方法将返回在 setData()方法中设置为相同类型的任何数据。
- 被拖数据是被拖元素的 id ("drag1")。
- 把被拖元素追加到放置元素(目标元素)中。

17.4　综合案例——在网页中来回拖放图片

下面再给出一个具体实例，该实例所实现的效果就是在网页中来回拖放图片。具体代码如下。

```html
<!DOCTYPE HTML>
<html>
<head>
<style type="text/css">
#div1, #div2
{float:left; width:100px; height:35px; margin:10px;padding:10px;border:1px
solid #aaaaaa;}
</style>
<script type="text/javascript">
function allowDrop(ev)
{
ev.preventDefault();
}
function drag(ev)
```

```
{
ev.dataTransfer.setData("Text",ev.target.id);
}
function drop(ev)
{
ev.preventDefault();
var data=ev.dataTransfer.getData("Text");
ev.target.appendChild(document.getElementById(data));
}
</script>
</head>
<body>
<div id="div1" ondrop="drop(event)" ondragover="allowDrop(event)">
  <img src="images/1.gif" draggable="true" ondragstart="drag(event)"
id="drag1" />
</div>
<div id="div2" ondrop="drop(event)" ondragover="allowDrop(event)"></div>
</body>
</html>
```

在记事本中输入这些代码，然后将其保存为.html 格式，使用 IE 11.0 打开文件，即可在页面中查看效果，选中网页中的图片，即可在两个矩形当中来回拖放，如图 17-14 所示。

图 17-14 预览效果

17.5 跟我学上机——在网页中拖放文字

在了解了 HTML 5 的拖放技术后，下面给出一个具体实例，该实例所实现的效果就是在网页中拖放文字。

【例 17.6】在网页中拖放文字(示例文件 ch17\17.6.html)。

```
<!DOCTYPE HTML>
<html>
<head>
<title>拖放文字</title>
<style>
body {
    font-family: 'Microsoft YaHei';
}
```

```
div.drag {
    background-color:#AACCFF;
    border:1px solid #666666;
    cursor:move;
    height:100px;
    width:100px;
    margin:10px;
    float:left;
}
div.drop {
    background-color:#EEEEEE;
    border:1px solid #666666;
    cursor: pointer;
    height:150px;
    width:150px;
    margin:10px;
    float:left;
}
</style>
</head>
<body>
<div draggable="true" class="drag"
    ondragstart="dragStartHandler(event)">Drag me!</div>
<div class="drop"
    ondragenter="dragEnterHandler(event)"
    ondragover="dragOverHandler(event)"
    ondrop="dropHandler(event)">Drop here!<ol /></div>
<script>
var internalDNDType = 'text';
function dragStartHandler(event) {
   event.dataTransfer.setData(internalDNDType,
                               event.target.textContent);
    event.effectAllowed = 'move';
}
// dragEnter 事件
function dragEnterHandler(event) {
   if (event.dataTransfer.types.contains(internalDNDType))
      if (event.preventDefault) event.preventDefault();}
// dragOver 事件
function dragOverHandler(event) {
    event.dataTransfer.dropEffect = 'copy';
    if (event.preventDefault) event.preventDefault();
}
function dropHandler(event) {
    var data = event.dataTransfer.getData(internalDNDType);
    var li = document.createElement('li');
    li.textContent = data;
    event.target.lastChild.appendChild(li);
}
</script>
</body>
</html>
```

下面介绍实现拖放的具体操作步骤。

step 01　将上述代码保存为.html 格式的文件，在 IE 11.0 中预览，效果如图 17-15 所示。

step 02　选中左边矩形中的元素，将其拖曳到右边的方框中，如图 17-16 所示。

图 17-15　预览效果

图 17-16　选中并拖放文字

step 03　释放鼠标，可以看到拖放之后的效果，如图 17-17 所示。

step 04　还可以多次拖放文字元素，效果如图 17-18 所示。

图 17-17　拖放一次

图 17-18　拖放多次

17.6　疑难解惑

疑问 1：在 HTML 5 中，实现拖放效果的方法是唯一的吗？

答：在 HTML 5 中，实现拖放效果的方法并不是唯一的。除了可以使用事件 drag 和 drop 外，还可以利用 canvas 标签来实现。

疑问 2：在 HTML 5 中，可拖放的对象只有文字和图像吗？

答：在默认情况下，图像、链接和文本是可以拖动的，也就是说，不用额外编写代码，用户就可以拖动它们。文本只有在被选中的情况下才能拖动，而图像和链接在任何时候都可以拖动。

如果让其他元素可以拖动也是可能的。HTML 5 为所有 HTML 元素规定了一个 draggable 属性，表示元素是否可以拖动。图像和链接的 draggable 属性自动被设置成了 true，而其他元素这个属性的默认值都是 false。要想让其他元素可拖动，或者让图像或链接不能拖动，都可以设置这个属性。

疑问 3：在 HTML 5 中，读取记事本文件中的中文内容时显示乱码怎么办吗？

答：读者需要特别注意的是，如果读取文件内容显示乱码，如图 17-19 所示。

图 17-19　读取文件内容时显示乱码

这里的原因是在读取文件时，没有设置读取的编码方式。例如下面的代码：

```
reader.readAsText(file);
```

设置读取的格式，如果是中文内容，修改如下：

```
reader.readAsText(file,"gb2312");
```

第 18 章

定位地理位置技术

根据访问者访问网站的方式，有多种获取地理位置的方法，本章主要介绍如何利用 Geolocation API 来获取地理位置。

18.1 Geolocation API 获取地理位置

在 HTML 5 网页代码中,通过一些有用的 API,可以查找访问者当前的位置。

18.1.1 地理定位的原理

由于访问者浏览网站的方式不用,可以通过下列方式确定其位置。

(1) 如果网站浏览者使用电脑上网,通过获取浏览者的 IP 地址,从而确定其具体位置。

(2) 如果网站浏览者通过手机上网,通过获取浏览者的手机信号接收塔,从而确定其具体位置。

(3) 如果网站浏览者的设备上具有 GPS 硬件,通过获取 GPS 发出的载波信号,可以获取其具体位置。

(4) 如果网站浏览者通过无线上网,可以通过无线网络连接获取其具体位置。

  API 是应用程序的编程接口,是一些预先定义的函数,目的是提供应用程序与开发人员基于某软件或硬件的以访问一组例程的能力,而又无须访问源码,或理解内部工作机制的细节。

18.1.2 获取定位信息的方法

在了解了地理定位的原理后,下面介绍获取定位信息的方法,根据访问者访问网站的方式,可以通过下列方法之一确定地理位置。

(1) 利用 IP 地址定位。

(2) 利用 GPS 功能定位。

(3) 利用 Wi-Fi 定位。

(4) 利用 Wi-Fi 和 GPS 联合定位。

(5) 利用用户自定义定位数据定位。

使用上述的哪种方法将取决于浏览器和设备的功能,然后,浏览器确定位置并将其传输回地理位置,但需要注意的是无法保证返回的位置是设备的实际地理位置。因为,这涉及一个隐私问题,并不是每个人都想与您共享他的位置。

18.1.3 常用地理定位方法

通过地理定位,可以确定用户的当前位置,并能获取用户地理位置的变化情况。其中,最常用的就是 API 中的 getCurrentposition 方法。

getCurrentposition 方法的语法格式如下:

```
void getCurrentPosition(successCallback, errorCallback, options);
```

其中,successCallback 参数是指在位置成功获取时用户想要调用的函数名称;**errorCallback**

参数是指在位置获取失败时用户想要调用的函数名称；options 参数指出地理定位时的属性设置。

 访问用户位置是耗时的操作，同时属于隐私问题，还要取得用户的同意。

如果地理定位成功，新的 Position 对象将调用 displayOnMap 函数，显示设备的当前位置。

那么 Position 对象的含义是什么呢？作为地理定位的 API，Position 对象包含位置确定时的时间戳(timestamp)和包含位置的坐标(coords)，具体语法格式如下：

```
Interface position
{
readonly attribute Coordinates coords;
readonly attribute DOMTimeStamp timestamp;
};
```

18.1.4 判断浏览器是否支持 HTML 5 获取地理位置信息

在用户试图使用地理定位之前，应该先确定浏览器是否支持 HTML 5 获取地理位置信息。这里介绍判断的方法。具体代码如下：

```
function init()
if (navigator.geolocation) {
//获取当前地理位置信息
navigator.geolocation.getCurrentPosition(onSuccess, onError, options);
} else {
alert("你的浏览器不支持 HTML5 来获取地理位置信息。");
}
```

该代码解释如下。

1. onSuccess

该函数是获取当前位置信息成功时执行的回调函数。

在 onSuccess 回调函数中，用到了参数 position，代表一个具体的 position 对象，表示当前位置。其具有如下属性。

(1) latitude：当前地理位置的纬度。

(2) longitude：当前地理位置的经度。

(3) altitude：当前位置的海拔高度(不能获取时为 null)。

(4) accuracy：获取到的纬度和经度的精度(以米为单位)。

(5) altitudeAccuracy：获取到的海拔高度的精度(以米为单位)。

(6) heading：设备的前进方向。用面朝正北方向的顺时针旋转角度来表示(不能获取时为 null)。

(7) speed：设备的前进速度(以米/秒为单位，不能获取时为 null)。

(8) timestamp：获取地理位置信息时的时间。

2. onError

该函数是获取当前位置信息失败时所执行的回调函数。

在 onError 回调函数中，用到了 error 参数。其具有如下属性。

(1) code：错误代码，有如下值。

① 用户拒绝了位置服务(属性值为 1)。

② 获取不到位置信息(属性值为 2)。

③ 获取信息超时错误(属性值为 3)。

(2) message：字符串，包含了具体的错误信息。

3. options

options 是一些可选熟悉列表。在 options 参数中，可选属性如下。

(1) enableHighAccuracy：是否要求高精度的地理位置信息。

(2) timeout：设置超时时间(单位为毫秒)。

(3) maximumAge：对地理位置信息进行缓存的有效时间(单位为毫秒)。

18.1.5 指定纬度和经度坐标

对地理定位成功后，将调用 displayOnMap 函数。此函数如下：

```
function displayOnMap(position)
{
var latitude=position.coords.latitude;
var longitude=position.coords.longitude;
}
```

其中第一行函数从 Position 对象获取 coordinates 对象，主要由 API 传递给程序调用。第三行和第四行中定义了两个变量，latitude 和 longitude 属性存储在定义的两个变量中。

为了在地图上显示用户的具体位置，可以利用地图网站的 API。下面以使用百度地图为例进行讲解，则需要使用 Baidu Maps Javascript API。在使用此 API 前，需要在 HTML 5 页面中添加一个引用，具体代码如下：

```
<--baidu maps API>
<script type="text/javascript"scr="http://api.map.baidu.com/api?key=*&v=
1.0&services=true">
</script>
```

其中"*"代码注册到 key。注册 key 的方法为：在 http://openapi.baidu.com/map/index.html 网页中，注册百度地图 API，然后输入需要内置百度地图页面的 URL 地址，生成 API 密钥，然后将 key 文件复制保存。

虽然已经包含了 Baidu Maps Javascript，但是页面中还不能显示内置的百度地图，还需要添加 html 语言。让地图从程序转化为对象，还需要加入以下源代码：

```
<script
type="text/javascript"scr="http://api.map.baidu.com/api?key=*&v=1.0&service
s=true">
```

```
</script>
<div style="width:600px;height:220px;border:1px solid gary;margin-
top:15px;" id="container">
</div>
<script type="text/javascript">
var map = new BMap.Map("container");
map.centerAndZoom(new BMap.Point(***,***),17);
map.addControl(new BMap.NavigationControl());
map.addControl(new BMap.ScaleControl());
map.addControl(new BMap.OverviewMapControl());
var local = new BMap.LocalSearch(map,
{
enderOptions:{map: map}
}
);
local.search("输入搜索地址");
</script>
```

上述代码分析如下。

(1) 其中前 2 行主要是把 baidu map API 程序植入源码中。

(2) 第 3 行在页面中设置一个标签，包括宽度和长度，用户可以自己调整；border:1px 是定义外框的宽度为 1 像素，solid 为实线，gray 为边框显示颜色，margin-top 为该标签与上部的距离。

(3) 第 7 行为地图中自己位置的坐标。

(4) 第 8 到 10 行为植入地图缩放控制工具。

(5) 第 11 到 16 行为地图中自己的位置，只需要在 local search 后填入自己的位置名称即可。

18.1.6　获取当前位置的经度与纬度

如下代码为使用纬度和经度定位坐标的案例。

step 01 打开记事本文件，在其中输入如下代码：

```
<!DOCTYPE html>
<html>
<head>
<title>纬度和经度坐标</title>
<style>
body {background-color:#fff;}
</style>
</head>
<body>
<p id="geo_loc"><p>
<script>
function getElem(id) {
    return typeof id === 'string' ? document.getElementById(id) : id;
}

function show_it(lat, lon) {
    var str = '您当前的位置，纬度：' + lat + '，经度：' + lon;
```

```
        getElem('geo_loc').innerHTML = str;
}
if (navigator.geolocation) {
    navigator.geolocation.getCurrentPosition(function(position) {
        show_it(position.coords.latitude, position.coords.longitude);
    },
    function(err) {
        getElem('geo_loc').innerHTML = err.code + "|" + err.message;
    });
} else {
    getElem('geo_loc').innerHTML = "您当前使用的浏览器不支持 Geolocation 服务";
}
</script>
</body>
</html>
```

step 02 使用 IE 11.0 浏览器打开网页文件，由于使用 HTML 5 定位功能首先要由用户允许网页运行脚本，所以弹出如图 18-1 所示的提示框，单击"允许阻止的内容"按钮。

图 18-1　允许网页运行脚本

step 03 弹出想要跟踪实际位置的提示信息，单击"允许一次"按钮，如图 18-2 所示。

图 18-2　允许跟踪实际位置

step 04 在页面中显示了当前页面打开时所处的地理位置，其位置为使用者的 IP 或 GPS 定位地址，如图 18-3 所示。

　　　　每次使用浏览器打开网页时都会提醒是否允许跟踪实际位置，为了安全用户应当妥善使用地址共享功能。

图 18-3 显示的地理位置

18.1.7 处理错误和拒绝

getCurrentPosition() 方法的第二个参数用于处理错误。它规定当获取用户位置失败时运行的函数。例如以下代码：

```
function showError(error)
{
   switch(error.code)
   {
      case error.PERMISSION_DENIED:
         x.innerHTML="用户拒绝对获取地理位置的请求。"
         break;
      case error.POSITION_UNAVAILABLE:
         x.innerHTML="位置信息是不可用的。"
         break;
      case error.TIMEOUT:
         x.innerHTML="请求用户地理位置超时。"
         break;
      case error.UNKNOWN_ERROR:
         x.innerHTML="未知错误。"
         break;
   }
}
```

其中 PERMISSION_DENIED 表示用户不允许地理定位；POSITION_UNAVAILABLE 表示无法获取当前位置；TIMEOUT 表示操作超时；UNKNOWN_ERROR 表示未知的错误。针对不同的错误类型，将弹出不同的错误信息。

18.2 目前浏览器对地理定位的支持情况

不同的浏览器版本对地理定位技术的支持情况是不同的。表 18-1 是常见浏览器对地理定位的支持情况。

表 18-1　常见浏览器对地理定位的支持情况

浏览器名称	支持地理定位技术的版本
Internet Explorer	Internet Explorer 9 及更高版本
Firefox	Firefox 3.5 及更高版本
Opera	Opera 10.6 及更高版本
Safari	Safari 5 及更高版本
Chrome	Chrome 5 及更高版本
Android	Android 2.1 及更高版本

18.3　综合案例——在网页中调用 Google 地图

本实例介绍如何在网页中调用 Google 地图，以获取当前设备物理地址的经度与纬度。具体操作步骤如下。

step 01 调用 Google Map，代码如下：

```
<!DOCTYPE html>
<head>
<title>获取当前位置并显示在google地图上</title>
<script type="text/javascript" src="http://maps.google.com/maps/api/
js?sensor=false"></script>
<script type="text/javascript">
```

step 02 获取当前地理位置，代码如下：

```
navigator.geolocation.getCurrentPosition(function (position) {
var coords = position.coords;
//console.log(position);
```

step 03 设定地图参数，代码如下：

```
var latlng = new google.maps.LatLng(coords.latitude, coords.longitude);
var myOptions = {
zoom: 14,              //设定放大倍数
center: latlng,        //将地图中心点设定为指定的坐标点
mapTypeId: google.maps.MapTypeId.ROADMAP //指定地图类型
};
```

step 04 创建地图，并在页面中显示，代码如下：

```
var map = new google.maps.Map(document.getElementById("map"), myOptions);
```

step 05 在地图上创建标记，代码如下：

```
var marker = new google.maps.Marker({
position: latlng,    //将前面设定的坐标标注出来
map: map             //将该标注设置在刚才创建的 map 中
});
```

step 06 创建窗体内的提示内容，代码如下：

```
var infoWindow = new google.maps.InfoWindow({
content: "当前位置：<br/>经度：" + latlng.lat() + "<br/>纬度：" + latlng.lng()
//提示窗体中的提示信息
});
```

step 07 打开提示窗口，代码如下：

```
infoWindow.open(map, marker);
```

step 08 根据需要再编写其他相关代码，如处理错误的方法和打开地图的大小等。查看此时页面相应的 HTML 源代码如下：

```
<!DOCTYPE html>
<head>
<title>获取当前位置并显示在 google 地图上</title>
<script     type="text/javascript"     src="http://maps.google.com/maps/api/
js?sensor=false"></script>
<script type="text/javascript">
function init() {
if (navigator.geolocation) {
//获取当前地理位置
navigator.geolocation.getCurrentPosition(function (position) {
var coords = position.coords;
//console.log(position);
//指定一个 google 地图上的坐标点，同时指定该坐标点的横坐标和纵坐标
    var latlng = new google.maps.LatLng(coords.latitude, coords.longitude);
    var myOptions = {
    zoom: 14,                //设定放大倍数
    center: latlng,         //将地图中心点设定为指定的坐标点
    mapTypeId: google.maps.MapTypeId.ROADMAP //指定地图类型
    };
    //创建地图，并在页面 map 中显示
    var map = new google.maps.Map(document.getElementById("map"), myOptions);
//在地图上创建标记
var marker = new google.maps.Marker({
position: latlng,    //将前面设定的坐标标注出来
map: map             //将该标注设置在刚才创建的 map 中
});
//标注提示窗口
var infoWindow = new google.maps.InfoWindow({
content: "当前位置：<br/>经度：" + latlng.lat() + "<br/>纬度：" + latlng.lng()
//提示窗口内的提示信息
});
//打开提示窗口
infoWindow.open(map, marker);
},
function (error) {
//处理错误
switch (error.code) {
case 1:
alert("位置服务被拒绝。");
```

```
break;
case 2:
alert("暂时获取不到位置信息。");
break;
case 3:
alert("获取信息超时。");
break;
default:
alert("未知错误。");
break;
}
});
} else {
alert("你的浏览器不支持 HTML5 来获取地理位置信息。");
}
}
</script>
</head>
<body onload="init()">
<div id="map" style="width: 800px; height: 600px"></div>
</body>
</html>
```

step 09 保存网页后，即可查看最终效果，如图 18-4 所示。

图 18-4　调用 Google 地图

18.4　跟我学上机——持续获取用户移动后的位置

　　类似汽车上的 GPS 定位系统一样，在 HTML 5 网页中，用户也可以持续获取到移动设备的位置。这里使用 watchPosition()方法，不仅可以返回用户的当前位置，并继续返回用户移动时的更新位置。从而实现类似 GPS 定位系统一样的功能。

step 01 打开记事本文件，在其中输入如下代码：

```
<!DOCTYPE html>
<html>
<head>
<title>持续获取当前的位置</title>
</head>
<body>
<p id="demo">获取当前位置：</p>
<button onclick="getLocation()">定位当前位置</button>
<script>
var x=document.getElementById("demo");
function getLocation()
{
    if (navigator.geolocation)
    {
        navigator.geolocation.watchPosition(showPosition);
    }
    else
    {
        x.innerHTML="该浏览器不支持获取地理位置。";
    }
}
function showPosition(position)
{
    x.innerHTML="纬度: " + position.coords.latitude +
    "<br>经度: " + position.coords.longitude;
}
</script>
</body>
</html>
```

step 02 使用 IE 11.0 浏览器打开网页文件，如图 18-5 所示。单击"定位当前位置"按钮，即可获取目前的位置，如图 18-6 所示。用户移动位置后，再次单击"定位当前位置"按钮，就会发现坐标发生变化。

图 18-5　程序运行结果

图 18-6　获取当前位置

18.5 疑难解惑

疑问1: 使用 HTML 5 Geolocation API 获得的用户地理位置一定精准无误吗?

答: 不一定精准, 因为该特性可能侵犯用户的隐私, 除非用户同意, 否则用户位置信息是不可用的。

疑问2: 地理位置 API 可以在国际空间站上使用吗? 可以在月球上或者其他星球上用吗?

答: 地理位置标准是这样阐述的: "地理坐标参考系的属性值来自大地测量系统(World Geodetic System (2d) [WGS84])。不支持其他参考系。"国际空间站位于地球轨道上, 所以宇航员可以使用经纬度和海拔来描述其位置。但是, 大地测量系统是以地球为中心的, 因此也就不能使用这个系统来描述月球或者其他星球的位置了。

第 19 章

Web 存储和
通信技术

Web Storage 是 HTML 5 引入的一个非常重要的功能，可以在客户端本地存储数据，类似 HTML 4 的 Cookie，但可实现功能要比 Cookie 强大得多。Cookie 大小被限制在 4KB，而 Web Storage 官方建议为每个网站 5MB。另外，Web 通信技术可以更好地完成跨域数据的通信，以及 Web 即时通信应用的实现，如 Web QQ 等。

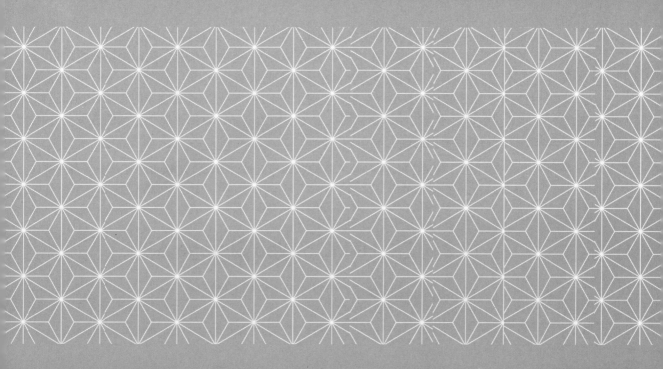

19.1 认识 Web 存储

在 HTML 5 标准之前，Web 存储信息需要 Cookie 来完成，但是 Cookie 不适合大量数据的存储，因为它们由每个对服务器的请求来传递，这使得 Cookie 速度很慢而且效率也不高。为此，在 HTML 5 中，Web 存储 API 为用户如何在计算机或设备上存储用户信息做了数据标准的定义。

19.1.1 本地存储和 Cookies 的区别

本地存储和 Cookies 扮演着类似的角色，但是它们有根本的区别。

(1) 本地存储是仅存储在用户的硬盘上，并等待用户读取，而 Cookies 是在服务器上读取。

(2) 本地存储仅供客户端使用，如果需要服务器端根据存储数值做出反应，就应该使用 Cookies。

(3) 读取本地存储不会影响到网络带宽，但是使用 Cookies 将会发送到服务器，这样会影响到网络带宽，无形中增加了成本。

(4) 从存储容量上看，本地存储可存储多达 5MB 的数据，而 Cookies 最多只能存储 4KB 的数据信息。

19.1.2 Web 存储方法

在 HTML 5 标准中，提供了以下两种在客户端存储数据的新方法。

(1) sessionStorage：sessionStorage 是基于 session 的数据存储，在关闭或者离开网站后，数据将会被删除，也被称为会话存储。

(2) localStorage：没有时间限制的数据存储，也被称为本地存储。

与会话存储不用，本地存储将在用户计算机上永久保存数据信息。关闭浏览器窗口后，如果再次打开该站点，将可以检索所有存储在本地上的数据。

在 HTML 5 中，数据不是由每个服务器请求传递的，而是只有在请求时使用数据，这样的话，存储大量数据时不会影响网站性能。对于不同的网站，数据存储于不同的区域，并且一个网站只能访问其自身的数据。

 HTML 5 使用 JavaScript 来存储和访问数据，为此，建议用户可以多了解一下 Javascript 的基本知识。

19.2 使用 HTML 5 Web Storage API

使用 HTML 5 Web Storage API 技术，可以实现很好的本地存储。

19.2.1　测试浏览器的支持情况

Web Storage 在各大主流浏览器中都得到支持了，但是为了兼容老的浏览器，还是要检查一下是否可以使用这项技术，主要有两种方法。

1. 通过检查 Storage 对象是否存在

通过检查 Storage 对象是否存在，来检查浏览器是否支持 Web Storage。代码如下：

```
if(typeof(Storage)!=="undefined")
{
    // 是的！支持 localStorage  sessionStorage 对象
    // 一些代码.....
} else {
    // 抱歉！不支持 web 存储
}
```

```
if(typeof(Storage)!=="undefined"){
//是的！支持 localStorage  sessionStorage 对象
//一些代码.....
} else {
//抱歉！不支持 web 存储
}
```

2. 分别检查各自的对象

分别检查各自的对象。例如：检查 localStorage 是否支持。代码如下：

```
if (typeof(localStorage) == 'undefined' ) {
alert('Your browser does not support HTML5 localStorage. Try upgrading.');
} else {
//是的！支持 localStorage  sessionStorage 对象
//一些代码.....
}
或者：
if('localStorage' in window && window['localStorage'] !== null){
//是的！支持 localStorage  sessionStorage 对象
//一些代码.....
} else {
alert('Your browser does not support HTML5 localStorage. Try upgrading.');
}
或者
if (!!localStorage) {
//是的！支持 localStorage  sessionStorage 对象
//一些代码....
} else {
alert('您的浏览器不支持localStorage  sessionStorage 对象!');
}
```

19.2.2 使用 sessionStorage 方法创建对象

sessionStorage 方法针对一个 session 进行数据存储。如果用户关闭浏览器窗口后，数据会被自动删除。

创建一个 sessionStorage 方法的基本语法格式如下：

```
<script type="text/javascript">
sessionStorage.abc=" ";
</script>
```

1. 创建对象

【例 19.1】使用 sessionStorage 方法创建对象(示例文件 ch19\19.1.html)。

```
<!DOCTYPE HTML>
<html>
<body>
<script type="text/javascript">
sessionStorage.name="努力过好每一天！";
document.write(sessionStorage.name);
</script>
</body>
</html>
```

在 Firefox 53.0 中浏览，效果如图 19-1 所示。即可看到使用 sessionStorage 方法创建的对象内容显示在网页中。

图 19-1　使用 sessionStorage 方法创建对象

2. 制作网站访问记录计数器

下面继续使用 sessionStorage 方法来做一个实例，主要制作记录用户访问网站次数的计数器。

【例 19.2】制作网站访问记录计数器(示例文件 ch19\19.2.html)。

```
<!DOCTYPE HTML>
<html>
<body>
<script type="text/javascript">
if (sessionStorage. count)
 {
 sessionStorage.count=Number(sessionStorage.count) +1;
```

```
 }
else
 {
 sessionStorage. count=1;
 }
document.write("您访问该网站的次数为: " + sessionStorage.count);
</script>
</body>
</html>
```

在 Firefox 53.0 中浏览，效果如图 19-2 所示。如果用户刷新一次页面，计数器的数值将进行加 1。

图 19-2   使用 sessionStorage 方法创建的计数器

 如果用户关闭浏览器窗口，再次打开该网页，计数器将重置为 1。

19.2.3   使用 localStorage 方法创建对象

与 sessionStorage 方法不同，localStorage 方法存储的数据没有时间限制。也就是说，网页浏览者关闭网页很长一段时间后，再次打开此网页时，数据依然可用。

创建一个 localStorage 方法的基本语法格式如下：

```
<script type="text/javascript">
localStorage.abc=" ";
</script>
```

1. 创建对象

【例 19.3】使用 localStorage 方法创建对象(示例文件 ch19\19.3.html)。

```
<!DOCTYPE HTML>
<html>
<body>
<script type="text/javascript">
localStorage.name="学习 HTML5 最新的技术：Web 存储";
document.write(localStorage.name);
</script>
</body>
</html>
```

在 Firefox 53.0 中浏览，效果如图 19-3 所示。即可看到使用 localStorage 方法创建的对象内容显示在网页中。

图 19-3　使用 localStorage 方法创建的对象

2.　制作网站访问记录计数器

下面仍然使用 localStorage 方法来制作记录用户访问网站次数的计数器。用户可以清楚地看到 localStorage 方法和 sessionStorage 方法的区别。

【例 19.4】制作网站访问记录计数器(示例文件 ch19\19.4.html)。

```html
<!DOCTYPE HTML>
<html>
<body>
<script type="text/javascript">
if (localStorage.count)
 {
 localStorage.count=Number(localStorage.count) +1;
 }
else
 {
 localStorage.count=1;
 }
document.write("您访问该网站的次数为: " + localStorage.count);
</script>
</body>
</html>
```

在 Firefox 53.0 中浏览，效果如图 19-4 所示。如果用户刷新一次页面，计数器的数值将进行加 1；如果用户关闭浏览器窗口，再次打开该网页，计数器会继续上一次计数，而不会重置为 1。

图 19-4　使用 localStorage 方法创建的计数器

19.2.4　Web Storage API 的其他操作

Web Storage API 的 localStorage 和 sessionStorage 对象除了以上基本应用外，还有以下两个方面。

1. 清空 localStorage 数据

localStorage 的 clear()函数用于清空同源的本地存储数据，比如 localStorage.clear()，它将删除所有本地存储的 localStorage 数据。

而 Web Storage 的另外一部分 sessionStorage 中的 clear()函数只清空当前会话存储的数据。

2. 遍历 localStorage 数据

遍历 localStorage 数据可以查看 localStorage 对象保存的全部数据信息。在遍历过程中，需要访问 localStorage 对象的另外两个属性 length 与 key。length 表示 localStorage 对象中保存数据的总量，key 表示保存数据时的键名项，该属性常与索引号(index)配合使用，表示第几条键名对应的数据记录。其中，索引号(index)以 0 值开始，如果取第 3 条键名对应的数据，index 值应该为 2。

取出数据并显示数据内容的代码如下：

```
function showInfo(){
  var array=new Array();
  for(var i=0;i
  //调用 key 方法获取 localStorage 中数据对应的键名
  //如这里键名是从 test1 开始递增到 testN 的，那么 localStorage.key(0)对应 test1
  var getKey=localStorage.key(i);
  //通过键名获取值，这里的值包括内容和日期
  var getVal=localStorage.getItem(getKey);
  //array[0]就是内容，array[1]是日期
  array=getVal.split(",");
  }
}
```

获取并保存数据的代码如下：

```
var storage = window.localStorage; f
or (var i=0, len = storage.length; i  <  len; i++){
var key = storage.key(i);
var value = storage.getItem(key);
console.log(key + "=" + value); }
```

　　由于 localStorage 不仅仅是存储了这里所添加的信息，可能还存在其他信息，但是那些信息的键名也是以递增数字形式表示的，这样如果这里也用纯数字就可能覆盖另外一部分的信息，所以建议键名都用独特的字符区分开，这里在每个 ID 前加上 test 以示区别。

19.2.5　使用 JSON 对象存取数据

在 HTML 5 中可以使用 JSON 对象来存取一组相关的对象。使用 JSON 对象可以收集一

组用户输入信息，然后创建一个 Object 来囊括这些信息，之后用一个 JSON 字符串来表示这个 Object，然后把 JSON 字符串存放在 localStorage 中。当用户检索指定名称时，会自动用该名称去 localStorage 取得对应的 JSON 字符串，将字符串解析到 Object 对象，然后依次提取对应的信息，并构造 HTML 文本输入显示。

【例 19.5】使用 JSON 对象存取数据(示例文件 ch19\19.5.html)。

下面就来列举一个简单的案例，来介绍如何使用 JSON 对象存取数据，具体操作方法如下。

step 01 新建一个记事本文件。具体代码如下：

```html
<!DOCTYPE html>
<html>
<head>
<meta charset="UTF-8">
<title>使用 JSON 对象存取数据</title>
<script type="text/javascript" src="objectStorage.js"></script>
</head>
<body>
<h3>使用 JSON 对象存取数据</h3>
<h4>填写待存取信息到表格中</h4>
<table>
<tr><td>用户名:</td><td><input type="text" id="name"></td></tr>
<tr><td>E-mail:</td><td><input type="text" id="email"></td></tr>
<tr><td>联系电话:</td><td><input type="text" id="phone"></td></tr>
<tr><td></td><td><input type="button" value="保存" onclick="saveStorage();">
</td></tr>
</table>
<hr>
<h4> 检索已经存入 localStorage 的 json 对象，并且展示原始信息</h4>
<p>
<input type="text" id="find">
<input type="button" value="检索" onclick="findStorage('msg');">
</p>
<!-- 下面这块用于显示被检索到的信息文本 -->
<p id ="msg"></p>
</body>
</html>
```

step 02 使用 Firefox 53.0 浏览保存的 html 文件，页面显示效果如图 19-5 所示。

图 19-5 创建存取对象表格

step 03 案例中用到了 JavaScript 脚本，其中包含 2 个函数，一个是存数据，一个是取数据。具体的 JavaScript 脚本代码如下：

```
function saveStorage(){          //创建一个 js 对象，用于存放当前从表单获得的数据
var data = new Object;           //将对象的属性值名依次和用户输入的属性值关联起来
data.user=document.getElementById("user").value;
data.mail=document.getElementById("mail").value;
data.tel=document.getElementById("tel").value;
//创建一个 json 对象，让其对应 html 文件中创建的对象的字符串数据形式
var str = JSON.stringify(data);
//将 json 对象存放到 localStorage 上，key 为用户输入的 NAME，value 为这个 json 字符串
localStorage.setItem(data.user,str);
console.log("数据已经保存！被保存的用户名为："+data.user);
}
//从 localStorage 中检索用户输入的名称对应的 json 字符串，然后把 json 字符串解析为一组信
息，并且打印到指定位置
function findStorage(id){          //获得用户的输入，是用户希望检索的名字
var requiredPersonName = document.getElementById("find").value;
//以这个检索的名字来查找 localStorage，得到了 json 字符串
var str=localStorage.getItem(requiredPersonName);
//解析这个 json 字符串得到 Object 对象
var data= JSON.parse(str);
//从 Object 对象中分离出相关属性值，然后构造要输出的 HTML 内容
var result="用户名:"+data.user+'<br>';
result+="E-mail:"+data.mail+'<br>';
result+="联系电话:"+data.tel+'<br>';          //取得页面上要输出的容器
var target = document.getElementById(id);   //用刚才创建的 HTML 内容来填充这个容器
target.innerHTML = result;
}
```

step 04 将 js 文件和 html 文件放在同一目录下，再次打开网页，在表单中依次输入相关内容，单击"保存"按钮，如图 19-6 所示。

step 05 在"检索"文本框中输入已经保存的信息的用户名，单击"检索"按钮，则在页面下方自动显示保存的用户信息，如图 19-7 所示。

图 19-6　输入表格内容

图 19-7　检索数据信息

357

19.3 在本地建立数据库

上述简单介绍了如何利用 localStorage 实现本地存储。实际上，除了 sessionStorage 和 localStorage 外，HTML 5 还支持通过本地数据库进行本地数据存储，HTML 5 采用的是 SQLLite 这种文件型数据库，该数据库多集中在嵌入式设备上。

19.3.1 本地数据库概述

可以使用 OpenDatabase 方法打开一个已经存在的数据库，如果数据库不存在，使用此方法将会创建一个新数据库。打开或创建一个数据库的代码如下：

```
var db = openDatabase('mydb', '1.1', ' A list of to do items.', 200000);
```

上述代码的括号中设置了几个参数，其意义分别为：数据库名称、版本号、文字说明、数据库的大小和创建回滚。

> 注意 如果数据库已经创建了，第 5 个参数将会调用此回滚操作。如果省略此参数，则仍将创建正确的数据库。

以上代码的意义为：创建了一个数据库对象 db，名称是 mydb，版本编号为 1.1。db 还带有描述信息和大概的大小值。用户代理(user agent)可使用这个描述与用户进行交流，说明数据库是用来做什么的。利用代码中提供的大小值，用户代理可以为内容留出足够的存储。如果需要，这个大小是可以改变的，所以没有必要预先假设允许用户使用多少空间。

为了检测之前创建的连接是否成功，可以检查那个数据库对象是否为 null：

```
if(!db)
  alert("Failed to connect to database.");
```

绝不可以假设该连接已经成功建立，即使过去对于某个用户它是成功的。为什么一个连接会失败，存在多个原因。也许用户代理出于安全原因拒绝你的访问，也许设备存储有限。面对活跃而快速进化的潜在用户代理，对用户的机器、软件及其能力做出假设是非常不明智的行为。

19.3.2 用 executeSql 来执行查询

通过 executeSql 方法执行查询，代码如下：

```
tx.executeSql(sqlQuery,[value1,value2..],dataHandler,errorHandler)
```

executeSql 方法有 4 个参数，其作用分别如下。

(1) sqlQuery：需要具体执行的 sql 语句，可以是 create、select、update、delete。

(2) [value1,value2..]：sql 语句中所有使用到的参数的数组，在 executeSql 方法中，将 sql 语句中所要使用的参数先用 "?" 代替，然后依次将这些参数组成数组放在第二个参数中。

(3) dataHandler：执行成功时调用的回调函数，通过该函数可以获得查询结果集。

(4) errorHandler：执行失败时调用的回调函数。

19.3.3 使用 transaction 方法处理事件

使用第一步创建的数据库访问对象(如 db)执行 transaction 方法，用来执行事务处理，代码如下：

```
db.transaction(function(tx)){
//执行访问数据库的语句
};
```

transaction 方法使用一个回调函数作为参数，在这个函数中，执行访问数据库的具体操作。

19.4 目前浏览器对 Web 存储的支持情况

不同的浏览器版本对 Web 存储技术的支持情况是不同的。如表 19-1 所示是常见浏览器对 Web 存储的支持情况。

表 19-1 常见浏览器对 Web 存储的支持情况

浏览器名称	支持 Web 存储技术的版本
Internet Explorer	Internet Explorer 8 及更高版本
Firefox	Firefox 3.6 及更高版本
Opera	Opera 10.0 及更高版本
Safari	Safari 4 及更高版本
Chrome	Chrome 5 及更高版本
Android	Android 2.1 及更高版本

19.5 跨文档消息传输

利用跨文档消息传输功能，可以在不同域、端口或网页文档之间进行消息的传递。

19.5.1 跨文档消息传输的基本知识

利用跨文档消息传输可以实现跨域的数据推送，使服务器端不再被动地等待客户端的请求，只要客户端与服务器端建立了一次链接之后，服务器端就可以在需要的时候，主动地将数据推送到客户端，直到客户端显示关闭这个链接。

HTML 5 提供了在网页文档之间互相接收与发送消息的功能。使用这个功能，只要获取到网页所在页面对象的实例，不仅同域的 Web 网页之间可以互相通信，甚至可以实现跨域通信。

想要接收从其他文档那里发过来的消息，就必须对文档对象的 message 时间进行监视，其实现代码如下：

```
window.addEventListener("message",function(){…},false)
```

想要发送消息，可以使用 window 对象的 postMessage 方法来实现，该方法的实现代码如下：

```
otherWindow.postMessage(message,targetOrigin)
```

说明：postMessage 是 HTML 5 为了解决跨文档通信，特别引入的一个新的 API，目前支持这个 API 的浏览器有：IE(8.0 以上)、Firefox、 Opera、Safari 和 Chrome。

postMessage 允许页面中的多个 iframe/window 的通信，postMessage 也可以实现 Ajax 直接跨域，不通过服务器端代理。

19.5.2　案例 1——跨文档通信应用测试

下面来介绍一个跨文档通信的应用案例，其中主要使用 postMessage 的方法来实现该案例。具体操作方法如下。

需要创建两个文档来实现跨文档的访问，名称分别为 19.6.html 和 19.7.html。

step 01　打开记事本文件，在其中输入代码，以创建用于实现信息发送的 19.6.html 文档。具体代码如下：

```
<!DOCTYPE HTML>
<html>
<head>
  <title>跨域文档通信1</title>
</head>
<script type="text/javascript">
  window.onload = function() {
    document.getElementById('title').innerHTML = '页面在' + document.location.host
+ '域中,且每过1秒向19.7.html文档发送一个消息! ';
    //定时向另外一个不确定域的文件发送消息
    setInterval(function(){
      var message = '消息发送测试!    ' + (new Date().getTime());
      window.parent.frames[0].postMessage(message, '*');
    },1000);
  };
</script>
<body>
<div id="title"></div>
</body>
</html>
```

step 02　保存记事本文件，然后使用浏览器打开该文件，最终的效果如图 19-8 所示。

图 19-8　程序运行结果

step 03　打开记事本文件，在其中输入代码，以创建用于实现信息监听的 19.7.html 文档。具体代码如下：

```html
<!DOCTYPE HTML>
<html>
<head>
  <title>跨域文档通信 2</title>
</head>

<script type="text/javascript">
  window.onload = function() {

    document.getElementById('title').innerHTML = '页面在' +
    document.location.host + '域中，且每过 1 秒向 19.6.html 文档发送一个消息！';
    //定时向另外一个不同域的 iframe 发送消息
    setInterval(function(){
        var message = '消息发送测试！   ' + (new Date().getTime());
        window.parent.frames[0].postMessage(message, '*');
    },1000);

    var onmessage = function(e) {
      var data = e.data,p = document.createElement('p');
      p.innerHTML = data;
      document.getElementById('display').appendChild(p);
    };
    //监听 postMessage 消息事件
    if (typeof window.addEventListener != 'undefined') {
      window.addEventListener('message', onmessage, false);
    } else if (typeof window.attachEvent != 'undefined') {
      window.attachEvent('onmessage', onmessage);
    }

  };

</script>

<body>
<div id="title"></div>
<br>
<div id="display"></div>
</body>
</html>
```

step 04 在 Firefox 53.0 浏览器中运行 19.7.html 文件，效果如图 19-9 所示。

在 19.6.html 文件中的 " window.parent. frames[0].postMessage(message, '*'); " 语句中的 "*"表示不对访问的域进行判断。如果要加入特 定 域 的 限 制 ， 可 以 将 代 码 改 为 " window.parent.frames[0].postMessage(message, 'url'); " ，其中的 url 必须为完整的网站域名格 式。而在信息监听接收方的 onmessage 中需要 追加一个判断语句 " if(event.origin !== 'url') return; " 。

图 19-9　程序运行结果

 由于在实际通信时，应当实现双向通信，所以，在编写代码时，每一个文档中都 应该具有发送信息和监听接收信息的模块。

19.6　WebSocket API

HTML 5 中有一个很实用的新特性：WebSocket。使用 WebSocket 可以在没有 Ajax 请求 的情况下与服务器端对话。

19.6.1　什么是 WebSocket API

WebSocket API 是下一代客户端-服务器的异步通信方法。该通信取代了单个的 TCP 套接 字，使用 WS 或 WSS 协议，可用于任意的客户端和服务器程序。WebSocket 目前由 W3C 进行 标准化。WebSocket 已经得到 Firefox 4、Chrome 4、Opera 10.70 及 Safari 5 等浏览器的支持。

WebSocket API 最伟大之处在于服务器和客户端可以在给定的时间范围内的任意时刻，相 互推送信息。WebSocket 并不限于以 Ajax(或 XHR)方式通信，因为 Ajax 技术需要客户端发起 请求，而 WebSocket 服务器和客户端可以彼此相互推送信息；XHR 受到域的限制，而 WebSocket 允许跨域通信。

Ajax 技术很聪明的一点是没有设计要使用的方式。WebSocket 为指定目标创建，用于双 向推送消息。

19.6.2　WebSocket 通信基础

1. 产生 WebSocket 的背景

随着即时通信系统的普及，基于 Web 的实时通信也变得普及，如新浪微博的评论、私信 的通知，腾讯的 Web QQ 等。

在 WebSocket 出现之前，一般通过两种方式来实现 Web 实时应用：轮询机制和流技术， 而其中的轮询机制又可分为普通轮询和长轮询，分别介绍如下。

(1) 轮询。这是最早的一种实现实时 Web 应用的方案。客户端以一定的时间间隔向服务端发出请求，以频繁请求的方式来保持客户端和服务器端的同步。这种同步方案的缺点是，当客户端以固定频率向服务器发起请求的时候，服务器端的数据可能并没有更新，这样会带来很多无谓的网络传输，所以这是一种非常低效的实时方案。

(2) 长轮询。这是对定时轮询的改进和提高，目的是降低无效的网络传输。当服务器端没有数据更新的时候，连接会保持一段时间周期直到数据或状态改变或者时间过期，通过这种机制来减少无效的客户端和服务器间的交互。当然，如果服务端的数据变更非常频繁的话，这种机制和定时轮询比较起来没有本质上的性能的提高。

(3) 流。就是在客户端的页面使用一个隐藏的窗口向服务端发出一个长连接的请求。服务器端接到这个请求后做出回应并不断更新连接状态以保证客户端和服务器端的连接不过期。通过这种机制可以将服务器端的信息源源不断地推向客户端。这种机制在用户体验上有一点问题，需要针对不同的浏览器设计不同的方案来改进用户体验，同时这种机制在并发比较大的情况下，对服务器端的资源是一个极大的考验。

但是上述 3 种方式实际看来都不是真正的实时通信技术，只是相对地模拟出了实时的效果，这种效果的实现对编程人员来说无疑增加了复杂性，对于客户端和服务器端的实现都需要复杂的 HTTP 链接设计来模拟双向的实时通信。这种复杂的实现方法制约了应用系统的扩展性。

基于上述弊端，在 HTML 5 中增加了实现 Web 实时应用的技术：WebSocket。WebSocket 通过浏览器提供的 API 真正实现了具备像 C/S 架构下的桌面系统的实时通信能力。其原理是使用 JavaScript 调用浏览器的 API 发出一个 WebSocket 请求至服务器，经过一次握手，和服务器建立了 TCP 通信，因为它本质上是一个 TCP 连接，所以数据传输的稳定性强和数据传输量比较小。由于 HTML 5 中 WebSocket 的实用，使其具备了 Web TCP 的称号。

2. WebSocket 技术的实现方法

WebSocket 技术本质上是一个基于 TCP 的协议技术。其建立通信链接的具体操作步骤如下。

step 01 为了建立一个 WebSocket 连接，客户端的浏览器首先要向服务器发起一个 HTTP 请求，这个请求和通常的 HTTP 请求有所差异，除了包含一般的头信息外，还有一个附加的信息"Upgrade: WebSocket"，表明这是一个申请协议升级的 HTTP 请求。

step 02 服务器端解析这些附加的头信息，经过验证后，产生应答信息返回给客户端。

step 03 客户端接收返回的应答信息，建立与服务器端的 WebSocket 连接，之后双方就可以通过这个连接通道自由地传递信息，并且这个连接会持续存在直到客户端或者服务器端的某一方主动地关闭连接。

WebSocket 技术，目前还是属于比较新的技术，其版本更新较快，目前的最新版本基本上可以被 Chrome、Firefox、Opera 和 IE(9.0 以上)等浏览器支持。

在建立实时通信时，客户端发到服务器的内容如下：

```
GET /chat HTTP/1.1
Host: server.example.com
Upgrade: websocket
```

```
Connection: Upgrade
Sec-WebSocket-Key: dGhlIHNhbXBsZSBub25jZQ==
Origin: http://example.com
Sec-WebSocket-Protocol: chat, superchat8.Sec-WebSocket-Version: 13
```

从服务器返回到客户端的内容如下：

```
HTTP/1.1 101 Switching Protocols
Upgrade: websocket
Connection: Upgrade
Sec-WebSocket-Accept: s3pPLMBiTxaQ9kYGzzhZRbK+xOo=
Sec-WebSocket-Protocol: chat
```

说明：其中的"Upgrade:WebSocket"表示这是一个特殊的 HTTP 请求，请求的目的就是要将客户端和服务器端的通信协议从 HTTP 协议升级到 WebSocket 协议。其中客户端的 Sec-WebSocket-Key 和服务器端的 Sec-WebSocket-Accept 就是重要的握手认证信息，实现握手后才可进一步地进行信息的发送和接收。

19.6.3　案例 2——服务器端使用 Web Socket API

在实现 WebSocket 实时通信时，需要使客户端和服务器端建立链接，需要配置相应的内容，一般构建链接握手时，客户端的内容浏览器都可以代劳完成，主要实现的是服务器端的内容。下面来看一下 WebSocket API 的具体使用方法。

服务器端需要编程人员自己来实现，目前市场上可直接使用的开源方法比较多，主要有以下 5 种。

(1)　Kaazing WebSocket Gateway：是一个 Java 实现的 WebSocket Server。

(2)　mod_pywebsocket：是一个 Python 实现的 WebSocket Server。

(3)　Netty：是一个 Java 实现的网络框架，其中包括了对 WebSocket 的支持。

(4)　node.js：是一个 Server 端的 JavaScript 框架，提供了对 WebSocket 的支持。

(5)　WebSocket4Net：是一个.net 的服务器端实现。

除了使用以上开源的方法外，自己编写一个简单的服务器端也是可以的。其中服务器端需要实现握手、接收和发送 3 个方面的内容。

下面就来详细介绍一下操作方法。

1.　握手

在实现握手时需要通过 Sec-WebSocket 信息来实现验证。使用 Sec-WebSocket-Key 和一个随机值构成一个新的 key 串，然后将新的 key 串 SHA1 编码，生成一个由多组两位 16 进制数构成的加密串；最后再把加密串进行 base64 编码生成最终的 key，这个 key 就是 Sec-WebSocket- Accept。

实现 Sec-WebSocket-Key 运算的实例代码如下：

```
/// <summary>
/// 生成 Sec-WebSocket-Accept
/// </summary>
/// <param name="handShakeText">客户端握手信息</param>
/// <returns>Sec-WebSocket-Accept</returns>
```

```
private static string GetSecKeyAccetp(byte[] handShakeBytes,int bytesLength)
{
    string handShakeText = Encoding.UTF8.GetString(handShakeBytes, 0, bytesLength);
    string key = string.Empty;
    Regex r = new Regex(@"Sec\-WebSocket\-Key:(.*?)\r\n");
    Match m = r.Match(handShakeText);
    if (m.Groups.Count != 0)
    {
    key = Regex.Replace(m.Value, @"Sec\-WebSocket\-Key:(.*?)\r\n", "$1").Trim();
    }
    byte[] encryptionString = SHA1.Create().ComputeHash(Encoding.ASCII.
GetBytes(key + "258EAFA5-E919-47DA-95CA-C5AB0DC85B11"));
    return Convert.ToBase64String(encryptionString);
}
```

2. 接收

如果握手成功，将会触发客户端的 onOpen 事件，进而解析接收的客户端信息。在进行数据信息解析时，会将数据以字节和比特的方式拆分，并按照以下规则进行解析。

(1) 第 1byte。

● 1bit：frame-fin，x0 表示该 message 后续还有 frame；x1 表示是 message 的最后一个 frame。

● 3bit：分别是 frame-rsv1、frame-rsv2 和 frame-rsv3，通常都是 x0。

● 4bit：frame-opcode，x0 表示是延续 frame；x1 表示文本 frame；x2 表示二进制 frame；x3-x7 保留给非控制 frame；x8 表示关闭连接；x9 表示 ping；xA 表示 pong；xB-F 保留给控制 frame。

(2) 第 2byte。

● 1bit：Mask，1 表示该 frame 包含掩码；0 表示无掩码。

● 7bit、7bit+2byte、7bit+8byte：7bit 取整数值，若在 0～145，则是负载数据长度；若是 146，表示后两个 byte 取无符号 16 位整数值，是负载长度；147 表示后 8 个 byte，取 64 位无符号整数值，是负载长度。

(3) 第 3～6byte。这里假定负载长度在 0～145，并且 Mask 为 1，则这 4 个 byte 是掩码。

(4) 第 7～end byte。长度是上面取出的负载长度，包括扩展数据和应用数据两个部分，通常没有扩展数据；若 Mask 为 1，则此数据需要解码，解码规则为 1～4byte 掩码循环和数据 byte 做异或操作。

实现数据解析的代码如下：

```
/// <summary>
/// 解析客户端数据包
/// </summary>
/// <param name="recBytes">服务器接收的数据包</param>
/// <param name="recByteLength">有效数据长度</param>
/// <returns></returns>
private static string AnalyticData(byte[] recBytes, int recByteLength)
{
    if (recByteLength < 2) { return string.Empty; }
    bool fin = (recBytes[0] & 0x80) == 0x80; // 1bit，1 表示最后一帧
    if (!fin){
```

```
            return string.Empty;// 超过一帧暂不处理
        }
        bool mask_flag = (recBytes[1] & 0x80) == 0x80; // 是否包含掩码
        if (!mask_flag){
        return string.Empty;// 不包含掩码的暂不处理
        }
        int payload_len = recBytes[1] & 0x7F; // 数据长度
        byte[] masks = new byte[4];
        byte[] payload_data;
        if (payload_len == 146){
        Array.Copy(recBytes, 4, masks, 0, 4);
        payload_len = (UInt16)(recBytes[2] << 8 | recBytes[3]);
        payload_data = new byte[payload_len];
        Array.Copy(recBytes, 8, payload_data, 0, payload_len);
        }else if (payload_len == 147){
        Array.Copy(recBytes, 10, masks, 0, 4);
        byte[] uInt64Bytes = new byte[8];
        for (int i = 0; i < 8; i++){
            uInt64Bytes[i] = recBytes[9 - i];
        }
        UInt64 len = BitConverter.ToUInt64(uInt64Bytes, 0);
        payload_data = new byte[len];
        for (UInt64 i = 0; i < len; i++){
            payload_data[i] = recBytes[i + 14];
        }
            }else{
        Array.Copy(recBytes, 2, masks, 0, 4);
        payload_data = new byte[payload_len];
        Array.Copy(recBytes, 6, payload_data, 0, payload_len);
            }
            for (var i = 0; i < payload_len; i++){
        payload_data[i] = (byte)(payload_data[i] ^ masks[i % 4]);
            }
            return Encoding.UTF8.GetString(payload_data);56.}
```

3. 发送

服务器端接收并解析了客户端发来的信息后，要返回回应信息，服务器发送的数据以
0x81 开头，紧接发送内容的长度，最后是内容的 byte 数组。

实现数据发送的代码如下：

```
/// <summary>
/// 打包服务器数据
/// </summary>
/// <param name="message">数据</param>
/// <returns>数据包</returns>
private static byte[] PackData(string message)
{
    byte[] contentBytes = null;
    byte[] temp = Encoding.UTF8.GetBytes(message);
    if (temp.Length < 146){
    contentBytes = new byte[temp.Length + 2];
    contentBytes[0] = 0x81;
    contentBytes[1] = (byte)temp.Length;
```

```
    Array.Copy(temp, 0, contentBytes, 2, temp.Length);
    }else if (temp.Length < 0xFFFF){
    contentBytes = new byte[temp.Length + 4];
    contentBytes[0] = 0x81;
    contentBytes[1] = 146;
    contentBytes[2] = (byte)(temp.Length & 0xFF);
    contentBytes[3] = (byte)(temp.Length >> 8 & 0xFF);
    Array.Copy(temp, 0, contentBytes, 4, temp.Length);
    }else{
// 暂不处理超长内容
    }
    return contentBytes;
}
```

19.6.4　案例 3——客户机端使用 WebSocket API

一般浏览器提供的 API 就可以直接用来实现客户端的握手操作了，在应用时直接使用 JavaScript 来调用即可。

客户端调用浏览器 API，实现握手操作的 JavaScript 代码如下：

```
var wsServer = 'ws://localhost:8888/Demo'; //服务器地址
var websocket = new WebSocket(wsServer);    //创建 WebSocket 对象
websocket.send("hello");                     //向服务器发送消息
alert(websocket.readyState);                 //查看 websocket 当前状态
websocket.onopen = function (evt) {          //已经建立连接
};
websocket.onclose = function (evt) {         //已经关闭连接
};
websocket.onmessage = function (evt) {       //收到服务器消息，使用 evt.data 提取
};
websocket.onerror = function (evt) {         //产生异常
};
```

19.7　综合案例——制作简单 Web 留言本

使用 Web Storage 的功能可以用来制作 Web 留言本，具体制作方法如下。

step 01　构建页面框架。代码如下：

```
<!DOCTYPE html>
<html>
<head>
<title>本地存储技术之 Web 留言本</title>
</head>
<body onload="init()">
</body>
</html>
```

step 02　添加页面文件，主要由表单构成，包括单行文字表单和多行文本表单。代码如下：

```
   <h1>Web 留言本</h1>
   <table>
      <tr>
         <td>用户名</td>
         <td><input type="text" name="name" id="name" /></td>
      </tr>
      <tr>
         <td>留言</td>
         <td><textarea name="memo" id="memo" cols ="50" rows = "5">
</textarea></td>
      </tr>
      <tr>
         <td></td>
         <td>
            <input type="submit" value="提交" onclick="saveData()" />
         </td>
      </tr>
   </table>
   <ht>
   <table id="datatable" border="1"></table>
   <p id="msg"></p>
```

step 03 为了执行本地数据库的保存及调用功能，需要插入数据库的脚本代码，具体内容如下：

```
<script>
var datatable = null;
var db = openDatabase("MyData","1.0","My Database",2*1024*1024);
function init()
{
   datatable = document.getElementById("datatable");
   showAllData();
}
function removeAllData(){
   for(var i = datatable.childNodes.length-1;i>=0;i--){
      datatable.removeChild(datatable.childNodes[i]);
   }
   var tr = document.createElement('tr');
   var th1 = document.createElement('th');
   var th2 = document.createElement('th');
   var th3 = document.createElement('th');
   th1.innerHTML = "用户名";
   th2.innerHTML = "留言";
   th3.innerHTML = "时间";
   tr.appendChild(th1);
   tr.appendChild(th2);
   tr.appendChild(th3);
   datatable.appendChild(tr);
}
function showAllData()
{
   db.transaction(function(tx){
      tx.executeSql('create table if not exists MsgData(name TEXT,message
TEXT,time INTEGER)',[]);
```

```
        tx.executeSql('select * from MsgData',[],function(tx,rs){
            removeAllData();
            for(var i=0;i<rs.rows.length;i++){
                showData(rs.rows.item(i));
            }
        });
    });
}
function showData(row){
    var tr=document.createElement('tr');
    var td1 = document.createElement('td');
    td1.innerHTML = row.name;
    var td2 = document.createElement('td');
    td2.innerHTML = row.message;
    var td3 = document.createElement('td');
    var t = new Date();
    t.setTime(row.time);
    ttd3.innerHTML = t.toLocaleDateString() + " " + t.toLocaleTimeString();
    tr.appendChild(td1);
    tr.appendChild(td2);
    tr.appendChild(td3);
    datatable.appendChild(tr);
}
function addData(name,message,time) {
    db.transaction(function(tx){
        tx.executeSql('insert into MsgData values(?,?,?)',[name,message,
time],functionx,rs){
            alert("提交成功。");
        },function(tx,error){
            alert(error.source+"::"+error.message);
        });
    });
} // End of addData
function saveData() {
    var name = document.getElementById('name').value;
    var memo = document.getElementById('memo').value;
    var time = new Date().getTime();
    addData(name,memo,time);
    showAllData();
} // End of saveData
</script>
</head>
<body onload="init()">
    <h1>Web 留言本</h1>
    <table>
        <tr>
            <td>用户名</td>
            <td><input type="text" name="name" id="name" /></td>
        </tr>
        <tr>
            <td>留言</td>
            <td><textarea name="memo" id="memo" cols ="50" rows = "5">
</textarea></td>
        </tr>
```

```
        <tr>
            <td></td>
            <td>
                <input type="submit" value="提交" onclick="saveData()" />
            </td>
        </tr>
    </table>
    <ht>
    <table id="datatable" border="1"></table>
    <p id="msg"></p>
</body>
</html>
```

step 04 文件保存后，使用 Firefox 53.0 浏览页面，效果如图 19-10 所示。

图 19-10 Web 留言本

19.8 跟我学上机——编写简单的 WebSocket 服务器

前面学习了 WebSocket API 的原理及基本使用方法，提到在实现通信时关键要配置的是 WebSocket 服务器。下面就来介绍一个简单的 WebSocket 服务器编写方法。

为了实现操作，这里配合编写一个客户端文件，以测试服务器的实现效果。

step 01 首先编写客户端文件，其文件代码如下：

```
<!DOCTYPE HTML>
<html>
<head>
    <meta charset="UTF-8">
    <title>Web sockets test</title>
    <script src="jquery-min.js" type="text/javascript"></script>
    <script type="text/javascript">
        var ws;
        function ToggleConnectionClicked() {
            try {
            ws = new WebSocket("ws://192.168.1.101:1818/chat");//连接服务器
            ws.onopen = function(event){alert("已经与服务器建立了连接\r\n 当前连接状
态: "+this.readyState);};
```

```
        ws.onmessage = function(event){alert("接收到服务器发送的数据:
\r\n"+event.data);};
        ws.onclose = function(event){alert("已经与服务器断开连接\r\n 当前连接状
态: "+this.readyState);};
        ws.onerror = function(event){alert("WebSocket 异常! ");};
            } catch (ex) {
        alert(ex.message);
        }
    };
    function SendData() {
    try{
    ws.send("jane");
    }catch(ex){
    alert(ex.message);
    }
    };
    function seestate(){
    alert(ws.readyState);
    }
    </script>
</head>
<body>
  <button id='ToggleConnection' type="button" onclick='ToggleConnectionClicked();
'>与服务器建立连接</button><br /><br />
    <button id='ToggleConnection' type="button" onclick='SendData();'>发送信
息: 我的名字是 jane</button><br /><br />
    <button id='ToggleConnection' type="button" onclick='seestate();'>查看当
前状态</button><br /><br />
</body>
</html>
```

在 Opera 浏览器中预览，效果如图 19-11 所示。

提示

其中，ws.onopen、ws.onmessage、ws.onclose 和 ws.onerror 对应了 4 种状态的提示信息。在连接服务器时，需要在代码中指定服务器的链接地址，测试时将 IP 地址改为本机 IP 即可。

图 19-11　程序运行结果

step 02 服务器程序可以使用.net 等实现编辑，编辑后服务器端的主程序代码如下：

```
using System;
using System.Net;
using System.Net.Sockets;
using System.Security.Cryptography;
using System.Text;
using System.Text.RegularExpressions;
namespace WebSocket
{
    class Program
    {
```

```csharp
static void Main(string[] args)
{
    int port = 2828;
    byte[] buffer = new byte[1024];
    IPEndPoint localEP = new IPEndPoint(IPAddress.Any, port);
    Socket listener = new Socket(localEP.Address.AddressFamily,SocketType.
    Stream,ProtocolType.Tcp);
    try{
        listener.Bind(localEP);
        listener.Listen(10);
        Console.WriteLine("等待客户端连接....");
        Socket sc = listener.Accept();//接收一个连接
        Console.WriteLine("接收到了客户端: "+sc.RemoteEndPoint.ToString()+"
连接....");
        //握手
        int length = sc.Receive(buffer);//接收客户端握手信息
        sc.Send(PackHandShakeData(GetSecKeyAccetp(buffer,length)));
        Console.WriteLine("已经发送握手协议了....");
        //接收客户端数据
        Console.WriteLine("等待客户端数据....");
        length = sc.Receive(buffer);//接收客户端信息
        string clientMsg=AnalyticData(buffer, length);
        Console.WriteLine("接收到客户端数据: " + clientMsg);
        //发送数据
        string sendMsg = "您好, " + clientMsg;
        Console.WriteLine("发送数据: "+sendMsg+" 至客户端....");
        sc.Send(PackData(sendMsg));
        Console.WriteLine("演示Over!");
    }
    catch (Exception e)
    {
        Console.WriteLine(e.ToString());
    }
}
...
...
...
/// <summary>
/// 打包服务器数据
/// </summary>
/// <param name="message">数据</param>
/// <returns>数据包</returns>
private static byte[] PackData(string message)
{
    byte[] contentBytes = null;
    byte[] temp = Encoding.UTF8.GetBytes(message);
    if (temp.Length < 146){
        contentBytes = new byte[temp.Length + 2];
        contentBytes[0] = 0x81;
        contentBytes[1] = (byte)temp.Length;
        Array.Copy(temp, 0, contentBytes, 2, temp.Length);
    }else if (temp.Length < 0xFFFF){
        contentBytes = new byte[temp.Length + 4];
        contentBytes[0] = 0x81;
        contentBytes[1] = 146;
```

```
            contentBytes[2] = (byte)(temp.Length & 0xFF);
            contentBytes[3] = (byte)(temp.Length >> 8 & 0xFF);
            Array.Copy(temp, 0, contentBytes, 4, temp.Length);
        }else{
            // 暂不处理超长内容
        }
        return contentBytes;
    }
  }
}
```

内容较多，中间部分内容省略，编辑后保存服务器文件目录。

step 03 测试服务器和客户端的连接通信，首先打开服务器，运行随书光盘"源代码\ch19\WebSocket 服务器\WebSocket-Server\WebSocket\obj\x86\Debug\WebSocket.exe"文件，提示等待客户端连接，效果如图 19-12 所示。

step 04 运行客户端文件(源代码\ch19\WebSocket 服务器\index.html)，效果如图 19-13 所示。

图 19-12　等待客户端连接

图 19-13　运行客户端文件

step 05 单击【与服务器建立连接】按钮，服务器端显示已经建立连接，客户端提示连接建立，且状态为 1，效果如图 19-14 所示。

step 06 单击【发送消息】按钮，自服务器端返回信息，提示"您好，jane"，如图 19-15 所示。

图 19-14　与服务器建立连接

图 19-15　服务器端返回的信息

19.9 疑难解惑

疑问 1：不同的浏览器可以读取同一个 Web 中存储的数据吗？

答：在 Web 存储时，不同的浏览器将存储在不同的 Web 存储库中。例如，如果用户使用的是 IE 浏览器，那么 Web 执行存储工作时，所有数据将存储在 IE 的 Web 存储库中；如果用户再次使用火狐浏览器访问该站点，将不能读取 IE 浏览器存储的数据，可见每个浏览器的存储是分开并独立工作的。

疑问 2：离线存储站点时是否需要浏览者同意？

答：和地理定位类似，在网站使用 manifest 文件时，浏览器会提供一个权限提示，提示用户是否将离线设为可用，但不是每一个浏览器都支持这样的操作。

疑问 3：WebSocket 将会替代什么？

答：WebSocket 可以替代 Long Polling(PHP 服务端推送技术)。客户端发送一个请求到服务器，现在，服务器端并不会响应还没准备好的数据，它会保持连接的打开状态直到最新的数据准备就绪发送，之后客户端收到数据，然后发送另一个请求。好处在于减少任一连接的延迟，当一个连接已经打开时就不需要创建另一个新的连接。但是 Long-Polling 并不是什么花哨技术，它仍有可能发生请求暂停，因此会需要建立新的连接。

疑问 4：WebSocket 的优势在哪里？

答：它可以实现真正的实时数据通信。众所周知，B/S 模式下应用的是 HTTP 协议，是无状态的，所以不能保持持续的连接。数据交换是通过客户端提交一个 Request 到服务器端，然后服务器端返回一个 Response 到客户端来实现的。而 WebSocket 是通过 HTTP 协议的初始握手阶段然后升级到 WebSocket 协议以支持实时数据通信。

WebSocket 可以支持服务器主动向客户端推送数据。一旦服务器和客户端通过 WebSocket 建立起连接，服务器便可以主动地向客户端推送数据，而不像普通的 Web 传输方式需要先由客户端发送 Request 才能返回数据，从而增强了服务器的能力。

WebSocket 协议设计了更为轻量级的 Header，除了首次建立连接的时候需要发送头部和普通 Web 连接类似的数据之外，建立 WebSocket 链接后，相互沟通的 Header 就会异常的简洁，大大减少了冗余的数据传输。

WebSocket 提供了更为强大的通信能力和更为简洁的数据传输平台，能更为方便地完成 Web 开发中的双向通信功能。

第 20 章

处理线程和服务器发送事件

利用 Web Worker 技术,可以实现在后台多线程执行网页脚本程序,并且不会影响其他脚本的执行,因此为大型网站的顺畅运行提供了更好的实现方法。HTML 5 规范定义了 Server-Sent Event 和 WebSocket,为将浏览器变成一个 RIA(Rich Internet Applications,富互联网应用)客户端平台提供了强大的支持,使用这两个特性,可以帮助服务器将数据"推送"到客户端浏览器。

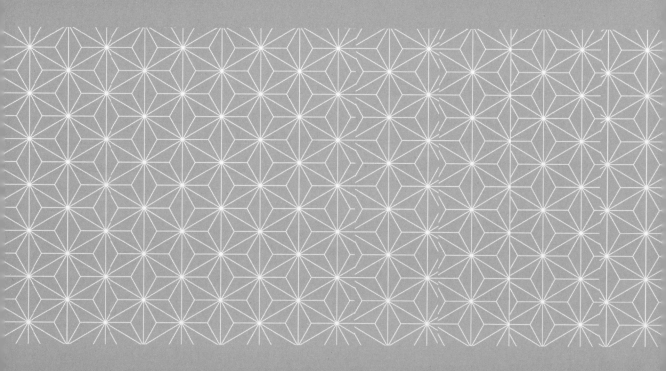

20.1 Web Worker

为了让后台程序更好地执行，在 HTML 5 中设计了 Web Worker 技术。Web Worker 的产生主要是考虑到在 HTML 4 中 JavaScript Web 程序都是以单线程的方式执行的，一旦前面的脚本花费时间过长，后面的程序就会因长期得不到响应而使用户页面操作出现异常。

20.1.1 Web Worker 概述

Web Worker 实现的是线程技术，可以使运行在后台的 JavaScript 独立于其他脚本，从而不会影响页面的性能。

Web Worker 创建后台线程的方法非常简单，只需要将在后台线程中执行的脚本文件，以 URL 地址的方式在 Worker 类的构造器中创建就可以了，其语法格式如下：

```
var worker=new worker("worker.js");
```

目前大部分主流的浏览器都支持 Web Worker 技术。创建 Web Worker 之前，用户可以检测浏览器是否支持它。可以使用以下方法检测浏览器对 Web Worker 的支持情况：

```
if(typeof(Worker)!=="undefined")
    {
    // Yes! Web Worker support!
    // Some code.....
    }
else
    {
    // Sorry! No Web Worker support..
    }
```

如果浏览器不支持该技术，将会出现如图 20-1 所示的提示信息。

20.1.2 线程中常用的变量、函数与类

在创建 Web Worker 线程时会涉及一些变量、函数与类的内容，在线程中执行的 JavaScript 脚本文件中可以用到的变量、函数与类介绍如下。

图 20-1 不支持 Web Worker 技术的提示信息

- Self：用来表示本线程范围内的作用域。
- Imports：导入的脚本文件必须与使用该线程文件的页面在同一个域中，并在同一个端口中。
- ImportScripts(urls)：导入其他 JavaScript 脚本文件。参数为该脚本文件的 URL 地址，可以导入多个脚本文件。
- Onmessage：获取接收消息的事件句柄。
- Navigator 对象：与 window.navigator 对象类似，具有 appName、platform、

userAgent、appVersion 这些属性。

- setTimeout()/setInterval()：可以在线程中实现定时处理。
- XMLHttpRequest：可以在线程中处理 Ajax 请求。
- Web Workers：可以在线程中嵌套线程。
- SessionStorage/localStorage：可以在线程中使用 Web Storage。
- Close：可以结束本线程。
- Eval()、isNaN()、escape()等：可以使用所有 JavaScript 核心函数。
- Object：可以创建和使用本地对象。
- WebSockets：可以使用 WebSockets API 向服务器发送和接收信息。
- postMessage(message)：向创建线程的源窗口发送消息。

20.1.3　案例 1——前台与后台线程进行数据的交互

在后台执行的线程是不可以访问页面和窗口对象的，但这并不妨碍前台和后台线程进行数据的交互。下面就来介绍一个前台和后台线程交互的案例。

在案例中，后台执行的 JavaScript 脚本线程是从 0～200 的整数中随机挑选一些整数，然后再在选出的这些整数中选择可以被 5 整除的整数，最后将这些选出的整数交给前台显示，以实现前台与后台线程的数据交互。

step 01 完成前台的网页 20.1.html，其具体代码如下：

```html
<!DOCTYPE html>
<html>
<head>
<title>前台与后台线程的数据交互</title>
<script type="text/javascript">
var intArray=new Array(200);     //随机数组
var intStr="";                   //将随机数组用字符串进行连接
//生成 200 个随机数
for(var i=0;i<200;i++)
{
    intArray[i]=parseInt(Math.random()*200);
    if(i!=0)
        intStr+=";";          //用分号做随机数组的分隔符
    intStr+=intArray[i];
}
//向后台线程提交随机数组
var worker = new Worker("20.1.js");
worker.postMessage(intStr);
// 从线程中取得计算结果
worker.onmessage = function(event) {
    if(event.data!="")
    {
        var h;                //行号
        var l;                //列号
        var tr;
        var td;
        var intArray=event.data.split(";");
        var table=document.getElementById("table");
```

```
        for(var i=0;i<intArray.length;i++)
        {
            h=parseInt(i/15,0);
            l=i%15;
            //该行不存在
            if(l==0)
            {
                //添加新行的判断
                tr=document.createElement("tr");
                tr.id="tr"+h;
                table.appendChild(tr);
            }
            //该行已存在
            else
            {
                //获取该行
                tr=document.getElementById("tr"+h);
            }
            //添加列
            td=document.createElement("td");
            tr.appendChild(td);
            //设置该列数字内容
            td.innerHTML=intArray[h*15+l];
            //设置该列对象的背景色
            td.style.backgroundColor="#f56848";
            //设置该列对象数字的颜色
            td.style.color="#000000";
            //设置对象数字的宽度
            td.width="30";
        }
    }
};
</script>
</head>
<body>
<h2 style="text-shadow:0.1em 3px 6px blue">从随机生成的数字中抽取 5 的倍数并显示示
例</h2>
<table id="table">
</table>
</body>
</html>
```

step 02 为了实现后台线程，需要编写后台执行的 JavaScript 脚本文件 20.1.js，其代码
如下：

```
onmessage = function(event) {
    var data = event.data;
    var returnStr;                          //将 5 的倍数组成字符串并返回
    var intArray=data.split(";");            //设置返回字符串中的数字分隔符为";"
    returnStr="";
    for(var i=0;i<intArray.length;i++)
    {
        if(parseInt(intArray[i])%5==0)       //判断能否被 5 整除
        {
```

```
            if(returnStr!="")
                returnStr+=";";
            returnStr+=intArray[i];
        }
    }
    postMessage(returnStr);                //返回 5 的倍数组成的字符串
}
```

step 03 使用 IE 11.0 浏览器打开编辑好的网页文件，显示效果如图 20-2 所示。

图 20-2　从随机生成的数字中抽取 5 的倍数并显示

 由于数字是随机产生的，所以每次生成的数据序列都是不同的。

20.2　线　程　嵌　套

线程中可以嵌套子线程，这样就可以将后台中较大的线程切割成多个子线程，每个子线程独立完成一份工作，以提高程序的效率。有关线程嵌套的内容介绍如下。

20.2.1　案例 2——单线程嵌套

最简单的线程嵌套是单层的嵌套，下面介绍一个单线程嵌套的案例，该案例所实现的效果和上一节中案例的效果相似。其具体操作步骤如下。

step 01 完成网页前台页面 20.2.html，其具体代码如下：

```
<!DOCTYPE html>
<html>
<head>
<script type="text/javascript">
var worker = new Worker("20.2.js");
worker.postMessage("");
// 从线程中取得计算结果
worker.onmessage = function(event) {
    if(event.data!="")
    {
        var j;    //行号
        var k;    //列号
        var tr;
```

```
        var td;
        var intArray=event.data.split(";");
        var table=document.getElementById("table");
        for(var i=0;i<intArray.length;i++)
        {
            j=parseInt(i/10,0);
            k=i%10;
            if(k==0)          //该行不存在
            {
                //添加行
                tr=document.createElement("tr");
                tr.id="tr"+j;
                table.appendChild(tr);
            }
            else  //该行已存在
            {
                //获取该行
                tr=document.getElementById("tr"+j);
            }
            //添加列
            td=document.createElement("td");
            tr.appendChild(td);
            //设置该列内容
            td.innerHTML=intArray[j*10+k];
            //设置该列背景色
            td.style.backgroundColor="blue";
            //设置该列文字颜色
            td.style.color="white";
            //设置列宽
            td.width="30";
        }
    }
};
</script>
</head>
<body>
<h2 style="text-shadow:0.1em 3px 6px blue">从随机生成的数字中抽取 5 的倍数并显示示
例</h2>
<table id="table">
</table>
</body>
</html>
```

step 02 下面需要编写程序在后台执行的主线程的代码内容，该线程用于执行数据挑
选，会在 0～200 随机产生 200 个整数(数字可重复)，并将其交与子线程，让子线程
挑选可以被 5 整除的数字。

```
onmessage=function(event){
    var intArray=new Array(200);              //产生随机的数组
    //生成 200 个随机数
    for(var i=0;i<200;i++)                     //数字范围 0～200
        intArray[i]=parseInt(Math.random()*200);
    var worker;
    //调用子线程
```

```
worker=new Worker("20.2-2.js");
//将随机数组提交给子线程
worker.postMessage(JSON.stringify(intArray));
worker.onmessage = function(event) {
    //将挑选结果返回主页面
    postMessage(event.data);
}
}
```

step 03 经过上一步主线程的数字挑选后，可以通过以下子线程将这些数字拼接成字符串，并返回主线程，其具体代码如下：

```
onmessage = function(event) {
    var intArray= JSON.parse(event.data);
    var returnStr;
    returnStr="";
    for(var i=0;i<intArray.length;i++)
    {
        //判断数字能否被 5 整除
        if(parseInt(intArray[i])%5==0)
        {
            if(returnStr!="")
                returnStr+=";";
            //将所有可以被 5 整除的数字拼接成字符串
            returnStr+=intArray[i];
        }
    }
    //返回拼接后的字符串至主线程
    postMessage(returnStr);
    //关闭子线程
    close();
}
```

step 04 使用 IE 11.0 浏览器查看网页前台页面，随机产生一些可以被 5 整除的数字，如图 20-3 所示。

图 20-3　从随机生成的数字中抽取 5 的倍数并显示

20.2.2　案例 3——多个子线程中的数据交互

在实现上述案例时，也可以将子线程再次拆分，生成多个子线程，由多个子线程同时完成工作，这样可以提高处理速度，对较大的 JavaScript 脚本程序来说很实用。

下面将上述案例的程序改为多个子线程嵌套的数据交互案例。

step 01 网页前台文件不需要修改，主线程的脚本文件 20.3.js 的内容如下：

```
onmessage=function(event){
    var worker;
    //调用发送数据的子线程
    worker=new Worker("20.3-2.js");
    worker.postMessage("");
    worker.onmessage = function(event) {
        //接收子线程中的数据，本示例中为创建好的随机数组
        var data=event.data;
        //创建接收数据的子线程
        worker=new Worker("20.2-2.js");
        //把从发送数据子线程中发回消息传递给接收数据的子线程
        worker.postMessage(data);
    worker.onmessage = function(event) {
                //获取接收数据子线程中传回的数据，本示例中为挑选结果
        var data=event.data;
                //把挑选结果发送回主页面
                postMessage(data);
}
    }
}
```

上述代码的主线程脚本中提到了两个子线程脚本，其中一个 20.3-2.js 负责创建随机数组，并发送给主线程，另一个 20.2-2.js 负责从主线程接收选好的数组，并进行处理。20.2-2.js脚本沿用上一小节的脚本文件。

step 02 20.3-2.js 脚本文件的详细代码如下：

```
onmessage = function(event) {
var intArray=new Array(200);
for(var i=0;i<200;i++)
    intArray[i]=parseInt(Math.random()*200);
postMessage(JSON.stringify(intArray));
close();
}
```

step 03 执行后的效果如图 20-4 所示。

图 20-4 从随机产生的数组中选择可以被 5 整除的数

以上几个案例的最终显示结果都是相同的，只是代码的编辑与线程的嵌套有所差异，在实际的应用中合理地嵌套子线程虽然代码结构会变得复杂，但是却能很大程度地提高程序的处理效率。

20.3 服务器发送事件概述

在网页客户端更新的过程中，如果使用早期技术，网页将询问是否有可用的更新，这样就不能很好地实时获取服务器的信息，并且会增加资源的耗费。在 HTML 5 中，通过服务器发送事件，可以让网页客户端自动获取来自服务器的更新。

服务器发送事件(Server-Sent Event)允许网页获得来自服务器的更新，这种数据的传递和前面章节讲述的 WebSocket 不同。服务器发送事件是单向传递信息，服务器将更新的信息自动发送到客户端，而 WebSocket 是双向通信技术。

目前，常见浏览器对 Server-Sent Event 的支持情况如表 20-1 所示。

表 20-1　常见浏览器对 Server-Sent Event 的支持情况

浏览器名称	支持 Server-Sent Event 的版本
Internet Explorer	不支持
Firefox	Firefox 3.6 及更高版本
Opera	Opera 12.0 及更高版本
Safari	Safari 5 及更高版本
Chrome	Chrome 5 及更高版本

20.4 服务器发送事件的实现过程

了解完服务器发送事件的基本概念后，下面来学习其实现过程。

20.4.1 检测浏览器是否支持 Server-Sent Event

首先可以检查客户端浏览器是否支持 Server-Sent Event，其代码如下：

```
if(typeof(EventSource)!=="undefined")
  {
  // 浏览器支持的情况
   }
else
  {
  // 对不起，您的浏览器不支持……
   }
```

用户在代码中设置提示信息，这样如果浏览者的客户端不支持，将会显示提示信息。

20.4.2　使用 EventSource 对象

在 HTML 5 的服务器发送事件中，使用 EventSource 对象接收服务器发送事件的通知。该对象的事件含义如表 20-2 所示。

表 20-2　EventSource 对象的事件

事件名称	含　义
onopen	当连接打开时触发该事件
onmessage	当收到信息时触发该事件
onerror	当连接关闭时触发该事件

在事件处理函数中，可以使用 readyState 属性检测连接状态，主要有 3 种状态，如表 20-3 所示。

表 20-3　EventSource 对象的事件状态

状态名称	值	含　义
CONNECTING	0	正在建立连接
OPEN	1	连接已经建立，正在委派事件
CLOSED	2	连接已经关闭

例如，下面的代码就是使用了 onmessage 的实例：

```
var source=new EventSource("/123.php");
source.onmessage=function(event)
 {
 document.getElementById("result").innerHTML+=event.data + "<br />";
 };
```

上述代码创建一个新的 EventSource 对象，然后规定发送更新的页面的 URL(本例中是"/123.php")。每接收到一次更新，就会发生 onmessage 事件。当 onmessage 事件发生时，将把接收的数据推入 id 为 result 的元素中。

20.4.3　编写服务器端代码

为了让上面的例子可以运行，还需要能够发送数据更新的服务器(比如 PHP 和 ASP)。服务器端事件流的语法非常简单，把 Content-Type 报头设置为 text/event-stream，然后就可以开始发送事件流了。

如果服务器是 PHP，则服务器的代码如下：

```
<?php
header('Content-Type: text/event-stream');
header('Cache-Control: no-cache');
$time = date('r');
```

```
echo "data: The server time is: {$time}\n\n";
flush();
?>
```

如果服务器是 ASP，则服务器的代码如下：

```
<%
Response.Content-Type="text/event-stream"
Response.Expires=-1
Response.Write("data: " & now())
Response.Flush()
%>
```

在上面的代码中，把报头 Content-Type 设置为 text/event-stream，规定不对页面进行缓存，输出发送日期(始终以"data:"开头)，向网页刷新输出数据。

20.5 综合案例——创建 Web Worker 计数器

本案例主要创建一个简单的 Web Worker，实现在后台计数的功能。具体操作步骤如下。

step 01 首先创建一个外部的 JavaScript 文件 workers01.js，主要用于计数，代码如下：

```
var i=0;

function timedCount()
{
i=i+1;
postMessage(i);
setTimeout("timedCount()",500);
}
timedCount();
```

以上代码中重要的部分是 postMessage()方法，主要用于向 HTML 页面传回一段消息。

step 02 创建 HTML 页面的代码如下：

```
<!DOCTYPE html>
<html>
<body>
<p>计数: <output id="result"></output></p>
<button onclick="startWorker()">开始 Worker</button>
<button onclick="stopWorker()">停止 Worker</button>
<br /><br />
<script>
var w;
function startWorker()
{
<!--首先判断浏览器是否支持 web worker -->
 if(typeof(Worker)!=="undefined")
  {
<!--检测是否存在 worker，如果不存在，它会创建一个新的 Web Worker 对象，然后运行
" workers.js01" 中的代码-->
   if(typeof(w)=="undefined")
   {
```

```
    w=new Worker("/workers01.js");
    }
<!--向 web worker 添加一个"onmessage"事件监听器-->
   w.onmessage = function (event) {
    document.getElementById("result").innerHTML=event.data;
    };
   }
else
   {
   document.getElementById("result").innerHTML="对不起, 您的浏览器不支持Web Workers...";
   }
}
  function stopWorker()
{
<!--终止 web worker，并释放浏览器/计算机资源-->
   w.terminate();
}
</script>
</body>
</html>
```

step 03 运行结果如图 20-5 所示。

图 20-5 创建 Web Worker 计数器

20.6 跟我学上机——服务器发送事件实战应用

下面通过一个综合的案例，详细介绍服务器发送事件的操作过程。

step 01 首先创建运行主页文件，代码如下：

```
<!DOCTYPE html>
<html>
<head>
<meta charset=\"UTF-8\">
</head>
<body>
<h1>获得服务器更新</h1>
<div id="result">
</div>
<script>
if(typeof(EventSource)!=="undefined")
  {
  var source=new EventSource("/123.php");
```

```
source.onmessage=function(event)
  {
  document.getElementById("result").innerHTML+=event.data + "<br />";
  };
}
else
  {
  document.getElementById("result").innerHTML="对不起，您的浏览器不支持服务器发送
事件...";
  }
</script>
</body>
</html>
```

 通信数据的编码这里规定为 UTF-8，另外所有的页面编码要统一为 UTF-8，否则
会乱码或无数据。

step 02 编写服务器端文件 123.php，代码如下：

```
<?php
error_reporting(E_ALL);
//注意：发送包头定义 MIMIE 类型(header 部分)，是实现服务器所必需的代码(MIMIE 类型定义了
事件框架格式)
header(\"Content-Type:text/event-stream\");
echo 'data:服务器第一次发送数据'.\"\n\";
echo 'data:服务器第二次发送数据'.\"\n\";
?>
```

 输出的格式必须为 data:value，这是 text/event-stream 格式的规定。

step 03 在 IE 11.0 浏览器中访问主页文件，效果如图 20-6 所示。

step 04 在 Firefox 53.0 浏览器中访问主页文件，效果如图 20-7 所示。服务器每隔一段时
间推送一个数据。

图 20-6　在 IE 浏览器中的访问主页文件效果　　　图 20-7　在 Firefox 浏览器中的访问主页文件效果

387

20.7 疑难解惑

疑问 1: 工作线程(Web Worker)的主要应用场景有哪些?

答: 工作线程的主要应用场景有 3 个,分别如下。

(1) 使用工作线程做后台数值(算法)计算。

(2) 使用共享线程处理多用户并发连接。

(3) HTML 5 线程代理。

疑问 2: 目前浏览器对 Web Worker 的支持情况如何?

答: 目前大部分主流的浏览器都支持 Web Worker,但是 Internet Explorer 9 之前的版本并不支持。

疑问 3: 如何编写 JSP 的服务器端代码?

答: 如果服务器端是 JSP,则服务器的代码段如下:

```
<%@ page contentType="text/event-stream; charset=UTF-8"%>
<%
    response.setHeader("Cache-Control", "no-cache");
    out.print("data: >> server Time" + new java.util.Date() );
    out.flush();
%>
```

其中,编码要采用统一的 UTF-8 格式。

疑问 4: 如何优化服务器端代码?

答: EventSource 对象是一个不间歇运行的程序,时间一长会大量地消耗资源,甚至导致客户端浏览器崩溃,那么如何优化执行代码呢?

在 HTML 5 中使用 Web Worker 优化 JavaScript 执行复杂运算、重复运算和多线程,对于执行时间长、消耗内存多的 JavaScript 程序代码最为有用。

第 21 章

CSS 3 定位与 DIV 布局核心技术

在网页设计中，能否很好地定位网页中的每个元素，是网页整体布局的关键。一个布局混乱、元素定位不准确的页面，是每个浏览者都不喜欢的。而把每个元素都精确地定位到合理位置，才是构建美观大方页面的前提。

21.1　了解块级元素和行内级元素

通过块元素，可以把 HTML 中的\<p\>和\<h1\>之类的文本标签定义成类似 DIV 分区的效果，而通过内联元素，可以把元素设置成"行内"元素，这两种元素的 CSS 作用比较小，但是也有一定的使用价值。

21.1.1　块级元素和行内级元素的应用

块元素是指在没有 CSS 样式作用下，新的块元素会另起一行按顺序排列下去。DIV 就是块元素之一。块元素使用 CSS 中的 block 定义，具体的特点如下。

(1) 总是在新行上开始。

(2) 行高以及顶和底边距都可以控制。

(3) 如果用户不设置宽度的话，则会默认为整个容器的 100%；而如果我们设置了值，就是按照我们设置的值显示。

常用的\<p\>、\<h1\>、\<form\>、\<ul\>和\<li\>标签都是块元素，块元素的用法比较简单，下面给出一个块元素应用示例。

【例 21.1】应用块元素(示例文件 ch21\21.1.html)。

```
<!DOCTYPE html>

<html>
<head>
<title>块元素</title>
<style>
.big{
   width: 800px;
   height: 105px;
   background-image: url(07.jpg);
}
a{
   font-size: 12px;
   display: block;
   width: 100px;
   height: 20px;
   line-height: 20px;
   background-color: #F4FAFB;
   text-align: center;
   text-decoration: none;
   border-bottom: 1px dotted #6666FF;
   color: black;
}
a:hover{
   font-size: 13px;
   display: block;
   width: 100px;
   height: 20px;
```

```
    line-height: 20px;
    text-align: center;
    text-decoration: none;
    color: green;
}
</style>
</head>
<body>
    <div class="big">
    <p>
        <a href="#">管理应用</a><a href="#">财务管理</a><a href="#">在线管理</a>
        <a href="#">客户关系管理</a><a href="#">一体化管理</a>
    </p>
    </div>
</body>
</html>
```

在 IE 11.0 中浏览，效果如图 21-1 所示，可以看到，左边显示了一个导航栏，右边显示了一张图片。其导航栏就是以块元素形式显示的。

图 21-1 块元素的显示

通过 display:inline 语句，可以把元素定义为行内元素，行内元素的特点如下。

(1) 与其他元素都在同一行上。

(2) 行高以及顶和底边距不可改变。

(3) 宽度就是它的文字或图片的宽度，不可改变。

常见的行内元素有<span>、<a>、<label>、<input>、<img>和<strong>等，行内元素的应用也比较简单。

【例 21.2】应用行内元素(示例文件 ch21\21.2.html)。

```
<!DOCTYPE html>

<html>
<head>
<title>行内元素</title>
<style type="text/css">
.hang {
    display: inline;
}
</style>
</head>
<body>
<div>
```

```
        <a href="#" class="hang">这是 a 标签</a>
        <span class="hang">这是 span 标签</span>
        <strong class="hang">这是 strong 标签</strong>
        <img class="hang" src=6.jpg/>
</div>
</body>
</html>
```

在 IE 11.0 中浏览，效果如图 21-2 所示，可以看到页面中的 3 个 HTML 元素都在同一行显示，包括超级链接、文本信息。

21.1.2　div 标记和 span 标记的区别

图 21-2　行内元素的显示

div 标记和 span 标记二者的区别在于，div 是一个块级元素，会自动换行。span 标记是一个行内标记，其前后都不会发生换行。div 标记可以包含 span 标记元素，但 span 标记一般不包含 div 标记。

【例 21.3】div 标记和 span 标记的区别(示例文件 ch21\21.3.html)。

```
<!DOCTYPE html>

<html>
<head>
    <title>div 与 span 的区别</title>
</head>

<body>
    <p>div 自动分行：</p>
    <div><b>宁静</b></div>
    <div><b>致远</b></div>
    <div><b>明治</b></div>
    <p>span 同一行：</p>
    <span><b>老虎</b></span>
    <span><b>狮子</b></span>
    <span><b>老鼠</b></span>
</body>
</html>
```

在 IE 11.0 中浏览，效果如图 21-3 所示，可以看到 DIV 层所包含的元素进行了自动换行，而对于 span 标记，3 个 HTML 元素是在同一行显示的。

图 21-3　div 与 span 标记的区别

21.2　盒子模型

将网页上的每个 HTML 元素都视为长方形的盒子，这是网页设计上的一大创新。在控制页面方面，盒子模型有着至关重要的作用，熟练掌握盒子模型及盒子模型的各个属性，是控制页面中每个 HTML 元素的前提。

21.2.1 盒子模型的概念

在 CSS 3 中，所有的页面元素都包含在一个矩形框内，称为盒子。盒子模型是由 margin（边界）、border（边框）、padding（空白）和 content（内容）几个属性组成的。此外，在盒子模型中，还具备高度和宽度两个辅助属性。盒子模型如图 21-4 所示。

从图 21-4 中可以看出，盒子模型包含如下 4 个部分。

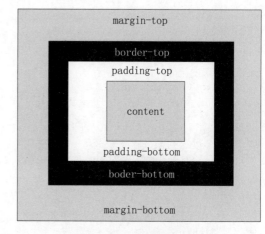

图 21-4　盒子模型的效果

(1) content（内容）：内容是盒子模型中必需的一部分，内容可以是文字、图片等元素。

(2) padding（空白）：也称内边距或补白，用来设置内容和边框之间的距离。

(3) border（边框）：可以设置内容边框线的粗细、颜色、样式等，前面已经介绍过。

(4) margin（边界）：外边距，用来设置内容与内容之间的距离。

一个盒子的实际高度（宽度）是由 content+padding+border+margin 组成的。在 CSS 3 中，可以通过设定 width 和 height，来控制 content 的大小，并且对于任何一个盒子，都可以分别设定 4 条边的 border、padding 和 margin。

21.2.2 定义网页的 border 区域

border 是内边距和外边距的分界线，可以分离不同的 HTML 元素。border 有 3 个属性，分别是边框样式(style)、颜色(color)和宽度(width)。

【例 21.4】定义网页的 border 区域(示例文件 ch21\21.4.html)。

```
<!DOCTYPE html>
<html>
<head>
<title>border 边框</title>
<style type="text/css">
.div1{
    border-width: 10px;
    border-color: #ddccee;
    border-style: solid;
    width: 410px;
}
.div2{
    border-width: 1px;
    border-color: #adccdd;
    border-style: dotted;
```

```
    width: 410px;
}
.div3{
    border-width: 1px;
    border-color: #457873;
    border-style: dashed;
    width: 410px;
}
</style>
</head>
<body>
    <div class="div1">
        这是一个宽度为 10px 的实线边框。
    </div>
    <br /><br />
    <div class="div2">
        这是一个宽度为 1px 的虚线边框。
    </div>
    <br /><br />
    <div class="div3">
        这是一个宽度为 1px 的点状边框。
    </div>
</body>
</html>
```

在 IE 11.0 中浏览，效果如图 21-5 所示，可以看到，显示了 3 个不同风格的盒子，第一个盒子的边框线宽度为 10 像素，边框样式为实线，颜色为紫色；第二个盒子的边框线宽度为 1 像素，边框样式是虚线，颜色为浅绿色；第三个盒子的边框宽度为 1 像素，边框样式是点状线，颜色为绿色。

图 21-5　设置盒子的边框

21.2.3　定义网页的 padding 区域

在 CSS 3 中，可以通过设置 padding 属性来定义内容与边框之间的距离，即内边距的距离。语法格式如下：

```
padding: length
```

padding 属性值可以是一个具体的长度，也可以是一个相对于上级元素的百分比，但不可以使用负值。padding 属性能为盒子定义上、下、左、右间隙的宽度，也可以单独定义各方位的宽度。常用形式如下：

```
padding: padding-top | padding-right | padding-bottom | padding-left
```

如果提供 4 个参数值，将按顺时针的顺序作用于四边。如果只提供 1 个参数值，将用于全部的 4 条边；如果提供 2 个值，则第一个作用于上下两边，第 2 个作用于左右两边。如果提供 3 个值，则第 1 个用于上边，第 2 个用于左、右两边，第 3 个用于下边。

其具体含义如表 21-1 所示。

表 21-1　padding 属性的子属性

属　性	描　述
padding-top	设定上间隙
padding-bottom	设定下间隙
padding-left	设定左间隙
padding-right	设定右间隙

【例 21.5】定义网页的 padding 区域(示例文件 ch21\21.5.html)。

```
<!DOCTYPE html>
<html>
<head>
<title>padding</title>
<style type="text/css">
.wai{
    width: 400px;
    height: 250px;
    border: 1px #993399 solid;
}
img{
    max-height: 120px;
    padding-left: 50px;
    padding-top: 20px;
}
</style>
</head>
<body>
<div class="wai">
    <img src="07.jpg" />
        <p>这张图片的左内边距是 50px，顶内边距是 20px</p>
    </div>
</body>
</html>
```

在 IE 11.0 中浏览，效果如图 21-6 所示，可以看到，在一个 DIV 层中，显示了一张图片，此图片可以看作一个盒子模型，并定义了图片的左内边距和上内边距的效果。可以看出，内边距其实是对象 img 和外层 DIV 之间的距离。

21.2.4　定义网页的 margin 区域

margin 边界用来设置页面中元素和元素之间的距离，即定义元素周围的空间范围，是页面排版中一个比较重要的概念。语法格式如下：

图 21-6　设置内边距

```
margin: auto | length
```

其中 auto 表示根据内容自动调整，length 表示由浮点数字和单位标识符组成的长度值或百分数。margin 属性包含的 4 个子属性控制一个页面元素的四周的边距样式，如表 21-2 所示。

表 21-2 margin 属性的子属性

属　性	描　述
margin-top	设定上边距
margin-bottom	设定下边距
margin-left	设定左边距
margin-right	设定右边距

如果希望很精确地控制块的位置，需要对 margin 有更深入的了解。margin 设置可以分为行内元素块之间的设置、非行内元素块之间的设置和父子块之间的设置。

1. 行内元素 margin 设置

【例 21.6】行内元素 margin 设置(示例文件 ch21\21.6.html)。

```
<!DOCTYPE html>

<html>
<head>
<title>行内元素设置margin</title>
<style type="text/css">
<!--
span{
    background-color: #a2d2ff;
    text-align: center;
    font-family: "幼圆";
    font-size: 12px;
    padding: 10px;
    border: 1px #ddeecc solid;
}
span.left{
    margin-right: 20px;
    background-color: #a9d6ff;
}
span.right{
    margin-left: 20px;
    background-color: #eeb0b0;
}
-->
</style>
</head>
<body>
    <span class="left">行内元素 1</span>
    <span class="right">行内元素 2</span>
</body>
</html>
```

在 IE 11.0 中浏览，效果如图 21-7 所示，可以看到一个蓝色盒子和一个红色盒子，二者之间的距离使用 margin 设置，其距离是左边盒子的右边距 margin-right 加上右边盒子的左边距 margin-left。

图 21-7　行内元素的 margin 设置

2. 非行内元素块之间的 margin 设置

如果不是行内元素，而是产生换行效果的块级元素，情况就可能发生变化。两个换行块级元素之间的距离不再是 margin-bottom 和 margin-top 的和，而是两者中的较大者。

【例 21.7】非行内元素块之间的 margin 设置(示例文件 ch21\21.7.html)。

```
<!DOCTYPE html>

<html>
<head>
<title>块级元素的 margin</title>
<style type="text/css">
<!--
h1{
    background-color: #ddeecc;
    text-align: center;
    font-family: "幼圆";
    font-size: 12px;
    padding: 10px;
    border: 1px #445566 solid;
    display: block;
}
-->
</style>
</head>
<body>
    <h1 style="margin-bottom:50px;">距离下面块的距离</h1>
    <h1 style="margin-top:30px;">距离上面块的距离</h1>
</body>
</html>
```

在 IE 11.0 中浏览，效果如图 21-8 所示，可以看到两个 h1 盒子，二者上下之间存在距离，其距离为 margin-bottom 和 margin-top 中较大的值，即 50 像素。如果修改下面 h1 盒子元素的 margin-top 为 40 像素，会发现执行结果没有任何变化。如果修改其值为 60 像素，会发现下面的盒子会向下移动 10 像素。

图 21-8　设置上下 margin 距离

3. 父子块之间的 margin 设置

当一个 div 块包含在另一个 div 块中间时，二者便会形成一个典型的父子关系。其中子块

397

的 margin 设置将会以父块的 content 为参考。

【例 21.8】父子块之间的 margin 设置(示例文件 ch21\21.8.html)。

```
<!DOCTYPE html>
<html>
<head>
<title>包含块的margin</title>
<style type="text/css">
<!--
div{
    background-color: #fffebb;
    padding: 10px;
    border: 1px solid #000000;
}
h1{
    background-color: #a2d2ff;
    margin-top: 0px;
    margin-bottom: 30px;
    padding: 15px;
    border: 1px dashed #004993;
    text-align: center;
    font-family: "幼圆";
    font-size: 12px;
}
-->
</style>
</head>
<body>
    <div>
        <h1>子块 div</h1>
    </div>
</body>
</html>
```

在 IE 11.0 中浏览，效果如图 21-9 所示，可以看到，子块 h1 盒子距离父 DIV 下边界为 40 像素(子块 30 像素的外边距加上父块 10 像素的内边距)，其他 3 边距离都是父块的 padding 距离，即 10 像素。

在上例中，如果设定了父元素的高度 height 值，并且父块高度值小于子块的高度加上 margin 的值，此时 IE 浏览器会自动扩大，保持子元素的 margin-bottom 的空间以及父元素的 padding-bottom。而 Firefox 就不会

图 21-9　设置包括盒子的 margin 距离

这样，会保证父元素的 height 高度的完全吻合，而这时子元素将超过父元素的范围。当将 margin 设置为负数时，会使得被设为负数的块向相反的方向移动，甚至覆盖在另外的块上。

21.3　CSS 3 新增的弹性盒模型

CSS 3 引入了新的盒模型处理机制，即弹性盒模型。该模型决定元素在盒子中的分布方式以及如何处理盒子的可用空间。通过弹性盒模型，可以轻松地设计出自适应浏览器窗口的流动布局或自适应字体大小的弹性布局。

CSS 3 为了弹性盒模型，新增了 8 个属性，如表 21-3 所示。

表 21-3　CSS 3 新增的盒子模型属性

属　　性	说　　明
box-orient	定义盒子分布的坐标轴
box-align	定义子元素在盒子内垂直方向上的空间分配方式
box-direction	定义盒子的显示顺序
box-flex	定义子元素在盒子内的自适应尺寸
box-flex-group	定义自适应子元素群组
box-lines	定义子元素分布显示
box-ordinal-group	定义子元素在盒子内的显示位置
box-pack	定义子元素在盒子内的水平方向上的空间分配方式

21.3.1　定义盒子的布局取向(box-orient)

box-orient 属性用于定义盒子元素内部的流动布局方向，即是横着排还是竖着走。语法格式如下：

```
box-orient: horizontal | vertical | inline-axis | block-axis | inherit
```

其参数值的含义如表 21-4 所示。

表 21-4　box-orient 属性值

属 性 值	说　　明
horizontal	盒子元素从左到右在一条水平线上显示它的子元素
vertical	盒子元素从上到下在一条垂直线上显示它的子元素
inline-axis	盒子元素沿着内联轴显示它的子元素
block-axis	盒子元素沿着块轴显示它的子元素

注意

弹性盒模型是 W3C 标准化组织于 2009 年发布的，目前还没有主流浏览器对其支持，不过采用 Webkit 和 Mozilla 渲染引擎的浏览器都自定义了一套私有属性，用来支持弹性盒模型。下面的代码中会存在一些 Firefox 浏览器的私有属性定义。

【例 21.9】定义盒子的布局取向(示例文件 ch21\21.9.html)。

```
<!DOCTYPE html>
<html>
<head>
<title>box-orient</title>
<style>
div{height:50px;text-align:center;}
.d1{background-color:#F6F;width:180px;height:500px}
.d2{background-color:#3F9;width:600px;height:500px}
.d3{background-color:#FCd;width:180px;height:500px}
body{
    display: box; /*标准声明，盒子显示*/
    display: -moz-box; /*兼容Mozilla Gecko 引擎浏览器*/
    orient: horizontal; /*定义元素为盒子显示*/
    -mozbox-box-orient: horizontal; /*兼容Mozilla Gecko 引擎浏览器*/
    box-orient: horizontal; /*CSS 3 标准化设置*/
}
</style>
</head>
<body>
<div class=d1>左侧布局</div>
<div class=d2>中间布局</div>
<div class=d3>右侧布局</div>
</body>
</html>
```

在上面的代码中，CSS 样式首先定义了每个 DIV 层的背景色和大小，在 body 标记选择器中，定义了body 容器中元素以盒子模型显示，并使用box-orient 定义元素水平并列显示。

在 Firefox 53.0 中浏览，效果如图 21-10 所示，可以看到显示了 3 个层，3 个 div 层并列显示，分别为"左侧布局""中间布局"和"右侧布局"。

图 21-10　盒子元素水平并列显示

21.3.2　定义盒子的布局顺序(box-direction)

box-direction 用来确定子元素的排列顺序，也可以说是内部元素的流动顺序。

语法格式如下：

```
box-direction: normal | reverse | inherit
```

其参数值如表 21-5 所示。

表 21-5　box-direction 属性

属 性 值	说　明
normal	正常显示顺序，即如果盒子元素的 box-orient 属性值为 horizontal，则其包含的子元素按照从左到右的顺序显示，即每个子元素的左边总是靠近前一个子元素的右边；如果盒子元素的 box-orient 属性值为 vertical，则其包含的子元素按照从上到下的顺序显示
reverse	反向显示，盒子所包含的子元素的显示顺序将与 normal 相反
inherit	继承上级元素的显示顺序

【例 21.10】定义盒子的布局顺序(示例文件 ch21\21.10.html)。

```
<!DOCTYPE html>

<html>
<head>
<title>box-direction</title>

<style>

div{height:50px;text-align:center;}
.d1{background-color:#F6F;width:180px;height:500px}
.d2{background-color:#3F9;width:600px;height:500px}
.d3{background-color:#FCd;width:180px;height:500px}

body{
    display:box;                      /*标准声明，盒子显示*/
    display:-moz-box;                 /*兼容 Mozilla Gecko 引擎浏览器*/
    orient:horizontal;                /*定义元素为盒子显示*/
    -mozbox-box-orient:horizontal;    /*兼容 Mozilla Gecko 引擎浏览器*/
    box-orient:horizontal;            /*CSS 3 标准声明*/
    -moz-box-direction: reverse;
    box-direction: reverse;
}
</style>

</head>

<body>
<div class=d1>左侧布局</div>
<div class=d2>中间布局</div>
<div class=d3>右侧布局</div>
</body>
</html>
```

可以发现此示例代码与上一个示例代码基本相同，只不过多了一个 box-direction 属性设置，此处设置布局进行反向显示。

在 Firefox 53.0 中浏览，效果如图 21-11 所示，可以发现，与上一个图形相比较，左侧布局和右侧布局进行了互换。

图 21-11　盒子布局顺序的设置

21.3.3　定义盒子布局的位置(box-ordinal-group)

box-ordinal-group 属性设置盒子中每个子元素在盒子中的具体位置。语法格式如下:

```
box-ordinal-group: <integer>
```

参数值 integer 是一个自然数,从 1 开始,用来设置子元素的位置序号。子元素将分别根据这个属性从小到大进行排列。在默认情况下,子元素将根据元素的位置进行排列。如果没有指定 box-ordinal-group 属性值的子元素,则其序号默认都为 1,并且序号相同的元素将按照它们在文档中加载的顺序进行排列。

【例 21.11】定义盒子布局的位置(示例文件 ch21\21.11.html)。

```
<!DOCTYPE html>
<html>
<head>
<title>
box-ordinal-group
</title>
<style>
body{
    margin: 0;
    padding: 0;
    text-align: center
    background-color: #d9bfe8;
}
.box{
    margin: auto;
    text-align: center;
    width: 988px;
    display: -moz-box;
    display: box;
    box-orient: vertical;
    -moz-box-orient: vertical;
}
.box1{
    -moz-box-ordinal-group: 2;
    box-ordinal-group: 2;
}
.box2{
    -moz-box-ordinal-group: 3;
```

```
    box-ordinal-group: 3;
}
.box3{
    -moz-box-ordinal-group: 1;
    box-ordinal-group: 1;
}
.box4{
    -moz-box-ordinal-group: 4;
    box-ordinal-group: 4;
}
</style>
</head>
<body>
<div class=box>
    <div class=box1><img src="1.jpg"/></div>
    <div class=box2><img src="2.jpg"/></div>
    <div class=box3><img src="3.jpg"/></div>
    <div class=box4><img src="4.jpg"/></div>
</div>
</body>
</html>
```

在上面的样式代码中，类选择器 box 中代码"display: box"设置了容器以盒子方向显示，"box-orient: vertical"代码设置排列方向从上到下。在下面的 box1、box2、box3 和 box4 类选择器中通过 box-ordinal-group 属性都设置了显示顺序。

在 Firefox 53.0 中浏览，效果如图 21-12 所示，可以看到第三个层次显示在第一个和第二个层次之上。

图 21-12　设置层的显示顺序

21.3.4　定义盒子的弹性空间(box-flex)

box-flex 属性能够灵活地控制子元素在盒子中的显示空间。显示空间包括子元素的宽度和高度，而不只是子元素所在栏目的宽度，也可以说是子元素在盒子中的所占的面积。

语法格式如下：

```
box-flex: <number>
```

<number>属性值一个整数或者小数。当盒子中包含多个定义了 box-flex 属性的子元素时，浏览器将会把这些子元素的 box-flex 属性值相加，然后根据它们各自的值占总值的比例来分配盒子剩余的空间。

【例 21.12】定义盒子的弹性空间(示例文件 ch21\21.12.html)。

```
<!DOCTYPE html>

<html>
<head>
<title>box-flex</title>
<style>
body{
    margin: 0;
    padding: 0;
    text-align: center;
}
.box{
    height: 50px;
    text-align: center;
    width: 960px;
    overflow: hidden;
    display: box;                          /*标准声明，盒子显示*/
    display: -moz-box;                     /*兼容 Mozilla Gecko 引擎浏览器*/
    orient: horizontal;                    /*定义元素为盒子显示*/
    -mozbox-box-orient: horizontal;        /*兼容 Mozilla Gecko 引擎浏览器*/
    box-orient: horizontal;                /*CSS 3 标准声明*/
}
.d1{
    background-color: #F6F;
    width: 180px;
    height: 500px;
}
.d2,.d3{
    border: solid 1px #CCC;
    margin: 2px;
}
.d2{
    -moz-box-flex: 2;
    box-flex: 2;
    background-color: #3F9;
    height: 500px;
}
.d3{
    -moz-box-flex: 4;
    box-flex: 4;
    background-color: #FCd;
    height: 500px;
}
```

```
.d2 div,.d3 div{display: inline;}
</style>
</head>

<body>
<div class=box>
    <div class=d1>左侧布局</div>
    <div class=d2>中间布局</div>
    <div class=d3>右侧布局</div>
</div>
</body>
</html>
```

在上面的 CSS 样式代码中，使用 "display:box" 语句设定容器内元素以盒子方式布局，"box-orient: horizontal" 语句设定盒子之间在水平方向上并列显示，类选择器 d1 中使用 width 和 height 设定显示层的大小，而在 d2 和 d3 中，使用 box-flex 分别设定两个盒子的显示面积。

在 Firefox 53.0 中浏览，效果如图 21-13 所示。

图 21-13　设置盒子的面积

21.3.5　管理盒子空间(box-pack 和 box-align)

当弹性元素和非弹性元素混合排版时，可能会出现所有子元素的尺寸大于或小于盒子的尺寸，从而出现盒子空间不足或者富余的情况，这时就需要一种方法来管理盒子的空间。如果子元素的总尺寸小于盒的尺寸，则可以使用 box-pack 和 box-align 属性进行管理。

box-pack 属性可以用于设置子容器在水平轴上的空间分配方式，其语法格式如下：

```
box-pack: start | end | center | justify
```

参数值的含义如表 21-6 所示。

表 21-6　box-pack 属性

属 性 值	说　明
start	所有子容器都分布在父容器的左侧，右侧留空
end	所有子容器都分布在父容器的右侧，左侧留空
justify	所有子容器平均分布(默认值)
center	平均分配父容器剩余的空间(能压缩子容器的大小，并且有全局居中的效果)

box-align 属性用于管理子容器在竖轴上的空间分配方式，其语法格式如下：

```
box-align: start | end | center | baseline | stretch
```

参数值的含义如表 21-7 所示。

表 21-7　box-align 属性

属 性 值	说　明
start	子容器从父容器顶部开始排列，富余空间显示在盒子底部
end	子容器从父容器底部开始排列，富余空间显示在盒子顶部
center	子容器横向居中，富余空间在子容器两侧分配，上面一半，下面一半
baseline	所有盒子沿着它们的基线排列，富余的空间可前可后显示
stretch	每个子元素的高度被调整到适合盒子的高度显示。即所有子容器和父容器保持同一高度

【例 21.13】管理盒子空间(示例文件 ch21\21.13.html)。

```html
<!DOCTYPE html>
<html>
<head>
<title>box-pack</title>
<style>
body,html{
    height: 100%;
    width: 100%;
}
body{
    margin: 0;
    padding: 0;
    display: box;                             /*标准声明，盒子显示*/
    display: -moz-box;                        /*兼容 Mozilla Gecko 引擎浏览器*/
    -mozbox-box-orient: horizontal;           /*兼容 Mozilla Gecko 引擎浏览器*/
    box-orient: horizontal;                   /*CSS 3 标准声明*/
    -moz-box-pack: center;
    box-pack: center;
    -moz-box-align: center;
    box-align: center;
    background: #04082b url(a.jpg) no-repeat top center;
}
.box{
    border: solid 1px red;
    padding: 4px;
}
</style>
</head>
<body>
    <div class=box>
        <img src=yueji.jpg>
    </div>
</body>
</html>
```

在上面的代码中，"display: box"定义了容器内元素以盒子形式显示；"box-orient:

horizontal"定义了盒子水平显示；"box-pack: center"定义了盒子两侧空间平均分配；"box-align: center"定义上下两侧平均分配，即图片盒子居中显示。

在 Firefox 53.0 中浏览，效果如图 21-14 所示，可以看到中间盒子在容器中部显示。

图 21-14　设置盒子在中间显示

21.3.6　盒子空间的溢出管理(box-lines)

在弹性布局中，盒子内的元素很容易出现空间溢出的现象，与传统的盒子模型一样，CSS 3 允许使用 overflow 属性来处理溢出内容的显示。当然，还可以使用 box-lines 属性来避免空间溢出的问题。其语法格式如下：

```
box-lines: single|multiple
```

参数值 single 表示子元素都单行或单列显示；multiple 表示子元素可以多行或多列显示。

【例 21.14】盒子空间的溢出管理(示例文件 ch21\21.14.html)。

```
<!DOCTYPE html>
<html>
<head>
<title>box-lines</title>
<style>
.box{
    border: solid 1px red;
    width: 600px;
    height: 400px;
    display: box;                          /*标准声明，盒子显示*/
    display: -moz-box;                     /*兼容Mozilla Gecko引擎浏览器*/
    -mozbox-box-orient: horizontal;        /*兼容Mozilla Gecko引擎浏览器*/
    -moz-box-lines: multiple;
    box-lines: multiple;
}
```

```
.box div{
    margin: 4px;
    border: solid 1px #aaa;
    -moz-box-flex: 1;
    box-flex: 1;
}
.box div img{width: 120px;}
</style>
</head>
<body>
<div class=box>
    <div><img src="b.jpg"></div>
    <div><img src="c.jpg"></div>
    <div><img src="d.jpg"></div>
    <div><img src="e.jpg"></div>
    <div><img src="f.jpg"></div>
</div>
</body>
</html>
```

在 Firefox 53.0 中浏览，效果如图 21-15 所示，可以看到，右边盒子还是发生溢出现象。这是因为目前各大主流浏览器还没有明确支持这种用法，所以导致 box-lines 属性被实际应用时显示无效。相信在未来的一段时间内，各个浏览器会支持该属性。

图 21-15　溢出管理

21.4　综合案例——图文排版效果

一个宣传页需要包括文字和图片信息。本案例将结合前面学习的盒子模型及其相关属性，创建一个旅游宣传页。具体操作步骤如下。

step 01　分析需求。

整个宣传页面需要一个 DIV 层包含并带有边框，DIV 层包括两个部分，上部空间包含一张图片，下面显示文本信息并且带有底边框；下部空间显示两张图片。实例完成后，效果如图 21-16 所示。

step 02　构建 HTML 页面，使用 DIV 搭建框架：

```
<!DOCTYPE html>
<html>
<head>
<title>图文排版</title>
</head>
<body>
<div class="big">
    <div class="up">
        <img src="top.jpg" border="0" />
        <p>·反季游正流行 众信旅游暑期邀你到南半球过冬 </p>
        <p>·西安世园会暨旅游推介会今日在沈阳举行! </p>
        <p>·澳大利亚旅游局中国区首代邓李宝茵八月底卸任</p>
        <p>·"彩虹部落"土族:旅游经济支撑下的文化记忆恢复(组图)</p>
    </div>
    <div class="down">
        <img src="bottom1.jpg" border="0" />    
        <img src="bottom2.jpg" border="0" />
    </div>
</div>
</body>
</html>
```

　　在 IE 11.0 中浏览，效果如图 21-17 所示，可以看到页面自上向下显示图片、段落信息和图片。

图 21-16　旅游宣传页

图 21-17　构建 HTML 文档

step 03　添加 CSS 代码，修饰整体 DIV：

```
<style>
*{
    padding: 0px;
    margin: 0px;
}
body{
    font-family: "宋体";
    font-size: 12px;
}
.big{
```

```
    width: 220px;
    border: #0033FF 1px solid;
    margin: 10px 0 0 20px;
}
</style>
```

CSS 样式代码在 body 选择器中设置了字体类型和文字大小，并在 big 类选择器中，设置了整个层的宽度、边框样式和外边距。

在 IE 11.0 中浏览，效果如图 21-18 所示，可以看到，页面图片信息和文本都在一个矩形盒子内显示，其边框颜色为蓝色，大小为 1 像素。

step 04 添加 CSS 代码，修饰字体和图片：

```
.up p{
    margin: 5px;
}
.up img{
    margin: 5px;
    text-align: center;
}
.down{
    text-align: center;
    border-top: #FF0000 1px dashed;
}
.down img{
    margin-top: 5px;
}
```

上面的代码定义了段落、图片的外边距，例如"margin-top: 5px"设置了下面图片的外边距为 5 像素，两张图片距离是 10 像素。

在 IE 11.0 中浏览，效果如图 21-19 所示，可以看到，文字居中显示，下面带有一个红色虚线，宽度为 1 像素。

图 21-18　设置整体 DIV 样式

图 21-19　设置各个元素的外边距

21.5　跟我学上机——淘宝导购菜单

网上购物已经成为一种时尚，其中淘宝网是网上购物网站影响比较大的网站之一。淘宝网的宣传页面到处都是。本案例结合前面学习的知识，创建一个淘宝网宣传导航页面。

具体操作步骤如下。

step 01 分析需求。

根据实际效果，需要创建一个 DIV 层，包含 3 个部分，即左边导航栏、中间图片显示区域和右边导航栏，然后使用 CSS 设置导航栏字体和边框。

案例完成后，效果如图 21-20 所示。

step 02 构建 HTML 页面，使用 DIV 搭建框架：

```
<!DOCTYPE html>
<html>
<head>
<title>淘宝网</title>
</head>
<body>
<div class="wrap">
    <div class="area">
        <div class="tab_area">
            <ul>
                <li class="current"><a href="#">男 T 恤</a></li>
                <li><a href="#">男衬衫</a></li>
                <li><a href="#">休闲裤</a></li>
                <li><a href="#">牛仔裤</a></li>
                <li><a href="#">男短裤</a></li>
                <li><a href="#">西裤</a></li>
                <li><a href="#">皮鞋</a></li>
                <li><a href="#">休闲鞋</a></li>
                <li ><a href="#">男凉鞋</a></li>
            </ul>
        </div>
        <div class="tab_area1">
            <ul>
                <li><a href="#">女 T 恤</a></li>
                <li><a href="#">女衬衫</a></li>
                <li><a href="#">开衫</a></li>
                <li ><a href="#">女裤</a></li>
                <li><a href="#">女包</a></li>
                <li ><a href="#">男包</a></li>
                <li ><a href="#">皮带</a></li>
                <li><a href="#">登山鞋</a></li>
                <li ><a href="#">户外装</a></li>
            </ul>
        </div>
    </div>
    <div class="img_area">
        <img src=nantxu.jpg/>
    </div>
```

```
</div>
</body>
</html>
```

在 Firefox 53.0 中浏览，效果如图 21-21 所示。三部分内容分别自上而下显示：第一部分是导航菜单栏；第二部分也是一个导航菜单栏；第三部分是一个图片信息。

图 21-20   淘宝宣传页   图 21-21   基本 HTML 显示

step 03 添加 CSS 代码，修饰整体样式：

```
<style type="text/css">
body, p, ul, li{margin:0; padding:0;}
body{font: 12px arial,宋体,sans-serif;}
.wrap{
    width: 318px;
    height: 248px;
    background-color: #FFFFFF;
    float: left;
    border: 1px solid #F27B04;
}
.area{width:318px; float:left;}
.tab_area{
    width: 53px;
    height: 248px;
    border-right: 1px solid #F27B04;
    overflow: hidden;
}
.tab_area1{
    width: 53px;
```

```
    height: 248px;
    border-left: 1px solid #F27B04;
    overflow: hidden;
    position: absolute;
    left: 265px;
    top: 1px;
}
.img_area{
    width: 208px;
    height: 248px;
    overflow: hidden;
    position: absolute;
    top: -2px;
    left: 55px;
}
</style>
```

在上面的 CSS 样式代码中，设置了 body 页面字体、段落、列表和列表选项的样式。需要注意的是，类选择器 tab_area 定义了左边的列表选项，即左边的导航菜单，其宽度为 53 像素，高度为 248 像素，边框为黄色。类选择器 tab_area1 定义了右边的列表选项，即右边导航菜单，其宽度和高度与左侧菜单相同，但此次使用 position 定义了这个 div 层显示的绝对位置，语句为 "position:absolute; left:265px; top:1px;"。类选择器 img_area 定义了中间图片显示样式，也是使用 position 绝对定位。

在 Firefox 53.0 中的浏览效果如图 21-22 所示，可以看到网页中显示了 3 个部分，即左右两侧为导航菜单栏，中间是图片。

step 04 添加 CSS 代码，修饰列表选项：

```
img{border:0;}
li{list-style:none;}
a{font-size:12px; text-decoration:none}
a:link,a:visited{color:#999;}
.tab_area ul li,.tab_area1 ul li{
    width: 53px;
    height: 27px;
    text-align: center;
    line-height: 26px;
    float: left;
    border-bottom: 1px solid #F27B04;
}
.tab_area ul li a,.tab_area1 ul li a{color: #3d3d3d;}
.tab_area ul li.current,.tab_area1 ul li.current{
    height: 27px;
    background-color: #F27B04;
}
.tab_area ul li.current a,.tab_area1 ul li.current a{
    color: #fff;
    font-size: 12px;
    font-weight: 400;
    line-height: 27px
}
```

上面的 CSS 样式代码，完成了对文字大小、颜色、是否带有下画线等属性的定义。

在 Firefox 53.0 中浏览，效果如图 21-23 所示，可以看到，网页中左右两个导航菜单相对于前面的效果，字体颜色发生了变化，大小也发生了变化。

图 21-22　设置整体布局样式

图 21-23　修饰列表选项

21.6　疑 难 解 惑

疑问 1：如何理解 margin 的加倍问题？

答：当 div 层被设置为 float 时，在 IE 下设置的 margin 会加倍。这是 IE 都存在的 Bug。其解决办法是，在这个 div 里面加上"display: inline;"。例如：

```
<div id="imfloat"></div>
```

相应的 CSS 为：

```
#iamfloat{
    float: left;
    margin: 5px;
    display: inline;
}
```

疑问 2："margin: 0 auto"表示什么含义？

答："margin: 0 auto"定义元素向上补白 0 像素，左右为自动使用。这样按照浏览器解析习惯是可以让页面居中显示的，一般这个语句会用在 body 标记中。在使用"margin: 0 auto"语句使页面居中时，一定要给元素一个高度并且不要让元素浮动，即不要加 float，否则会失效。

第 IV 篇

综合案例实战

第 22 章

网页布局剖析
与制作

　　使用 CSS + DIV 布局，可以使网页结构清晰化，并将内容、结构与表现相分离，以方便设计人员对网页进行改版和引用数据。本章就来对网页布局进行剖析，并制作相关的网页布局样式。

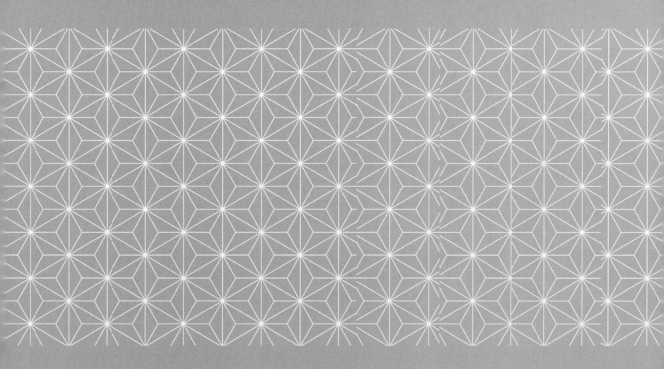

22.1 固定宽度网页剖析与布局

CSS 的排版是一种全新的排版理念，与传统的表格排版布局完全不同，首先在页面上分块，然后应用 CSS 属性重新定位。下面就固定宽度布局进行深入的讲解，使读者能够熟练掌握这些方法。

22.1.1 网页单列布局模式

网页单列布局模式是最简单的一种布局形式，也被称为"网页 1-1-1 型布局模式"。制作单列布局网页的操作步骤如下。

step 01 打开记事本文件，在其中输入如下代码，该段代码的作用是在页面中放置第一个圆角矩形框：

```html
<!DOCTYPE html>
<head>
<title>单列网页布局</title>
</head>
<body>
<div class="rounded">
    <h2>页头</h2>
    <div class="main">
        <p>
        锄禾日当午，汗滴禾下土<br/>
        锄禾日当午，汗滴禾下土</p>
    </div>
    <div class="footer">
        <p></p>
    </div>
</div>
</body>
</html>
```

在代码中，这组<div>...</div>之间的内容是固定结构的，其作用就是实现一个可以变化宽度的圆角框。在 IE 11.0 中浏览，效果如图 22-1 所示。

step 02 设置圆角框的 CSS 样式。为了实现圆角框效果，加入如下样式代码：

```css
<style>
body {
    background: #FFF;
    font: 14px 宋体;
    margin: 0;
    padding: 0;
}
.rounded {
    background: url(images/left-top.gif) top left no-repeat;
    width: 100%;
}
.rounded h2 {
```

```
    background: url(images/right-top.gif) top right no-repeat;
    padding: 20px 20px 10px;
    margin: 0;
}
.rounded .main {
    background: url(images/right.gif) top right repeat-y;
    padding: 10px 20px;
    margin: -20px 0 0 0;
}
.rounded .footer {
    background: url(images/left-bottom.gif) bottom left no-repeat;
}
.rounded .footer p {
    color: red;
    text-align: right;
    background: url(images/right-bottom.gif) bottom right no-repeat;
    display: block;
    padding: 10px 20px 20px;
    margin: -20px 0 0 0;
    font: 0/0;
}
</style>
```

在代码中定义了整个盒子的样式，如文字大小等，其后的 5 段以.rounded 开头的 CSS 样式都是为实现圆角框进行的设置。

这段 CSS 代码在后面的制作中都不需要调整，直接放置在<style></style>之间即可，在 IE 11.0 中浏览，效果如图 22-2 所示。

图 22-1　初步使用 DIV

图 22-2　设置圆角框的 CSS 样式后

step 03　设置网页固定宽度。为该圆角框单独设置一个 id，把针对它的 CSS 样式放到这个 id 的样式定义部分。设置 margin 实现在页面里居中，并用 width 属性确定固定宽度，代码如下：

```
#header {
    margin: 0 auto;
    width: 760px;
}
```

注意　这个宽度不要设置在 ".rounded" 相关的 CSS 样式中，因为该样式会被页面中的各个部分公用，如果设置了固定宽度，其他部分就不能正确显示了。

另外，在 HTML 部分的<div class="rounded">...</div>外面套一个 div，代码如下：

```
<div id="header">
    <div class="rounded">
        <h2>页头</h2>
        <div class="main">
            <p>
            锄禾日当午，汗滴禾下土<br/>
            锄禾日当午，汗滴禾下土</p>
        </div>
        <div class="footer">
            <p></p>
        </div>
    </div>
</div>
```

在 IE 11.0 中浏览，效果如图 22-3 所示。

图 22-3　套一个 DIV 后

step 04 设置其他圆角矩形框。将放置的圆角框再复制出 2 个，并分别设置 id 为 content 和 footer，分别代表"内容"和"页脚"。完整的页面框架代码如下：

```
<div id="header">
    <div class="rounded">
        <h2>页头</h2>
        <div class="main">
            <p>
            锄禾日当午，汗滴禾下土<br/>
            锄禾日当午，汗滴禾下土</p>
        </div>
        <div class="footer">
            <p></p>
        </div>
    </div>
</div>
<div id="content">
    <div class="rounded">
        <h2>正文</h2>
        <div class="main">
            <p>
            锄禾日当午，汗滴禾下土<br />
            锄禾日当午，汗滴禾下土</p>
        </div>
        <div class="footer">
            <p>
            查看详细信息&gt;&gt;
            </p>
```

```
        </div>
    </div>
</div>
<div id="pagefooter">
    <div class="rounded">
        <h2>页脚</h2>
        <div class="main">
            <p>
            锄禾日当午，汗滴禾下土</p>
        </div>
        <div class="footer">
            <p></p>
        </div>
    </div>
</div>
```

修改 CSS 样式代码如下：

```
#header,#pagefooter,#content{
    margin: 0 auto;
    width: 760px;
}
```

从 CSS 代码中可以看到，3 个 DIV 的宽度都设置为固定值 760 像素，并且通过设置 margin 的值来实现居中放置，即左右 margin 都设置为 auto。在 IE 11.0 中的浏览效果如图 22-4 所示。

图 22-4　单列网页布局最终效果

22.1.2　网页 1-2-1 型布局模式

网页 1-2-1 型布局模式是网页制作中最常用的一种模式，模式结构如图 22-5 所示。

图 22-5　网页 1-2-1 型布局模式的结构

这里，在布局结构中增加了一个 side 栏。但是在通常状况下，两个 div 只能竖直排列。为了让 content 和 side 能够水平排列，必须把它们放到另一个 div 中，然后使用浮动或者绝对定位的方法，使 content 和 side 并列起来。

制作网页 1-2-1 型布局的操作步骤如下。

step 01 ▶ 修改网页单列布局的结果代码。这一步用上一小节完成的结果作为素材，在 HTML 中把 content 部分复制出一个新的，这个新的 id 设置为 side。然后在它们的外面套一个 div，命名为 container，修改部分的框架代码如下：

```html
<div id="container">
    <div id="content">
        <div class="rounded">
            <h2>正文 1</h2>
            <div class="main">
                <p>
                锄禾日当午，汗滴禾下土<br />
                锄禾日当午，汗滴禾下土</p>
            </div>
            <div class="footer">
                <p>
                查看详细信息&gt;&gt;
                </p>
            </div>
        </div>
    </div>
    <div id="side">
        <div class="rounded">
            <h2>正文 2</h2>
            <div class="main">
                <p>
                锄禾日当午，汗滴禾下土<br />
                锄禾日当午，汗滴禾下土</p>
            </div>
            <div class="footer">
                <p>
                查看详细信息&gt;&gt;
                </p>
            </div>
        </div>
    </div>
</div>
```

修改 CSS 样式代码如下：

```css
#header,#pagefooter,#container{
    margin: 0 auto;
    width: 760px;
}
#content{}
#side{}
```

从上述代码中可以看出，#container、#header、#pagefooter 并列使用相同的样式，#content、#side 的样式暂时先空着，这时的效果如图 22-6 所示。

图 22-6　初步使用 DIV

step 02　实现正文 1 与正文 2 的并列排列。这里有两种方法来实现，首先使用绝对定位法来实现，具体代码如下：

```
#header,#pagefooter,#container{
    margin: 0 auto;
    width: 760px;
}
#container{
    position: relative;
}
#content{
    position: absolute;
    top: 0;
    left: 0;
    width: 500px;
}
#side{
    margin: 0 0 0 500px;
}
```

在上述代码中，为了使#content 能够使用绝对定位，必须考虑用哪个元素作为它的定位基准。显然应该是 container 这个 div。因此，将#container 的 position 属性设置为 relative，使它成为下级元素的绝对定位基准，然后将#content 这个 div 的 position 设置为 absolute，即绝对定位，这样它就脱离了标准流，#side 就会向上移动占据原来#content 所在的位置。将#content 的宽度和#side 的左 margin 设置为相同的数值，就正好可以保证它们并列紧挨着放置，且不会相互重叠。运行结果如图 22-7 所示。

图 22-7　设置 CSS 样式后

step 03　实现正文 1 与正文 2 的并列排列，使用浮动法来实现。在 CSS 样式部分稍做修改，加入如下样式代码：

```css
#content{
    float: left;
    width: 500px;
}
#side{
    float: left;
    width: 260px;
}
```

运行结果如图 22-8 所示。

图 22-8　1-2-1 型网页布局最终效果

使用浮动法修改正文布局模式非常灵活，例如要 side 从页面右边移到左边，即交换与 content 的位置，只需要稍微修改一下 CSS 代码，即可以实现，代码如下：

```css
#content{
    float: right;
    width: 500px;
}
```

```
}
#side{
    float: left;
    width: 260px;
}
```

22.1.3　网页 1-3-1 型布局模式

网页 1-3-1 型布局模式也是网页制作中最常用的模式，其模式结构如图 22-9 所示。

图 22-9　网页 1-3-1 型布局模式

这里使用浮动方式来排列横向并排的 3 栏，制作过程与"1-1-1"到"1-2-1"布局转换一样，只要控制好 left、content、side 这 3 栏都使用浮动方式，3 列的宽度之和正好等于总宽度即可。具体过程不再详述，制作完之后的代码如下：

```
<!DOCTYPE html>
<head>
<title>1-3-1 固定宽度布局</title>
<style type="text/css">
body {
    background: #FFF;
    font: 14px 宋体;
    margin: 0;
    padding: 0;
}
.rounded {
    background: url(images/left-top.gif) top left no-repeat;
    width: 100%;
}
.rounded h2 {
    background: url(images/right-top.gif) top right no-repeat;
    padding: 20px 20px 10px;
    margin: 0;
}
.rounded .main {
    background: url(images/right.gif) top right repeat-y;
    padding: 10px 20px;
    margin: -20px 0 0 0;
}
.rounded .footer {
    background: url(images/left-bottom.gif) bottom left no-repeat;
}
.rounded .footer p {
    color: red;
    text-align: right;
    background: url(images/right-bottom.gif) bottom right no-repeat;
```

```
        display: block;
        padding: 10px 20px 20px;
        margin: -20px 0 0 0;
        font: 0/0;
}
#header,#pagefooter,#container{
        margin: 0 auto;
        width: 760px;
}
#left{
        float: left;
        width: 200px;
}
#content{
        float: left;
        width: 300px;
}
#side{
        float: left;
        width: 260px;
}

#pagefooter{
        clear: both;
}
</style>
</head>
<body>
<div id="header">
    <div class="rounded">
        <h2>页头</h2>
        <div class="main">
            <p>
            锄禾日当午，汗滴禾下土<br/>
            锄禾日当午，汗滴禾下土</p>
        </div>
        <div class="footer">
            <p></p>
        </div>
    </div>
</div>
<div id="container">
    <div id="left">
        <div class="rounded">
            <h2>正文</h2>
            <div class="main">
                <p>
                锄禾日当午，汗滴禾下土<br />
                锄禾日当午，汗滴禾下土
                </p>
            </div>
            <div class="footer">
                <p>
                查看详细信息&gt;&gt;
```

```
                </p>
            </div>
        </div>
    </div>
    <div id="content">
        <div class="rounded">
            <h2>正文 1</h2>
            <div class="main">
                <p>
                锄禾日当午，汗滴禾下土<br />
                锄禾日当午，汗滴禾下土
                </p>
            </div>
            <div class="footer">
                <p>
                查看详细信息&gt;&gt;
                </p>
            </div>
        </div>
    </div>
    <div id="side">
        <div class="rounded">
            <h2>正文 2</h2>
            <div class="main">
                <p>
                锄禾日当午，汗滴禾下土<br />
                锄禾日当午，汗滴禾下土
                </p>
            </div>
            <div class="footer">
                <p>
                查看详细信息&gt;&gt;
                </p>
            </div>
        </div>
    </div>
</div>
<div id="pagefooter">
    <div class="rounded">
        <h2>页脚</h2>
        <div class="main">
            <p>
            锄禾日当午，汗滴禾下土
            </p>
        </div>
        <div class="footer">
            <p></p>
        </div>
    </div>
</div>
</div>
</body>
</html>
```

在 IE 11.0 中浏览，效果如图 22-10 所示。

图 22-10　1-3-1 型网页布局最终效果

22.2　自动缩放网页 1-2-1 型布局模式

变宽度的布局要比固定宽度的布局复杂一些，根本原因在于宽度不确定，导致很多参数无法确定，必须使用一些技巧来完成。对于一个"1-2-1"变宽度的布局样式，会产生两种不同的情况：第一是这两列按照一定的比例同时变化；第二是一列固定，另一列变化。

22.2.1　"1-2-1"等比例变宽布局

对于等比例变宽布局样式，可以在前面制作的固定宽度网页布局样式中的"1-2-1"浮动法布局的基础上完成本案例。

原来的"1-2-1"浮动布局中的宽度都是用像素数值确定的固定宽度，下面就来对它进行改造，使它能够自动调整各个模块的宽度。

具体代码如下：

```
#header,#pagefooter,#container{
    margin: 0 auto;
    Width: 768px;      /*删除原来的固定宽度*/
    width: 85%;        /*改为比例宽度*/
}
#content{
    float: right;
    Width: 500px;      /*删除原来的固定宽度*/
    width: 66%;        /*改为比例宽度*/
}
#side{
    float: left;
    width: 260px;      /*删除原来的固定宽度*/
    width: 33%;        /*改为比例宽度*/
}
```

在 IE 11.0 浏览器中预览，效果如图 22-11 所示。在这个页面中，网页内容的宽度为浏览器窗口宽度的 85%，页面中左侧的边栏的宽度和右侧的内容栏的宽度保持 1：2 的比例，可以看到，无论浏览器窗口宽度如何变化，它们都等比例变化。这样就实现了各个 DIV 的宽度都会等比例适应浏览器窗口。

图 22-11 "1-2-1" 等比例变宽布局

在实际应用中还需要注意以下两点。

● 确保不要使一列或多个列的宽度太大，以至于其内部的文字行宽太宽，造成阅读困难。

● 圆角框的最宽宽度要限制，这种方法制作的圆角框如果超过一定宽度，就会出现裂缝。

22.2.2 "1-2-1" 单列变宽布局

"1-2-1" 单列变宽布局样式是常用的网页布局样式。用户可以通过 margin 属性变通地实现单列变宽布局。这里仍然在 "1-2-1" 浮动法布局的基础上进行修改，修改之后的代码如下：

```
#header,#pagefooter,#container{
    margin: 0 auto;
    width: 85%;
    min-width: 500px;
    max-width: 800px;
}
#contentWrap{
    margin-left: -260px;
    float: left;
    width: 100%;
}
#content{
    margin-left: 260px;
}
```

```
#side{
    float: right;
    width: 260px;
}
#pagefooter{
    clear: both;
}
```

在 IE 11.0 浏览器中的预览效果如图 22-12 所示。

图 22-12　"1-2-1"单列变宽布局

22.3　自动缩放网页 1-3-1 型布局模式

基本的"1-3-1"布局可以产生很多不同的变化方式，具体如下。

(1)　三列都按比例来适应宽度。

(2)　一列固定，其他两列按比例适应宽度。

(3)　两列固定，其他一列适应宽度。

对于后两种情况，又可以根据特殊的一列与另外两列的不同位置，产生出多种变化。

22.3.1　"1-3-1"三列宽度等比例布局

对于"1-3-1"布局的第一种情况，即三列按固定比例伸缩适应总宽度，与前面介绍的"1-2-1"布局完全一样，只要分配好每一列的百分比就可以了。这里就不再介绍具体的制作过程了。

22.3.2　"1-3-1"单侧列宽度固定的变宽布局

对于一列固定、其他两列按比例适应宽度的情况，可以使用浮动方法进行制作。解决的方法与"1-2-1"单列固定一样，这里把活动的两个列看成一个，在容器里面再套一个 div，即由原来的一个 wrap 变为两层，分别叫作 outerWrap 和 innerWrap。这样，outerWrap 就相当于上面"1-2-1"方法中的 wrap 容器。新增加的 innerWrap 是以标准流方式存在的，宽度会自然伸展，由于设置 200 像素的左侧 margin，因此它的宽度就是总宽度减去 200 像素了。innerWrap 里面的 navi 和 content 就会都以这个新宽度为宽度基准。

实现的具体代码如下：

```
<!DOCTYPE html>
<head>
<title>"1-3-1"单侧列宽度固定的变宽布局</title>
<style type="text/css">
body {
    background: #FFF;
    font: 14px 宋体;
    margin: 0;
    padding: 0;
}
.rounded {
    background: url(images/left-top.gif) top left no-repeat;
    width: 100%;
}
.rounded h2 {
    background: url(images/right-top.gif) top right no-repeat;
    padding: 20px 20px 10px;
    margin: 0;
}
.rounded .main {
    background: url(images/right.gif) top right repeat-y;
    padding: 10px 20px;
    margin: -20px 0 0 0;
}
.rounded .footer {
    background: url(images/left-bottom.gif) bottom left no-repeat;
}
.rounded .footer p {
    color: red;
    text-align: right;
    background: url(images/right-bottom.gif) bottom right no-repeat;
    display: block;
    padding: 10px 20px 20px;
    margin: -20px 0 0 0;
    font: 0/0;
}
#header,#pagefooter,#container{
    margin: 0 auto;
    width: 85%;
}
#outerWrap{
    float: left;
    width: 100%;
    margin-left: -200px;
}
#innerWrap{
    margin-left: 200px;
```

```
}
#left{
    float: left;
    width: 40%;
}
#content{
    float: right;
    width: 59.5%;
}
#content img{
    float: right;
}
#side{
    float: right;
    width: 200px;
}
#pagefooter{
    clear: both;
}
</style>
</head>
<body>
<div id="header">
    <div class="rounded">
        <h2>页头</h2>
        <div class="main">
            <p>锄禾日当午，汗滴禾下土</p>
        </div>
        <div class="footer">
            <p></p>
        </div>
    </div>
</div>
<div id="container">
    <div id="outerWrap">
        <div id="innerWrap">
            <div id="left">
                <div class="rounded">
                    <h2>正文</h2>
                    <div class="main">
                        <p>
                        锄禾日当午，汗滴禾下土<br/>
                        锄禾日当午，汗滴禾下土</p>

                    </div>
                    <div class="footer">
                        <p>查看详细信息&gt;&gt;</p>
                    </div>
                </div>
            </div>
            <div id="content">
                <div class="rounded">
                    <h2>正文 1</h2>
                    <div class="main">
                        <p>锄禾日当午，汗滴禾下土</p>
                    </div>
```

```
            <div class="footer">
                <p>查看详细信息&gt;&gt;</p>
            </div>
        </div>
    </div>
</div>
<div id="side">
    <div class="rounded">
        <h2>正文 2</h2>
        <div class="main">
            <p>
            锄禾日当午，汗滴禾下土<br/>
            锄禾日当午，汗滴禾下土</p>
        </div>
        <div class="footer">
            <p>查看详细信息&gt;&gt;</p>
        </div>
    </div>
</div>
</div>
<div id="pagefooter">
    <div class="rounded">
        <h2>页脚</h2>
        <div class="main">
            <p>锄禾日当午，汗滴禾下土</p>
        </div>
        <div class="footer">
            <p></p>
        </div>
    </div>
</div>
</body>
</html>
```

在 IE 11.0 中浏览，当页面收缩时，可以看到如图 22-13 所示的运行结果。

图 22-13　"1-3-1" 单侧列宽度固定的变宽布局

22.3.3　"1-3-1"中间列宽度固定的变宽布局

这种布局的形式是固定列被放在中间，它的左右各有一列，并按比例适应总宽度，这是一种很少见的布局形式。实现"1-3-1"中间列宽度固定的变宽布局的代码如下：

```
<!DOCTYPE html>
<head>
<title> "1-3-1"中间列宽度固定的变宽布局</title>
<style type="text/css">
body {
    background: #FFF;
    font: 14px 宋体;
    margin: 0;
    padding: 0;
}
.rounded {
    background: url(images/left-top.gif) top left no-repeat;
    width: 100%;
}
.rounded h2 {
    background: url(images/right-top.gif) top right no-repeat;
    padding: 20px 20px 10px;
    margin: 0;
}
.rounded .main {
    background: url(images/right.gif) top right repeat-y;
    padding: 10px 20px;
    margin: -20px 0 0 0;
}
.rounded .footer {
    background: url(images/left-bottom.gif) bottom left no-repeat;
}
.rounded .footer p {
    color: red;
    text-align: right;
    background: url(images/right-bottom.gif) bottom right no-repeat;
    display: block;
    padding: 10px 20px 20px;
    margin: -20px 0 0 0;
    font: 0/0;
}
#header,#pagefooter,#container{
    margin: 0 auto;
    width: 85%;
}
#naviWrap{
    width: 50%;
    float: left;
    margin-left: -150px;
}
#left{
    margin-left: 150px;
```

```
}
#content{
    float: left;
    width: 300px;
}
#content img{
    float: right;
}
#sideWrap{
    width: 49.9%;
    float: right;
    margin-right: -150px;
}
#side{
    margin-right: 150px;
}
#pagefooter{
    clear: both;
}
</style>
</head>
<body>
<div id="header">
    <div class="rounded">
        <h2>页头</h2>
        <div class="main">
            <p>锄禾日当午，汗滴禾下土</p>
        </div>
        <div class="footer">
            <p></p>
        </div>
    </div>
</div>
<div id="container">
    <div id="naviWrap">
        <div id="left">
            <div class="rounded">
                <h2>正文</h2>
                <div class="main">
                    <p>锄禾日当午，汗滴禾下土</p>
                </div>
                <div class="footer">
                    <p>查看详细信息&gt;&gt;</p>
                </div>
            </div>
        </div>
    </div>
    <div id="content">
        <div class="rounded">
            <h2>正文 1</h2>
            <div class="main">
                <p>锄禾日当午，汗滴禾下土</p>
            </div>
            <div class="footer">
```

```
            <p>查看详细信息&gt;&gt;</p>
        </div>
    </div>
  </div>
  <div id="sideWrap">
    <div id="side">
        <div class="rounded">
            <h2>正文 2</h2>
            <div class="main">
                <p>锄禾日当午，汗滴禾下土</p>
            </div>
            <div class="footer">
                <p>查看详细信息&gt;&gt;</p>
            </div>
        </div>
    </div>
  </div>
</div>
<div id="pagefooter">
  <div class="rounded">
    <h2>页脚</h2>
    <div class="main">
        <p>锄禾日当午，汗滴禾下土</p>
    </div>
    <div class="footer">
        <p></p>
    </div>
  </div>
</div>
</body>
</html>
```

在 IE 11.0 中浏览，效果如图 22-14 所示。

图 22-14　"1-3-1"中间列宽度固定的变宽布局

在上述代码中，页面中间列的宽度是 300 像素，两边列等宽(不等宽的道理是一样的)，即总宽度减去 300 像素后，剩余宽度的 50%，制作的关键是如何实现(100%-300px)/2 的宽度。现在需要在 left 和 side 两个 DIV 外面分别套一层 DIV，把它们"包裹"起来，依靠嵌套的两个 DIV，实现相对宽度和绝对宽度的结合。

22.3.4 "1-3-1"双侧列宽度固定的变宽布局

这里 3 列中的左右两列宽度固定，中间列宽度自适应变宽布局。这种布局的实际应用很广泛。下面还是通过浮动定位进行了解，关键思想就是把 3 列的布局看作是嵌套的两列布局，利用 margin 的负值来实现 3 列浮动。

```html
<!DOCTYPE html>
<head>
<title>"1-3-1"双侧列宽度固定的变宽布局</title>
<style type="text/css">
body {
    background: #FFF;
    font: 14px 宋体;
    margin: 0;
    padding: 0;
}
.rounded {
    background: url(images/left-top.gif) top left no-repeat;
    width: 100%;
}
.rounded h2 {
    background: url(images/right-top.gif) top right no-repeat;
    padding: 20px 20px 10px;
    margin: 0;

}
.rounded .main {
    background: url(images/right.gif) top right repeat-y;
    padding: 10px 20px;
    margin: -20px 0 0 0;
}
.rounded .footer {
    background: url(images/left-bottom.gif) bottom left no-repeat;
}
.rounded .footer p {
    color: red;
    text-align: right;
    background: url(images/right-bottom.gif) bottom right no-repeat;
    display: block;
    padding: 10px 20px 20px;
    margin: -20px 0 0 0;
    font: 0/0;
}
#header,#pagefooter,#container{
    margin: 0 auto;
    width: 85%;
```

```
}
#side{
    width: 200px;
    float: right;
}
#outerWrap{
    width: 100%;
    float: left;
    margin-left: -200px;
}
#innerWrap{
    margin-left: 200px;
}
#left{
    width: 150px;
    float: left;
}
#contentWrap{
    width: 100%;
    float: right;
    margin-right: -150px;
}
#content{
    margin-right: 150px;
}
#content img{
    float: right;
}
#pagefooter{
    clear: both;
}
</style>
</head>
<body>
<div id="header">
    <div class="rounded">
        <h2>页头</h2>
        <div class="main">
            <p>
            锄禾日当午，汗滴禾下土</p>
        </div>
        <div class="footer">
            <p></p>
        </div>
    </div>
</div>
<div id="container">
    <div id="outerWrap">
        <div id="innerWrap">
            <div id="left">
                <div class="rounded">
                    <h2>正文</h2>
                    <div class="main">
                        <p>锄禾日当午，汗滴禾下土</p>
```

```
                    </div>
                    <div class="footer">
                        <p>查看详细信息&gt;&gt;</p>
                    </div>
                </div>
            </div>
            <div id="contentWrap">
                <div id="content">
                    <div class="rounded">
                        <h2>正文 1</h2>
                        <div class="main">
                            <p>锄禾日当午，汗滴禾下土</p>
                        </div>
                        <div class="footer">
                            <p>查看详细信息&gt;&gt;</p>
                        </div>
                    </div>
                </div>
            </div><!-- end of contetnwrap-->
        </div><!-- end of inwrap-->
    </div><!-- end of outwrap-->
    <div id="side">
        <div class="rounded">
            <h2>正文 2</h2>
            <div class="main">
                <p>锄禾日当午，汗滴禾下土</p>
            </div>
            <div class="footer">
                <p>查看详细信息&gt;&gt;</p>
            </div>
        </div>
    </div>
</div>
<div id="pagefooter">
    <div class="rounded">
        <h2>页脚</h2>
        <div class="main">
            <p>锄禾日当午，汗滴禾下土</p>
        </div>
        <div class="footer">
            <p></p>
        </div>
    </div>
</div>
</body>
</html>
```

在 IE 11.0 中浏览，效果如图 22-15 所示。

在上述代码中，先把左边和中间两列看作一组活动列，而右边的一列作为固定列，使用前面的改进浮动法就可以实现。然后，再把两列各自当作独立的列，左侧列为固定列，再次使用改进浮动法，就可以最终完成整个布局。

图 22-15　"1-3-1"双侧列宽度固定的变宽布局

22.4　分列布局背景色的使用

在前面的各种布局案例中，所有的例子都没有设置背景色，但是在很多页面布局中，对各列的背景色是有要求的，例如希望每一列都有各自的背景色。

22.4.1　设置固定宽度布局的列背景色

这里用固定宽度网页剖析与布局小节中的 1-3-1 网页布局 HTML 文件作为框架基础，直接修改其 CSS 样式表就可以了，具体的 CSS 代码如下：

```
body{
    font: 14px 宋体;
    margin: 0;
}
#header,#pagefooter {
    background: #CF0;
    width: 760px;
    margin: 0 auto;
}
h2{
    margin: 0;
    padding: 20px;
}
p{
    padding: 20px;
    text-indent: 2em;
    margin: 0;
}
#container {
    position: relative;
    width: 760px;
```

```
    margin: 0 auto;
    background: url(images/16-7.gif);
}
#left {
    width: 200px;
    position: absolute;
    left: 0px;
    top: 0px;
}
#content {
    right: 0px;
    top: 0px;
    margin-right: 200px;
    margin-left: 200px;
}
#side {
    width: 200px;
    position: absolute;
    right: 0px;
    top: 0px;
}
```

在 IE 11.0 的浏览效果如图 22-16 所示。在上述代码中，left、content、side 没有使用背景色，是因为各列的背景色只能覆盖到其内容的下端，而不能使每一列的背景色都扩展到最下端，因为每个 div 只负责自己的高度，根本不管它旁边的列有多高，要使并列的各列的高度相同，是很困难的，通过给 container 设定一个宽度为 760px 的背景，这个背景图按样式中的 left、content、side 宽度进行颜色制作，变相地实现给三列加背景的功能。

图 22-16　设置固定宽度布局的列背景色

22.4.2　设置特殊宽度变化布局的列背景色

宽度变化的布局分栏背景色因为列宽不确定，无法在图像处理软件中制作这个背景图，那么应该怎么办呢？由于这种变化组合很多，以下分情况进行举例说明。

(1) 两侧列宽度固定，中间列变化的布局。

(2) 3列的总宽度为100%，也就是说两侧不露出body的背景色。

(3) 中间列最高。在这种情况下，中间列的高度最高，可以设置自己的背景色，左侧可以使用container来设置背景图像，可以利用body来实现右侧栏的背景，CSS样式代码如下：

```css
body{
    font: 14px 宋体;
    margin: 0;
    background-color: blue;
}
#header,#pagefooter {
    background: #CF0;
    width: 100%;
    margin: 0 auto;
}
h2{
    margin: 0;
    padding: 20px;
}
p{
    padding: 20px;
    text-indent: 2em;
    margin: 0;
}
#container {
    width: 100%;
    margin: 0 auto;
    background: url(images/background-left.gif) repeat-y top left;
    position: relative;
}
#left {
    width: 200px;
    position: absolute;
    left: 0px;
    top: 0px;
}
#content {
    right: 0px;
    top: 0px;
    margin-right: 200px;
    margin-left: 200px;
    background-color: #F00;
}
#side {
    width: 200px;
    position: absolute;
    right: 0px;
    top: 0px;
}
```

在IE 11.0中浏览的效果如图22-17所示。

图 22-17　设置特殊宽度变化布局的列背景色

22.4.3　设置单列宽度变化布局的列背景色

上面例子虽然实现了分栏的不同背景色，但是其限制条件太多了。有没有更通用一些的方法呢？

仍然假设布局是中间活动、两侧列宽度固定的布局。由于 container 只能设置一个背景图像，因此可以在 container 里面再套一层 DIV。这样，两层容器就可以各设置一个背景图像，一个左对齐，一个右对齐，各自竖直方向平铺。由于左右两列都是固定宽度，因此所有图像的宽度分别等于左右两列的宽度就可以了。CSS 代码如下：

```
body{
    font: 14px 宋体;
    margin: 0;
}
#header,#pagefooter {
    background: #CF0;
    width: 85%;
    margin: 0 auto;
}
h2{
    margin: 0;
    padding: 20px;
}
p{
    padding: 20px;
    text-indent: 2em;
    margin: 0;
}
#container {
    width: 85%;
    margin: 0 auto;
```

```
    background: url(images/background-right.gif) repeat-y top right;
    position: relative;
}
#innerContainer {
    background: url(images/background-left.gif) repeat-y top left;
}
#left {
    width: 200px;
    position: absolute;
    left: 0px;
    top: 0px;
}
#content {
    right: 0px;
    top: 0px;
    margin-right: 200px;
    margin-left: 200px;
    background-color: #9F0;
}
#side {
    width: 200px;
    position: absolute;
    right: 0px;
    top: 0px;
}
```

在 IE 11.0 中浏览，效果如图 22-18 所示。

图 22-18　设置单列宽度变化布局的列背景色

在上述代码中，3 列总宽度为浏览器窗口宽度的 85%，左右列各 200 像素，中间列自适应。header、footer 和 container 的宽度改为 85%，然后在 container 里面套一个 innerContainer，这样用 container 设置 side 背景，innerContainer 设置 left 背景，content 设置自己的背景。

22.5　综合案例——设置多列等比例宽度变化布局的列背景

对于 3 列按比例同时变化的布局，上面的方法就无能为力了，这时仍然使用制作背景图的方法。假设 3 列按照 1∶2∶1 的比例同时变化，也就是左、中、右 3 列所占的比例分别为 25%、50 % 和 25 %。先制作一个足够宽的背景图像，背景图像同样按照 1∶2∶1 设置 3 列的颜色。页面代码如下：

```html
<!DOCTYPE html>
<head>
<title>设置多列等比例宽度变化布局的列背景</title>
<style type="text/css">
body{
    font: 14px 宋体;
    margin: 0;
}
#header,#pagefooter {
    background: #CF0;
    width: 85%;
    margin: 0 auto;
}
h2{
    margin: 0;
    padding: 20px;
}
p{
    padding: 20px;
    text-indent: 2em;
    margin: 0;
}
#container {
    width: 85%;
    margin: 0 auto;
    background: url(images/16-10.gif) repeat-y 25% top;
    position: relative;
}

#innerContainer {
    background: url(images/16-10.gif) repeat-y 75% top;
}
#left {
    width: 25%;
    position: absolute;
    left: 0px;
    top: 0px;
}
#content {
    right: 0px;
    top: 0px;
    margin-right: 25%;
    margin-left: 25%;
```

```
}
#side {
    width: 25%;
    position: absolute;
    right: 0px;
    top: 0px;
}
</style>
</head>
<body>
<div id="header">
    <h2>页头</h2>
    <p>锄禾日当午，汗滴禾下土</p>
</div>
<div id="container">
    <div id="innerContainer">
        <div id="left">
            <h2>正文</h2>
            <p>锄禾日当午，汗滴禾下土</p>
        </div>
        <div id="content">
            <h2>正文 1</h2>
            <p>锄禾日当午，汗滴禾下土</p>
        </div>
        <div id="side">
            <h2>正文 2</h2>
            <p>锄禾日当午，汗滴禾下土</p>
        </div>
    </div>
</div>
<div id="pagefooter">
    <h2>页脚</h2>
    <p>锄禾日当午，汗滴禾下土</p>
</div>
</body>
</html>
```

在 IE 11.0 中浏览，效果如图 22-19 所示。

图 22-19　设置多列等比例宽度变化布局的列背景

22.6　跟我学上机——"1-3-1"中列和左侧列宽度固定的变宽布局

这种布局的中间列和它一侧的列是固定宽度，另一侧列宽度自适应。很显然，这种布局就很简单了，同样使用改进浮动法来实现。由于两个固定宽度列是相邻的，因此就不用使用两次改进浮动法了，只需要一次就可以做到。

实现"1-3-1"中列和左侧列宽度固定的变宽布局代码如下：

```
<!DOCTYPE html>
<head>
<title>1-3-1 中列和左侧列宽度固定的变宽布局</title>
<style type="text/css">
body {
    background: #FFF;
    font: 14px 宋体;
    margin: 0;
    padding: 0;
}
.rounded {
    background: url(images/left-top.gif) top left no-repeat;
    width: 100%;
}
.rounded h2 {
    background: url(images/right-top.gif) top right no-repeat;
    padding: 20px 20px 10px;
    margin: 0;
}
.rounded .main {
    background: url(images/right.gif) top right repeat-y;
    padding: 10px 20px;
    margin: -20px 0 0 0;
}
.rounded .footer {
    background: url(images/left-bottom.gif) bottom left no-repeat;
}
.rounded .footer p {
    color: red;
    text-align: right;
    background: url(images/right-bottom.gif) bottom right no-repeat;
    display: block;
    padding: 10px 20px 20px;
    margin: -20px 0 0 0;
    font: 0/0;
}
#header,#pagefooter,#container{
    margin: 0 auto;
    width: 85%;
}

#left{
```

```
    float: left;
    width: 150px;
}
#content{
    float: left;
    width: 250px;
}
#content img{
    float: right;
}
#sideWrap{
    float: right;
    width: 100%;
    margin-right: -400px;
}
#side{
    margin-right: 400px;
}
#pagefooter{
    clear: both;
}
</style>
</head>
<body>
<div id="header">
    <div class="rounded">
        <h2>页头</h2>
        <div class="main">
            <p>锄禾日当午，汗滴禾下土</p>
        </div>
        <div class="footer">
            <p></p>
        </div>
    </div>
</div>
<div id="container">
    <div id="left">
        <div class="rounded">
            <h2>正文</h2>
            <div class="main">
                <p>锄禾日当午，汗滴禾下土</p>
            </div>
            <div class="footer">
                <p>查看详细信息&gt;&gt;</p>
            </div>
        </div>
    </div>
    <div id="content">
        <div class="rounded">
            <h2>正文 1</h2>
            <div class="main">
                <p>锄禾日当午，汗滴禾下土</p>
            </div>
            <div class="footer">
```

```
                    <p>查看详细信息&gt;&gt;</p>
                </div>
            </div>
        </div>
        <div id="sideWrap">
            <div id="side">
                <div class="rounded">
                    <h2>正文 2</h2>
                    <div class="main">
                        <p>锄禾日当午，汗滴禾下土</p>
                    </div>
                    <div class="footer">
                        <p>查看详细信息&gt;&gt;</p>
                    </div>
                </div>
            </div>
        </div>
    </div>
    <div id="pagefooter">
        <div class="rounded">
            <h2>页脚</h2>
            <div class="main">
                <p>锄禾日当午，汗滴禾下土</p>
            </div>
            <div class="footer">
                <p></p>
            </div>
        </div>
    </div>
</div>
</body>
</html>
```

在 IE 11.0 中浏览，效果如图 22-20 所示。

图 22-20 "1-3-1" 中列和左侧列宽度固定的变宽布局

在上面的代码中，把左侧的 left 和 content 列的宽度分别固定为 150 像素和 250 像素，右侧的 side 列宽度变化。那么 side 列的宽度就等于 "100%-150px-250px"。因此，根据改进浮动法，在 side 列的外面再套一个 sideWrap 列，使 sideWrap 的宽度为 100%，并通过设置负的 margin，使它向右平移 400 像素。然后再对 side 列设置正的 margin，限制右边界，这样就可以实现希望的效果了。

22.7 疑 难 解 惑

疑问 1：如何把 3 个 div 都紧靠页面的侧边？

答：在实际网页制作中，经常需要解决这样的问题，即把 3 个 DIV 都紧靠页面的左侧或者右侧，该怎么办呢？方法很简单，只需要修改几个 DIV 的 margin 值即可，具体操作步骤如下：如果要使它们紧贴浏览器窗口左侧，可以将 margin 设置为"auto 0 0 0"，即只保留右侧的一根"弹簧"，就会把内容挤到左边了。反之，如果要使它们紧贴浏览器窗口右侧，可以将 margin 设置为"0 0 0 auto"，即只保留左侧的一根"弹簧"，就会把内容挤到最右边了。

疑问 2：自动缩放网页布局中，网页框架百分比的关系是什么？

答：对于框架中百分比的关系问题，初学者往往比较困惑，以 22.2.1 小节中的样式做个说明，container 等外层 DIV 的宽度设置为 85%是相对于浏览器窗口而言的比例；而后面 content 和 side 这两个内层 DIV 的比例是相对于外层 DIV 而言的。这里分别设置为 66%和 33%，二者相加为 99%，而不是 100%，这是为了避免由于舍入误差造成总宽度大于它们的容器的宽度，而使某个 DIV 被挤到下一行中，如果希望精确，写成 99%也可以。

第 23 章

设计企业门户类网页

一般小型企业门户网站的规模不是太大，通常包含 3~5 个栏目，如产品、客户和联系我们等栏目，并且有的栏目甚至只包含一个页面。此类网站通常都是为了展示公司形象，说明一下公司的业务范围和产品特色等。

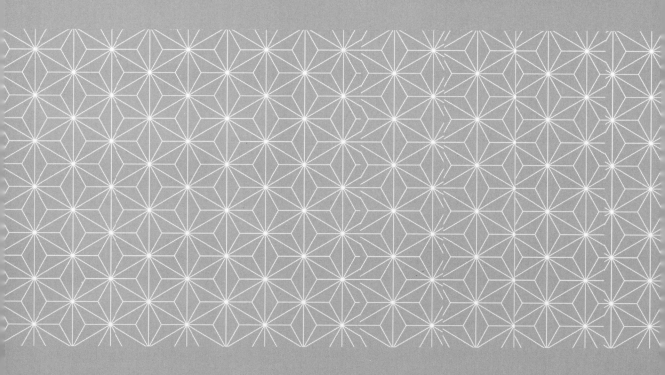

23.1 构思布局

本案例是模拟一家小型软件公司的网站，其公司主要承接电信方面的各种软件项目。网站上包括首页、产品、客户和联系方式等栏目。示例中采用红色和白色配合使用，红色部分显示导航菜单，白色部分显示文本信息。在 IE 11.0 中浏览，其效果如图 23-1 所示。

图 23-1　计算机网站的首页

23.1.1　设计分析

作为一家软件公司网站的首页，其页面应需要简单、明了，给人以清晰的感觉。页头部分主要放置导航菜单和公司 Logo 信息等，其 Logo 可以是一张图片或者文本信息等；页面主体分为两个部分，页面主体左侧是公司介绍，对于公司介绍，可以在首页上概括性地描述；页面主体右侧是新闻、产品、客户信息等，其中产品和客户的链接信息以列表形式对重要信息进行介绍，也可以通过页面顶部的导航菜单进入相应的页面介绍。

对于网站的其他子页面，篇幅可以比较短，其重点是介绍软件公司业务、联系方式、产品信息等，页面需要与首页风格相同。

23.1.2　排版架构

从上面的效果图中可以看出，页面结构并不是太复杂，采用的是上中下结构，页面主体部分又嵌套了一个左右版式结构，其效果如图 23-2 所示。

在 HTML 页面中，通常使用 DIV 层对应上面不同的区域，可以是一个 DIV 层对应一个区域，也可以是多个 DIV 层对应同一个区域。本例的 DIV 代码如下：

图 23-2　页面总体框架

```
<div id="container">  /*页面布局容器*/
  <div id="top">
  </div><!--end top-->
  <div id="header">
  </div><!--end header-->
  <div id=me>/*导航菜单*/
  </div>
  <div id="content">
    <div id="text">/*页面主体左侧内容*/
```

```
            </div><!--end text-->
            <div id="column">/*页面主体右侧内容*/
            </div><!--end column-->
        </div><!--end content-->
        <div id="footer">/*页脚部分*/
        </div><!--end footer-->
</div><!--end container-->
```

在上面的代码中，ID 名称为 container 的层是整个页面的布局容器，层 top、层 header 和层 me 共同组成了页头部分，层 top 用于显示页面 Logo，层 header 用于显示页头文本信息，层 me 用于显示页头导航菜单信息。页面主体是 content 层，它包含了两个层，即 text 层和 column 层，text 层是页面主体左侧内容，显示公司介绍信息；column 层是页面主体右侧内容，显示公司常用的导航链接。footer 层是页脚部分，用于显示版权信息和地址信息。

在 CSS 文件中，对应层 container 和层 content 的 CSS 代码如下：

```
#container
{
    margin: 0pt auto;
    width: 770px;
    position: relative;
}
#content {
    background: transparent url('images/content.gif') repeat-y;
    clear: both;
    margin-top: 5px;
    width: 770px;
}
```

在上面的代码中，#container 选择器定义了整个布局容器的宽度、外边距和定位方式。#content 选择器定义了背景图片、宽度和顶部边距。

23.2　模　块　分　割

当页面整体架构完成后，就可以动手制作不同的模块区域了。其制作流程采用自上而下、从左到右的顺序。完成后，再对页面样式进行整体调整。

23.2.1　Logo 与导航菜单

一般情况下，Logo 信息和导航菜单都放在页面顶部，作为页头部分。其中 Logo 信息作为公司标志，通常放在页面的左上角或右上角；导航菜单放在页头部分和页面主体二者之间，用于链接其他的页面。

在 IE 11.0 中浏览，效果如图 23-3 所示。

图 23-3　页面 Logo 和导航菜单

在 HTML 文件中，用于实现页头部分的 HTML 代码如下：

```
<div id="top">
</div><!--end top-->
<div id="header">
    <h1>计算机 网站</h1>
</div><!--end header-->
<div id=me>
    <ul id="menu">
        <li><a href="#" class="actual">首页</a></li>
        <li><a href="#" >产品</a></li>
        <li><a href="#">客户</a></li>
        <li><a href="#">联系方式</a></li>
    </ul>
</div>
```

在上面的代码中，层 top 用于显示页面 Logo，层 header 用于显示页头的文本信息，如公司名称；层 me 用于显示页头导航菜单。在层 me 中，有一个无序列表，用于制作导航菜单，每个选项都是由超级链接组成的。

在 CSS 样式文件中，对应上面标记的 CSS 代码如下：

```
#top {
    background: transparent url('images/top.jpg') no-repeat;
    height: 50px;
}
#top p {
    margin: 0pt;
    padding: 0pt;
}
#header {
    background: transparent url('images/header.jpg') no-repeat;
    height: 150px;
    margin-top: 5px;
}
#menu {
    position: absolute;
    top: 180px;
    left: 15px;
}
#header h1 {
    margin: 5px 0pt 0pt 50px;
    padding: 0pt;
    font-size: 1.7em;
}
```

```
#header h2 {
    margin: 10px 0pt 0pt 90px;
    padding: 0pt;
    font-size: 1.2em;
    color: rgb(223, 139, 139);
}
ul#menu {
    margin: 0pt;
}
#menu li {
    list-style-type: none;
    float: left;
    text-align: center;
    width: 104px;
    margin-right: 3px;
    font-size: 1.05em;
}
#menu a {
    background: transparent url('images/menu.gif') no-repeat;
    overflow: hidden;
    display: block;
    height: 28px;
    padding-top: 3px;
    text-decoration: none;
    twidth: 100%;
    font-size: 1em;
    font-family: Verdana,"Geneva CE",lucida,sans-serif;
    color: rgb(255, 255, 255);
}
#menu li > a, #menu li > strong {
    width: auto;
}
#menu a.actual {
    background: transparent url('images/menu-actual.gif') no-repeat;
    color: rgb(149, 32, 32);
}
#menu a:hover {
    color: rgb(149, 32, 32);
}
```

在上面的代码中，#top 选择器定义了背景图片和层高度；#header 定义了背景图片、高度和顶部外边距；#menu 定义了层定位方式和坐标位置。

其他选择器分别定义了上面 3 个层中元素的显示样式，如段落显示样式、标题显示样式、超级链接样式等。

23.2.2 左侧的文本介绍

在页面主体中，其左侧的版式主要介绍公司相关信息。左侧文本采用的是左浮动并且固定宽度的版式设计，重点在于调节宽度，使不同浏览器之间能够效果一致，并且颜色上配合 Logo 和左侧的导航菜单，使整个网站和谐、大气。

在 IE 11.0 中浏览，效果如图 23-4 所示。

在 HTML 文件中，创建页面左侧内容介绍的代码如下：

```
<div id="content">
    <div id="text">
        <h3 class="headlines">
            <a href="#"
title="testing">欢迎来到我们的网站 </a>
        </h3>
        <p><img src="images/fotos.jpg"
alt="fotos" align="right" />
远大公司成立于1998年，注册资本1700万元。
是国家认定的高新技术企业、软件企业，是专业的
电信系统仿真软件和应用服务供应商。</p>
        <p>公司坚持走自立创新、稳步发展的道
路，以创立品牌为自己的基本策略，以产品自身的
品质，先进的技术和良好的服务取信于用户。
2002年至今公司先后有多个软件产品获得了河南
省信息产业厅颁发的《软件产品登记证书》和国家
版权局颁发的《软件著作权登记证书》。同时远大
的进步和发展，也得到了政府部门的大力支持和关
注，获得国家科技部和省、市政府部门技术创新基
金无偿资助百余万元。并正式获得中国质量体系认
证中心颁发的ISO9001:2008质量管理体系认证
证书。</p>
        <p> </p>
    </div><!--end text-->
</div>
```

图 23-4 页面左侧的文本介绍

在上述代码中，层 content 是页面主体，层 text 是页面主体中左侧的部分。层 text 包含了标题和段落信息，段落中包含一张图片。

在 CSS 文件中，对应于上面 HTML 标记的 CSS 代码如下：

```
#text {
    background: rgb(255, 255, 255) url('text-top.gif') no-repeat;
    width: 518px;
    color: rgb(0, 0, 0);
    float: left;
}
#text h1, #text h2, #text h3, #text h4 {
    color: rgb(140, 9, 9);
}
#text h3.headlines a {
    color: rgb(140, 9, 9);
}
```

在上面的代码中，#text 选择器定义了背景图片、背景颜色、文字颜色和页面左浮动。其下面的选择器定义了标题显示样式，如字体颜色等。#text h3.headlines a 选择器定义了标题3、类 headlines 和超级链接的显示样式。

23.2.3　右侧的导航链接

在页面主体右侧的版式中，其文本信息不是太多，但非常重要。是首页用于链接其他页面的导航链接，如客户详细信息、最新消息等。同样，右侧需要设置为固定宽度并且向左浮动的版式。在 IE 11.0 中浏览，页面效果如图 23-5 所示。

从图 23-5 中的效果可以看出，需要包含几个无序列表和标题，其中列表选项为超级链接。HTML 文件中用于创建页面主体右侧版式的代码如下：

图 23-5　页面右侧的链接

```html
<div id="column">
    <h3><span>最新消息</span></h3>
    <ul class="category_list">
        <li><a href="#">公司组织员工连云港旅游</a></li>
        <li><a href="#">2011 员工乒乓球大赛开幕</a></li>
        <li><a href="#">公司总经理会见实习大学生</a></li>
        <li><a href="#">公司销售部门再传捷报</a></li>
    </ul>
    <h3><span>产品展示</span></h3>
    <ul class="recent_articles">
        <li><a href="#">在线人员素质考核系统</a></li>
        <li><a href="#">线损计算机系统</a></li>
        <li><a href="#">质量运用管理系统</a></li>
    </ul>
    <h3><span>客户</span></h3>
    <ul class="wet_recent_comments">
        <li><a href="#"><cite>华中地区</cite></a><p>河南地区</p></li>
        <li><a href="#"><cite>华东地区</cite></a><p>上海地区</p></li>
    </ul>
</div><!--end column-->
<div id="content-bottom"> </div>
```

在上面的代码中，创建了两个层，分别为 column 层和 content-bottom 层。其中 column 层用于显示页面主体中右侧链接，并包含了 3 个标题和 3 个超级链接。content-bottom 层用于消除上面层的浮动效果。

在 CSS 文件中，用于修饰上面 HTML 标记的 CSS 代码如下：

```css
#column {
    background: rgb(142, 14, 14) url('images/column.gif') no-repeat;
    float: right;
    width: 247px;
}
#column p { font-size: 0.7em; }
#column ul { font-size: 0.8em; }
#column h3 {
    background: transparent url('images/h3-column.gif') no-repeat;
    position: relative;
    left: -18px;
    height: 26px;
```

```
    width: 215px;
    margin-top: 10px;
    padding-top: 6px;
    padding-left: 6px;
    font-size: 0.9em;
    z-index: 1;
    font-family: Verdana,"Geneva CE",lucida,sans-serif;
}
#column h3 span { margin-left: 10px; }
#column span.name {
    text-align: right;
    color: rgb(223, 58, 0);
    margin-right: 5px;
}
#column a { color: rgb(255, 255, 255); }
#column a:hover { color: rgb(80, 210, 122); }
p.comments {
    text-align: right;
    font-size: 0.8em;
    font-weight: bold;
    padding-right: 10px;
}
#content-bottom {
    background: transparent url('images/content-bottom.gif')
                no-repeat scroll left bottom;
    clear: both;
    display: block;
    width: 770px;
    height: 13px;
    font-size: 0pt;
}
```

在上面的代码中，#column 选择器定义了背景图片、背景颜色、页面右浮动和宽度。#content-bottom 选择器定义了背景图片、宽度、高度、文字大小和以块显示，并且使用 clear 消除前面层使用 float 的影响。其他选择器主要定义了 column 层中其他元素的显示样式，如无序列表样式、列表选项样式、超级链接样式等。

23.2.4 版权信息

版权信息一般放置在页面底部，用于介绍页面的作者、地址信息等，是页脚的一部分。页脚部分与其他网页部分一样，需要保持简单、清晰的风格。

在 IE 11.0 中浏览，效果如图 23-6 所示。

图 23-6 页脚部分

从图 23-6 呈现的效果图中可以看出，此页脚部分非常简单，只包含了一个作者信息的超级链接，因此设置起来比较方便，其代码如下：

```
<div id="footer">
    <p id="ivorius"><a href="#">网页设计者：李四工作室</a></p>
</div><!--end footer-->
```

在上面的代码中，层 footer 包含了一个段落信息，其中段落的 id 是 ivorius。

在 CSS 文件中，用于修饰上面 HTML 标记的样式代码如下：

```
#footer {
    background:
      transparent url('images/footer.png') no-repeat scroll left bottom;
    margin-top: 5px;
    padding-top: 2px;
    height: 33px;
}
#footer p { text-align: center; }
#footer a { color: rgb(255, 255, 255); }
#footer a:hover { color: rgb(223, 58, 0); }
p#ivorius {
    float: right;
    margin-right: 13px;
    font-size: 0.75em;
}
p#ivorius a { color: rgb(80, 210, 122); }
```

在上面的代码中，#footer 选择器定义了页脚背景图片、内外边距的顶部距离和高度。其他选择器定义了页脚部分文本信息的对齐方式、超级链接样式等。

23.3 整体调整

前面的各个小节完成了首页中不同部分的制作，其整个页面基本上都已经成形。在制作完成后，需要根据页面实际效果做一些细节上的调整，从而更加完善页面整体效果。例如各块之间的 padding 和 margin 值是否与页面整体协调，各个子块之间是否协调统一等。页面效果调整前，在 IE 11.0 中浏览，效果如图 23-7 所示。

图 23-7　页面调整前的效果

从图 23-7 中可以发现，页面段落没有缩进，页面右侧列表选项之间距离太小等。这时可以利用 CSS 属性调整，其代码如下：

```
p { margin: 0.4em 0.5em; font-size: 0.85em;text-indent:2em; }
a { color: rgb(25, 126, 241); text-decoration: underline; }
a:hover { color: rgb(223, 58, 0); text-decoration: none; }
```

```
a img { border: medium none ; }
ul, ol { margin: 0.5em 2.5em; }
h2 { margin: 0.6em 0pt 0.4em 0.4em; }
h3, h4, h5 { margin: 1em 0pt 0.4em 0.4em; }
* { margin: 0pt; padding: 0pt; }
body {
    background: rgb(61, 62, 63) url('images/body.gif') repeat;
    color: white;
    font-size: 1em;
    font-family: "Trebuchet MS",Tahoma,"Geneva CE",lucida;
}
```

在上面的代码中，全局选择器"*"设置了内外边距距离，**body**标记选择器设置了背景颜色、图片、文字大小、字体颜色、字体类型等。其他选择器分别设置了段落、超级链接、标题、列表等样式信息。

23.4 疑 难 解 惑

疑问1：Firefox和IE浏览器，各自如何处理负边界问题？

答：在IE中，对于超出父元素的部分，会被父元素覆盖；而在Firefox中，对于超出父元素的部分，会覆盖父元素，但前提是父元素有边框或内边距，不然负边距会显示在父元素上，使得父元素拥有负边距。在进行网页设计时，针对上述情况，可以对元素进行相对定位。

疑问2：在定义子元素的上边距时，如果超出元素高度，怎么处理？

答：在IE中，子元素上边距显示正常，而在Firefox浏览器中，子元素上边距显示在父元素上方。解决办法是在父元素中增加"overflow:hidden"语句，或给父元素增加边框或内边距。

第 24 章

设计在线购物类网页

在线购物网站是当前比较流行的一类网站。随着网络购物、互联网交易的普及，如淘宝、阿里巴巴、亚马逊等类型的在线网站在近几年的风靡，越来越多的公司和企业都已经着手架设在线购物网站平台。

24.1 整 体 布 局

在线购物类网页主要用于实现网络购物、交易等功能，因此所要体现的组件相对较多，主要包括产品搜索、账户登录、广告推广、产品推荐、产品分类等内容。本例最终的网页效果如图24-1所示。

图24-1 网页效果

24.1.1 设计分析

购物网站一个重要的特点就是突出产品，突出购物流程、优惠活动、促销活动等信息。首先，要用逼真的产品图片来吸引用户，结合各种吸引人的优惠活动、促销活动来增强用户的购买欲望。而且在购物流程上要方便快捷，比如货款支付情况，要让用户有多种选择，让各种情况的用户都能在网上顺利支付。

在线购物类网站的主要特性体现在如下几个方面。

(1) 商品检索方便。要有商品搜索功能，有详细的商品分类。

(2) 有产品推广功能。增加广告活动位，帮助特色产品推广。

(3) 热门产品推荐。消费者的搜索很多带有盲目性，所以可以设置热门产品推荐位。对于产品要有简单、准确的展示信息。页面整体布局要清晰、有条理，让浏览者知道在网页中如何快速地找到自己需要的信息。

24.1.2 排版架构

本例的在线购物网站整体上是上中下的架构。上部为网页头部、导航栏；中间为网页的主要内容，包括 Banner、产品类别区域；下部为页脚信息。

网页的整体架构如图24-2所示。

图 24-2　网页的架构

24.2　模　块　分　割

当页面整体架构完成后，就可以动手制作不同的模块区域了。其制作流程，是采用自上而下、从左到右的顺序。本案例的模块主要包括 4 个部分，分别为导航区、Banner 资讯区、产品类别和页脚。

24.2.1　Logo 与导航区

导航使用水平结构，与其他类别的网站相比，前边有一个显示购物车情况的功能，把购物车功能放到这里，用户更能方便快捷地查看购物情况。本示例中网页头部的效果如图 24-3 所示。

图 24-3　页面 Logo 和导航菜单

具体的 HTML 框架代码如下：

```
<!------------------------------NAV------------------------------>
<div id="nav">
   <span>
   <a href="#">我的账户</a> | <a href="#" style="color:#5CA100;">订单查询</a>
    | <a href="#">我的优惠券</a> | <a href="#">积分换购</a>
    | <a href="#">购物交流</a> | <a href="#">帮助中心</a>
   </span> 你好,欢迎来到优尚购物  [<a href="#">登录</a>/<a href="#">注册</a>]
</div>
<!------------------------------Logo------------------------------>
<div id="logo">
   <div class="logo left">
      <a href="#"><img src="images/logo.gif" border="0" /></a>
   </div>
   <div class="logo center">
      <div class="search">
         <form action="" method="get">
```

网站开发案例课堂

```
            <div class="search text">
                <input type="text" value="请输入产品名称或订单编号"
                    class="input text"/>
            </div>
            <div class="search btn">
                <a href="#"><img src="images/search-btn.jpg" border="0" /></a>
            </div>
            </form>
        </div>
        <div class="hottext">
            热门搜索：  <a href="#">新品</a>   
            <a href="#">限时特价</a>   
            <a href="#">防晒隔离</a>   
            <a href="#">超值换购</a>
        </div>
    </div>
    <div class="logo right">
        <img src="images/telephone.jpg" width="228" height="70" />
    </div>
</div>
<!--------------------------------MENU-------------------------------->
<div id="menu">
    <div class="shopingcar"><a href="#">购物车中有 0 件商品</a></div>
    <div class="menu box">
        <ul>
        <li><a href="#"><img src="images/menu1.jpg" border="0" /></a></li>
        <li><a href="#"><img src="images/menu2.jpg" border="0" /></a></li>
        <li><a href="#"><img src="images/menu3.jpg" border="0" /></a></li>
        <li><a href="#"><img src="images/menu4.jpg" border="0" /></a></li>
        <li><a href="#"><img src="images/menu5.jpg" border="0" /></a></li>
        <li><a href="#"><img src="images/menu6.jpg" border="0" /></a></li>
        <li style="background:none;">
            <a href="#"><img src="images/menu7.jpg" border="0" /></a>
        </li>
        <li style="background:none;">
            <a href="#"><img src="images/menu8.jpg" border="0" /></a>
        </li>
        <li style="background:none;">
            <a href="#"><img src="images/menu9.jpg" border="0" /></a>
        </li>
        <li style="background:none;">
            <a href="#"><img src="images/menu10.jpg" border="0" /></a>
        </li>
        </ul>
    </div>
</div>
```

上述代码主要包括 3 个部分，分别是 NAV、Logo、MENU。其中，NAV 区域主要用于定义购物网站中的账户、订单、注册、帮助中心等信息；Logo 部分主要用于定义网站的 Logo、搜索框信息、热门搜索信息以及相关的电话等；MENU 区域主要用于定义网页的导航菜单。

在 CSS 样式文件中，对应上述代码的 CSS 代码如下：

```
#menu{margin-top:10px; margin:auto; width:980px; height:41px;
  overflow:hidden;}
.shopingcar{float:left; width:140px; height:35px;
  background:url(../images/shopingcar.jpg) no-repeat;
```

```
 color:#fff; padding:10px 0 0 42px;}
.shopingcar a{color:#fff;}
.menu_box{float:left; margin-left:60px;}
.menu_box li{float:left; width:55px; margin-top:17px; text-align:center;
 background:url(../images/menu_fgx.jpg) right center no-repeat;}
```

在上述代码中，#menu 选择器定义了导航菜单的对齐方式、高度、宽度、背景图片等信息。

24.2.2 Banner 与资讯区

购物网站的 Banner 区域与企业类型的网站比较起来差别很大，企业型的 Banner 区多是突出企业文化，而购物网站的 Banner 区主要放置主推产品、优惠活动、促销活动等。

本例中的网页 Banner 与资讯区的效果如图 24-4 所示。

图 24-4 页面 Banner 和资讯区

具体的 HTML 代码如下：

```
<div id="banner">
  <div class="banner_box">
    <div class="banner_pic">
      <img src="images/banner.jpg" border="0" />
    </div>
    <div class="banner_right">
      <div class="banner_right_top">
        <a href="#">
          <img src="images/event_banner.jpg" border="0" />
        </a>
      </div>
      <div class="banner_right_down">
        <div class="moving_title">
          <img src="images/news_title.jpg" />
        </div>
        <ul>
          <li>
            <a href="#"><span>国庆大促 5 宗最，纯牛皮钱包免费换！</span>
            </a>
          </li>
          <li><a href="#">身体护理系列满 199 加 1 元换购飘柔！</a></li>
          <li>
            <a href="#">
              <span>YOUSOO 九月新起点，价值 99 元免费送！</span>
```

```
                </a>
            </li>
        <li><a href="#">喜迎国庆，妆品百元红包大派送！</a></li>
        </ul>
    </div>
  </div>
 </div>
</div>
```

在上述代码中，Banner 分为两个部分，左边放大尺寸图，右侧放小尺寸图和文字消息。
在 CSS 样式文件中，对应上述代码的 CSS 代码如下：

```
#banner{background:url(../images/banner_top_bg.jpg) repeat-x;
  padding-top:12px;}
.banner_box{width:980px; height:369px; margin:auto;}
.banner_pic{float:left; width:726px; height:369px; text-align:left;}
.banner_right{float:right; width:247px;}
.banner_right_top{margin-top:15px;}
.banner_right_down{margin-top:12px;}
.banner_right_down ul{margin-top:10px; width:243px; height:89px;}
.banner_right_down li{margin-left:10px; padding-left:12px;
  background:url(../images/icon_green.jpg) left no-repeat center;
  line-height:21px;}
.banner_right_down li a{color:#444;}
.banner_right_down li a span{color:#A10288;}
```

在上述 CSS 代码中，#banner 选择器定义了背景图片、背景图片的对齐方式、链接样式等
信息。

24.2.3 产品类别区域

产品类别也是图文混排的效果。在购物网页中大量运用了图文混排的方式。如图 24-5 所
示为化妆品类别区域，如图 24-6 所示为女包类别区域。

图 24-5 化妆品产品类别

图 24-6　女包产品类别

具体的 HTML 代码如下：

```html
<div class="clean"></div>
<div id="content2">
   <div class="con2_title">
      <b><a href="#"><img src="images/ico_jt.jpg" border="0" /></a></b>
      <span>
         <a href="#">新品速递</a> | <a href="#">畅销排行</a>
         | <a href="#">特价抢购</a> | <a href="#">男士护肤</a>  
      </span>
      <img src="images/con2_title.jpg" />
   </div>
   <div class="line1"></div>
   <div class="con2_content">
      <a href="#">
         <img src="images/con2_content.jpg" width="981" height="405"
         border="0" />
      </a>
   </div>
   <div class="scroll_brand">
      <a href="#"><img src="images/scroll_brand.jpg" border="0" /></a>
   </div>
   <div class="gray_line"></div>
</div>
<div id="content4">
   <div class="con2_title">
      <b><a href="#"><img src="images/ico_jt.jpg" border="0" /></a></b>
      <span>
         <a href="#">新品速递</a> | <a href="#">畅销排行</a>
         | <a href="#">特价抢购</a> | <a href="#">男士护肤</a>  
      </span>
      <img src="images/con4_title.jpg" width="27" height="13" />
   </div>
   <div class="line3"></div>
   <div class="con2_content">
      <a href="#">
         <img src="images/con4_content.jpg" width="980" height="207"
         border="0" />
      </a>
   </div>
   <div class="gray_line"></div>
</div>
```

在上述代码中，content2 层用于定义化妆品产品类别；content4 层用于定义女包产品

467

类别。

在 CSS 样式文件中，对应上述代码的 CSS 代码如下：

```
#content2{width:980px; height:545px; margin:22px auto; overflow:hidden;}
.con2_title{width:973px; height:22px; padding-left:7px; line-height:22px;}
.con2_title span{float:right; font-size:10px;}
.con2_title a{color:#444; font-size:12px;}
.con2_title b img{margin-top:3px; float:right;}
.con2_content{margin-top:10px;}
.scroll_brand{margin-top:7px;}
#content4{width:980px; height:250px; margin:22px auto; overflow:hidden;}
#bottom{margin:auto; margin-top:15px; background:#F0F0F0; height:236px;}
.bottom_pic{margin:auto; width:980px;}
```

上述 CSS 代码定义了产品类别的背景图片、高度、宽度、对齐方式等。

24.2.4 页脚区域

本例的页脚使用一个 DIV 标签放置版权信息图片，比较简洁，如图 24-7 所示。

关于我们 | 联系我们 | 配送范围 | 如何付款 | 批发团购 | 品牌招商 | 诚聘人才

优尚 版权所有

图 24-7　页脚区域

用于定义页脚部分的代码如下：

```
<div id="copyright"><img src="images/copyright.jpg" /></div>
```

在 CSS 样式文件中，对应上述代码的 CSS 代码如下：

```
#copyright{width:980px; height:150px; margin:auto; margin-top:16px;}
```

24.3　设置链接

本例中的链接 a 标签定义如下：

```
a{text-decoration:none;}
a:visited{text-decoration:none;}
a:hover{text-decoration:underline;}
```

24.4　疑难解惑

疑问 1：在 Firefox 浏览器下，多层嵌套时，内层设置了浮动，外层设置了背景，但是背景为何不显示呢？

答：这主要是内层设置浮动后，外层高度在 Firefox 下变为 0，所以应该在外层与内层之间再嵌套一层，设置浮动和宽度，然后再给这个层设置背景。

疑问 2：在 IE 浏览器中，如何解决双边距问题？

答：浮动元素的外边距会加倍，但与第一个浮动元素相邻的其他浮动元素的外边距不会加倍。解决方法是：对此浮动元素增加样式"display:inline"。

疑问 3：元素定义外边距时，应注意哪些问题？

答：在对元素使用绝对定位时，如果需要定义元素的外边距，那么在 IE 中，外边距不会视为元素的一部分，因此在对此元素使用绝对定位时，外边距无效。但在 Firefox 中，外边距会视为元素的一部分，因此在对此元素使用绝对定位时，外边距有效(如 margin_top 会与 top 相加)。